基础工程

主　编　徐长节　谭　勇　耿大新
副主编　胡文韬　于　洋

中南大学出版社
www.csupress.com.cn

普通高校土木工程专业系列精品规划教材

编审委员会

总　序

土木工程是促进我国国民经济发展的重要支柱产业。近30年来，我国公路、铁路、城市轨道交通等基础设施以及城市建筑进入了高速发展阶段，以高速、重载和超高层为特征的建设工程的安全性、经济性和耐久性等高标准要求向传统的土木工程设计、施工技术提出了严峻挑战。面对新挑战，国内外土木工程行业的设计、施工、养护技术人员和科研工作者在工程实践和科学研究工作中，不断提出创新理念，积极开展基础理论和技术创新，研发了大量的新技术、新材料和新设备，形成了成套设计、施工和养护的新规范和技术手册，并在工程实践中大范围应用。

土木工程行业的发展日新月异，对现代土木工程专业技术人才培养提出了迫切需求。教材建设和教学内容是人才培养的重要环节。为面向普通高校本科生全面、系统和深入阐述公路、铁路、城市轨道交通以及建筑结构等土木工程领域的基础理论和工程技术成果，由中南大学出版社、中南大学土木工程学院组织国内土木工程领域一批专家学者组成"普通高校土木工程专业系列精品规划教材"编审委员会，共同编写这套系列教材。通过多次研讨，确定了这套土木工程专业系列教材的编写原则：

1. 系统性

本系列教材以《土木工程指导性专业规范》为指导，教材内容满足城乡建筑、公路、铁路以及城市轨道交通等领域的建筑工程、桥梁工程、道路工程、铁道工程、隧道与地下工程和土木工程管理等方向的需求。

2. 先进性

本系列教材与21世纪土木工程专业人才培养模式的研究成果密切结合，既突出土木工程专业理论知识的传承，又尽可能全面反映土木工程领域的新理论、新技术和新方法，注重各领域内容的充实与更新。

3. 实用性

本系列教材针对"90"后学生的知识与素质特点，以应用型人才培养为目标，注重理论知识与案例分析相结合，传统教学方式与基于现代信息技术的教学手段相结合，重点培养学生的工程实践能力，提高学生的创新素质。这套教材可作为普通高校土木工程专业本科生的课程教材，还可作为其他层次学历教育和短期培训的教材和广大土木工程技术人员的专业参考书。

4. 严谨性

本系列教材的编写出版要求严格按照国家相关规范和标准执行，认真把好编写人员遴选关、教材大纲评审关、教材内容主审关和教材编辑出版关，尽最大努力提高教材编写质量，力求出精品教材。

根据本套系列教材的编写原则，我们邀请了一批长期从事土木工程专业教学的一线教师负责本系列教材的编写工作。但是，由于我们的水平和经验所限，这套教材的编写可能有不尽如人意的地方，敬请读者朋友们不吝赐教。编委会将根据读者意见、土木工程发展趋势和教学手段的提升，对教材进行认真修订，以期保持这套教材的时代性和实用性。

最后，衷心感谢全套教材的参编同仁，由于他们的辛勤劳动，编撰工作才能顺利完成。真诚感谢中南大学校领导、中南大学出版社领导的大力支持和编辑们的辛勤工作，本套教材才能够如期与读者见面。

2016 年 5 月

前　言

基础工程(foundation engineering)是土木工程相关专业的一门重要专业基础课。随着科学技术的发展及国内外高层建筑、高坝建筑、大跨度桥梁等的大量兴建，这些高大建筑物对其基础的要求越来越严格。因此本课程是相关专业必须掌握的一门专业基础课程。大学教科书不可能包罗万象，因此我们期望编写的教材简明扼要、深入浅出，便于学生学习、理解，能够对其将来的工作有所帮助。

本书是根据全国高等学校路桥及交通工程教学委员会制定的《基础工程》教材大纲编写而成的。本书力求使学生相关能够快速掌握基本概念、基本理论及一些简单计算，培养学生对基础工程的兴趣，同时着力使教材的思想性、科学性、教学性融为一体。在编写过程中，本书不仅注重理论的系统性，还注重与实线相结合，编入了相当数量的计算例题和国内外工程新技术及实例。本书在第1章绪论里面介绍了基础工程的一些概述及计算时所用的效应组合。之后的章节中分别介绍了浅基础、桩基础、沉井基础、基坑工程、特殊土基础、地基处理等目前工程上广泛应用的内容，并且结合了重难点及思考与练习，旨在帮助学生们理解所学知识及方便学生在自学时抓住重点内容。

本书紧密联系行业技术最新发展，相关技术标准采用《建筑地基基础设计规范》(GB 50007—2011)、公路桥涵地基与基础设计规范(JTG D63—2007)与铁路桥涵地基与基础设计规范(TB 10002.5—2005)等新规范。

本书由华东交通大学/浙江大学徐长节教授、同济大学谭勇副教授、华东交通大学耿大新副教授担任主编，华东交通大学胡文韬博士、于洋博士担任副主编。书中引用了许多国内外学者的文献和资料，在此不能一一列出，谨表示深深的歉意和衷心的感谢。

限于时间和水平，书中难免出现错误和不当之处，欢迎读者批评指正。

编者
2016 年 5 月

目　录

第1章

绪　论

1.1　概述

　　基础工程是在建(构)物的设计和施工的过程中解决地基和基础相关问题的一门学科。

　　对于某一建筑结构而言,在岩土地层上的工程为上部结构工程,而基础工程为下部结构工程。建筑物一般都建在岩(土)层上,通常把直接承受建筑物荷载的岩(土)层称为地基。在建筑荷载下地基土会产生附加应力和变形,其范围由基础类型、尺寸、荷载大小以及土层分布决定。建筑物对于地基不仅有强度、变形和稳定的要求,还须考虑地质水文条件和气候环境情况。建筑物地基一般是由多层土组成的,直接与基础接触的土层称为持力层,持力层以下的土层称为下卧层。地基一般分为天然地基和人工地基。当上部结构承重不大,且地基范围内的土层为好土层时,基础可直接埋置在未进行加固处理的天然土层之上;当天然地基软弱,不能满足上部荷载的要求时,地基则需要人工加固处理(如采用换土垫层、深层密实、排水固结等方法),此地基称为人工地基。显然,在地质条件良好并满足基础工程要求的条件下,最经济的方式是选用天然地基。

　　建筑物底部与地基接触的承重物件称为基础,它将上部结构的荷载传给地基。根据埋置深度的不同基础可分为深基础和浅基础。若基础埋置深度不大(一般小于 5 m),只需要挖槽、排水等普通施工程序就可以建造起来的称为浅基础。反之,若基础埋深较大、土质不良,需要将基础埋置在深度较大的土层,且要通过复杂的方法建造的称为深基础。

　　由于基础工程是隐蔽工程,其勘察、设计和施工质量将直接影响建筑物的使用和安危,一旦发生质量事故,往往很难采取补救措施。根据实践经验,许多建筑物产生质量问题的症结就在于地基基础有问题。随着大型、重型、高程建筑逐渐增多,在基础工程的施工和设计领域有很多成功的案例,然而也有不少失败的教训。在近现代建筑史上,国内外有很多由于地基沉降而引起建筑物严重倾斜甚至倒塌的案例。

　　例如,位于苏州市虎丘公园山顶的虎丘塔(图 1-1),落成于宋太祖建隆二年(公元 961 年)。塔的四面呈八角形倾斜的虎丘塔历史悠久,全塔共七层,高47.5 m,目前观测塔的中心线是一条折线形抛物线,这是由于建造第一层时,塔发生倾斜;于是在建造第二层时重新校正铅直;当塔继续倾斜后,建

图 1-1　虎丘塔

造第三层时又进行校正铅直……依此类推，逐渐成为目前的状态。目前塔身向东北方向严重倾斜，塔顶离中心线已达 2.31 m，底层塔身发生不少裂缝。从虎丘塔结构设计上看，存在很大的缺陷，虎丘塔的地基为人工地基，由大石块组成，但没有做扩大基础，砖砌塔身垂直向下砌八皮砖，即埋深 0.5 m，且直接置于大石块上。估算塔重约 64281 kg，远超过了地基承载力。塔倾斜后，使得东北部位的应力集中，砖体受力超过抗压强度而压裂。

墨西哥城艺术宫（图 1 - 2）于 1904 年落成，至今已有一百多年的历史。该艺术宫处于四面环山的盆地中，古代原是一个大湖泊。由于周围火山喷发的火山沉积和湖水蒸发，经过漫长的年代，湖水干涸形成目前的盆地，因此产生了世界独特的地表土层。该地表层为人工填土与砂夹卵石硬壳层，厚度 5 m；其下为超高压缩性淤泥，其淤泥孔隙比高达 7 ~ 12，天然含水量高达 150% ~ 600%，为世界罕见的软卧土，层厚达 25 m。因此，这座艺术宫严重下沉，沉降量竟高达 4 m。临近的公路下沉 2 m，公路路面至艺术宫门前高差达 2 m。参观者需步下 9 级台阶，才能从公路进入艺术宫。下沉量为一般房屋一层楼有余，造成室内外连接困难和交通不便。这是地基沉降最严重的典型实例。

图 1 - 2　墨西哥城艺术宫

1.2　基础工程设计采用的作用效应及组合

1.2.1　基础工程设计

根据《建筑结构可靠度设计统一标准》（GB 50068—2001）的规定，建筑结构应满足的功能要求，即安全性、适用性、耐久性等，在基础工程的设计中，这些要求也同样需要得到满足。在安全性方面，基础的安全隐患主要由地基土体的剪切和地基丧失稳定性产生，因此，要保证这两方面有足够的安全度；在适用性方面，应控制地基的特征变形量，使其不超过建筑物的地基特征变形允许值，以免引起基础和上部结构的破坏和影响建筑物上部结构的美观和功能；在耐久性方面，基础的形式、构造、尺寸，除了应适应上部结构、满足地基的稳定性和变形要求外，还应该满足对基础结构的强度、刚度和耐久性的要求。

在进行基础工程的设计时，需要考虑多方面的因素才能统筹兼顾，才能将基础设计的方方面面都考虑周到。首先，需要充分掌握拟建场地的工程地质条件和勘察资料，例如，各土层土的类别及工程特性指标，不良地质现象和断层的存在及分布情况，地基土层的分布是否均匀，软卧下卧层的位置和厚度。其次要充分了解当地的施工经验和条件，尽量就地取材，利用当地的人力资源及材料资源，并结合先进的施工技术和方法，确定经济可行的方案。再次，根据上部结构情况及地基承载力的情况确定地基尺寸大小，进行地基稳定性和特征变形验算，充分保证地基的稳定性，使地基的沉降不会引起建筑物倾斜和结构破坏。由于上述几个方面是紧紧相连，相互制约的，合适的设计方案不可能一次考虑全面，所以需要通过反复的工作才能得到合理、经济的设计方案。

1.2.2　作用效应及组合

结构上几种作用分别产生的效应的随机叠加称为作用效应组合。

基础工程设计应考虑整个结构上可能同时出现的作用（如除永久荷载外，可能同时出现可变荷载作用），按承载能力极限状态和正常使用极限状态进行作用效应组合，并取其最不利效应组合进行设计。

在结构使用期间，其值不随时间变化，或其变化与平均值相比可忽略不计，或其变化是单调的并能趋于限值的荷载称为永久荷载，主要由结构重力、预加应力、土的重力及土侧压力等组成；反之，其值随时间的变化，且其变化与平均值相比不可忽略不计的荷载称为可变荷载，例如建筑物楼面活荷载、屋面活荷载、风荷载、雪荷载等。在进行荷载组合时通常有基本组合、标准组合和准永久组合这三种组合方式。基本组合指在承载力计算时，永久作用与可变作用的组合；标准组合指正常使用极限状态时，采用标准值或组合值为荷载代表值的组合；准永久组合指在正常使用极限状态时，对可变荷载采用准永久值为荷载代表值的组合。

荷载标准组合的效应设计值 S_d 由下式表达

$$S_d = \sum_{j=1}^{m} S_{G_{jk}} + S_{Q1k} + \sum_{i=2}^{n} \psi_{ci} S_{Q_{ik}} \qquad (1-1)$$

注：组合中的设计值仅适用于荷载与荷载效应为线性的情况。

荷载频遇组合的效应设计值 S_d 由下式表达

$$S_d = \sum_{j=1}^{m} S_{G_{jk}} + \psi_{f1} + S_{Q1k} + \sum_{i=1}^{n} \psi_{qi} S_{Q_{ik}} \qquad (1-2)$$

注：组合中的设计值仅适用于荷载与荷载效应为线性的情况。

（3）对于正常使用极限状态，应根据不同的设要求，采用荷载的标准组合，并应按下列设表达式进行

$$S_d = C \qquad (1-3)$$

式中：C——结构或结构件达到正常使用要求的规定限值，例如变形、裂缝、振幅、加速度、应力等的限值，应按各有关建筑结构设计规范的规定采用。

（4）荷载准永久组合 S_d 表达为

$$S_d = \sum_{j=1}^{m} S_{G_{jk}} + \sum_{i=1}^{n} \psi_{qi} S_{Q_{ik}} \qquad (1-4)$$

注：组合中的设计值仅适用于荷载与荷载效应为线性的情况。

式中：S_d——荷载效应的效应设计值；

$S_{G_{jk}}$——按照第 j 个永久荷载标准值计算的荷载效应值；

$S_{Q_{ik}}$——按照第 i 个可变荷载标准值 Q_{ik} 计算的荷载效应；

ψ_{ci}——可变作用 Q_i 的组合值系数，按现行国家标准《建筑结构荷载规范》（GB 50009—2012）的规定取值；

ψ_{f1}——第一个可变荷载的频遇值系数；

ψ_{qi}——第 i 个可变荷载的准永久值系数，按现行国家标准《建筑结构荷载规范》（GB 50009—2012）的规定取值。

地基基础设计时，所采用的作用效应与相应的抗力限值应符合下列规定：

（1）按地基承载力确定基础底面积及埋深或按单桩承载力确定桩数时，传至基础或承台底面上的作用效应应按正常使用极限状态下作用的标准组合。相应的抗力应采用地基承载力特征值或单桩承载力特征值。

（2）计算地基变形时，传至基础底面上的作用效应应按正常使用极限状态下作用的准永久组合，不应计入风荷载和地震作用。相应的限值应为地基变形允许值。

（3）计算挡土墙、地基或滑坡稳定以及基础抗浮稳定时，作用效应应按承载能力极限状态下作用的基本组合，但其分项系数均为 1.0。

（4）在确定基础或桩基承台高度、支挡结构截面，计算基础或支挡结构内力，确定配筋和验算材料强度时，上部结构传来的作用效应和相应的基底反力、挡土墙土压力以及滑坡推力，应按承载能力极限状态下作用的基本组合，采用相应的分项系数。当需要验算基础裂缝宽度时，应按正常使用极限状态作用的标准组合。

（5）基础设计安全等级、结构设计使用年限、结构重要性系数应按有关规范的规定采用，但结构重要性系数 γ_0 不应小于 1.0。

1.3　基础工程学科发展

基础工程既是一项历史悠久的工程技术，又是一门年轻的应用学科。

世界文化古国的先民们，在史前的建筑中就已经创造了地基基础建造工艺。他们在物质及技术极其匮乏的年代，建造出许多令现代人叹为观止的建筑。如我国的都江堰水利工程、举世闻名的万里长城、赵州石拱桥、隋朝的大运河以及遍布全国大大小小的宫廷寺院及高塔，这些建筑虽然经历过各种自然灾害，但是仍安然无恙。在我国，基础工程的发展伴随着华夏五千年的历史。考古工作者发现人类早在五千年前就有房屋了，当时基础很简单，如浙江省余姚河姆渡文化遗址，其房屋是直接架在埋于地下木桩基础上的；洛阳王湾仰韶文化遗址，其基础在墙下挖槽，槽内填卵石夯实，类似于近代换土填层处理人工地基。

作为本学科理论基础的土力学于 18 世纪起源于欧洲。大规模的城市道路的建设和水利、铁路的兴起促进了土力学理论的产生和发展。1773 年，法国库仑（Coulomb）根据试验提出了著名的砂土抗剪强度公式，创立了计算挡土墙土压力的滑楔理论。1869 年，英国朗金（Rankine）从另一途径提出了挡土墙的土压力理论，有力地促进了土体强度的发展。法国工程师 H. 达西（Darcy）在 1856 年提出了层流运动的达西定律；捷克工程师 E. 文克勒（Winkler）

在 1867 年提出了铁轨下任一点的接触压力与该点的接触土的沉降成正比的假设；法国学者 J. 布辛奈斯克（Boussinesq）在 1885 年提出了竖向集中荷载作用下半无限弹性体应力和位移的理论解答；瑞典的峰兰纽斯（Fellenius）提出了土坡稳定分析法，这些古典的理论和分析方法，至今仍不失理论和实用价值，这些先驱者的工作为土力学的建立奠定了基础。然而，土力学作为一个完整的工程学科的建立，则以太沙基1925年出版的第一本比较系统完整的著作土力学《土力学》为标志。太沙基与 R. 佩克（Peck）在 1948 年的《工程实用土力学》中，将理论、测试和工程经验密切结合，推动了土力学和基础工程学科的发展。1936 年成立了国际土力学与基础工程学会，并举行了第一次国际学术会议，从此土力学与基础工程成为一门独立的现代科学并取得不断发展。许多国家和地区也定期开展各类学术活动，交流和总结本学科新的研究成果和实践经验，出版各类土力学与基础工程刊物，有力地推动了本学科的发展。

中华人民共和国成立以来，大规模的社会主义经济事业的兴起促进了我国基础工程学科的飞跃发展。我国在桥梁、水利及建筑工程中成功地处理了许多大型的基础工程问题，取得了辉煌的成就。例如，利用电化学加固处理的中国历史博物馆地基，解决了施工工期短、质量要求高的困难；万里长江上建成的十余座长江大桥及其他巨大工程中，采用管柱基础、气筒浮运沉井、组合式沉井、各种结构类型的单壁、双壁钢围堰、大直径扩底墩等一系列深基础和深水基础，成功地解决了水深流急、地质复杂的基础工程问题；上海钢铁总厂以及全国许许多多高层建筑的建成，都为土力学及基础工程的理论和实践积累了丰富的经验。我国自 1962 年以来，先后召开了八届全国土力学与基础工程会议，并建立了许多地基基础研究机构、施工队伍和土工实验室，培养了大批基础工程方面的人才。

随着岩土工程学科的不断发展，理论体系也越来越完善，基础工程的设计、施工和机械设备等方面都有了长足的进步。20 世纪 90 年代以来，颁布实施的现行规范、规程有《建筑地基基础设计规范》（GB 50007—2011）、《建筑桩基技术规范》（JGJ 94—2008）、《建筑基坑支护技术规程》（JGJ 120—2012）等。这些现行的行业规范是基础工程各个领域中取得的科研成果和工作经验的高度总结，反映了基础工程的发展水平。

在 21 世纪，信息化浪潮遍布全球，电子技术和软件技术愈加成熟。随着电子信息技术及各种数值计算方法对各学科的逐步渗透，土力学及基础工程的各个领域也发生了深刻的变化，许多复杂的问题通过工程软件得到了很好的解决，试验技术也日益提高。这为我国基础工程设计与施工做到技术先进、经济合理、安全适用、确保质量提供了充分的理论与实践依据。我们相信，随着社会主义建设的发展、信息产业程度的不断提高，基础工程这门学科会有更大的发展。

第 2 章

浅基础设计

当天然地基土质良好时，建筑物基础可直接落在天然地基上，按照上部基础荷载传导到地基的方式以及埋置深度的不同，基础可以分为浅基础和深基础。一般说来浅基础比深基础更为经济，当结构荷载引起的地基沉降满足设计要求时，浅基础为首选方案。本章仅介绍具有普通土质的天然地基上的浅基础的相关内容。浅基础分类如图 2 - 1 所示。

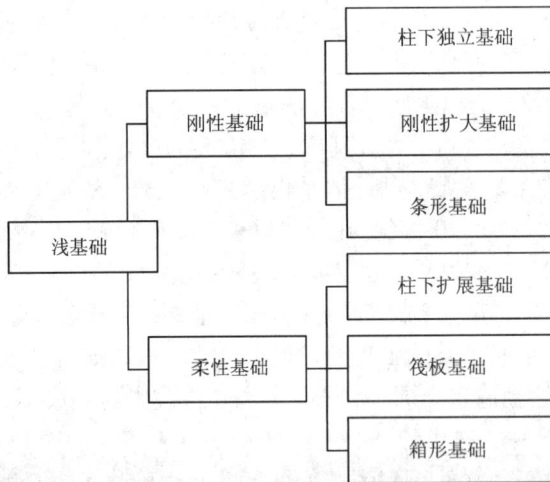

图 2 - 1 浅基础分类示意图

2.1 浅基础的类型、构造及适用条件

浅基础多用砖、石、混凝土或钢筋混凝土等材料做成，其中仅钢筋混凝土在一定条件下具有良好的抗拉性能。常用浅基础类型如图 2 - 2 所示。通过合理配置截面形式，保证基础在受力时即使不配置钢筋也能保证刚性变形要求，这类基础称为刚性基础；采用钢筋混凝土浇筑的基础材料的抗拉、抗压和抗剪性能良好，抗弯刚度较大，采用大尺寸可形成较为灵活的截面形式，但基础本身的变形较大，此类基础属于柔性基础。常见的刚性基础形式有柱下独立基础、刚性扩大基础、条形基础等；常见的柔性基础形式有柱下扩展基础、筏板基础和箱形基础等。

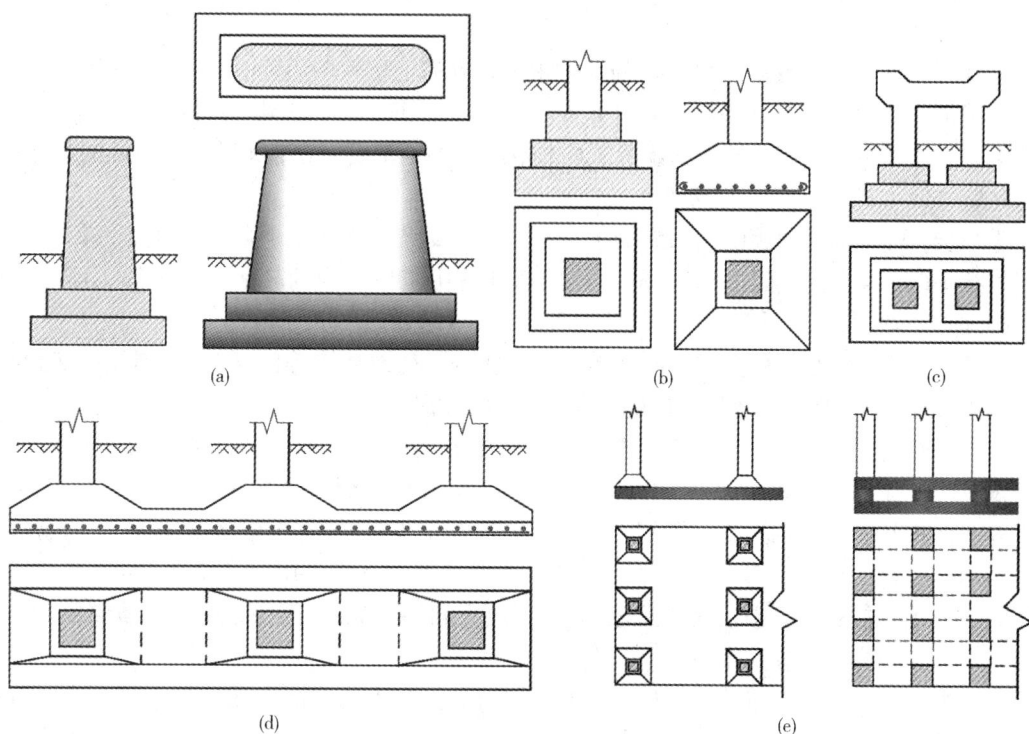

图 2 - 2　常用浅基础类型

(a) 刚性扩大基础；(b) 阶梯型独立基础和钢筋混凝土扩展基础；

(c) 联合基础；(d) 柱下条形基础；(e) 筏板基础和箱形基础

各种浅基础的构造要求如下所述。

1. 柱下独立基础

独立基础是立柱式桥墩和房屋建筑常用的基础形式之一，其纵横剖面可砌筑成台阶形（砖石砌筑）和锥形（混凝土浇注）两种。在软弱地基上，当基底面积扩大，直到相邻基础在平面上重叠时，可以将它们组成联合基础。

2. 刚性扩大基础

一般而言，地基强度较墩台的强度低，因此常需要将基础平面尺寸扩大以满足地基的强度要求，这种扩大的基础称为刚性扩大基础。根据土质、基础厚度、埋深等因素，每侧的扩大尺寸可取为 0.2 ~ 0.5 m；每边的扩大尺寸需要满足材料刚性角的限制。当基础较厚时，可在纵横两剖面上均做成台阶形，以减少基础自重，节约材料。

3. 条形基础

条形基础包括墙下条形基础和柱下条形基础，是挡土墙或涵洞常用的基础形式。当上部结构很长，有可能沿基础长度方向发生不均匀沉降而致破坏，可根据土质和地形增设沉降缝。在桥梁基础中多为柱下条形基础形式，一般做成刚性。

当地基基础强度很低，基础在宽度方向需要进一步扩大面积，同时要求基础满足空间刚度条件来调整不均匀沉降,可在柱下纵横两个方向均设置条形基础,组成十字形基础。这是一种特殊的交叉条形基础,常用于面积较大的房屋建筑中。

4.箱筏基础

当基础上部由支墩或承重墙传来的荷载很大,地基土质软弱不均,采用独立或条形基础均不能满足地基承载力或沉降要求时,可采用筏板式钢筋混凝土基础,其构造类似于倒置的钢筋混凝土楼盖,可分为平板式和梁板式两种,即扩大了基底面积,又增大了基础的整体性,避免建筑物发生过大的不均匀沉降。

进一步,可将基础做成由钢筋混凝土顶板、底板及纵横隔墙组成的箱形基础,其刚度远大于筏板基础,且内部空间可作地下室。箱形基础适用于地基中的软弱土层较厚,且对不均匀沉降异常敏感的高层建筑。

通过以上介绍,在工程实践中必须结合工程需要、场地环境等因素,综合考虑基础的特点来选用最佳的基础形式。两种基础的适用条件对比如下:

(1)刚性基础的优势在于其稳定性好、施工简便、造价低,因此在下部地基强度满足承载要求,且自身满足整体强度要求的前提下,它是桥梁和涵洞等结构物的首选基础形式。但由于基底面积和形式受构造要求限制,当下卧地基为软土时,极可能因荷载压强超过地基强度而影响结构物的正常使用,需要对地基进行处理加固后方能采用刚性基础。因此当上部荷载较大或上部结构对沉降差较为敏感(如磁悬浮列车轨道基础),且持力层的土质较差时,刚性地基不适合作为浅基础支承方案。

(2)柔性基础自身整体性能较好,在外力作用下仅产生均匀沉降或整体倾斜,基本消除了由于地基沉降不均引起的结构物损坏,适合在土质较差的地基中采用。然而柔性基础多为大面积整体结构,钢筋和水泥的消耗量较大,施工工艺要求较高,在确认采用柔性基础方案前宜与其他基础方案(如桩基础方案)多方面比较后再确定。

2.2　浅基础的埋置深度

浅基础的埋置深度需要考虑建筑物的用途、基础的形式和构造,作用在地基上的荷载大小和性质,工程地质和水文地质条件,地基土冻胀和融陷的影响等因素。对于公路基础而言,埋藏土体的冻胀性以及工程地质和水文地质条件对埋置深度影响最大。

2.2.1　季节性冻土中的埋置深度

根据结构力学知识,只有当上部结构为超静定结构时,支座的位移才会引起构件内部产生内力,因此上部结构为超静定结构时,需要严格考虑地基的变形对基础的安全性的影响。

对于埋入冻胀土层的超静定桥涵基础,应将基底埋入冻结线以下不小于 0.25 m。同时,在季节性冻土中的基础埋置深度受冻土类别、土体冻胀性、周围环境、地形以及基础共同影响。季节性冻土地区基础埋置深度宜大于场地冻结深度。对于深厚季节冻土地区,当建筑基础底面土层为不冻胀、弱冻胀、冻胀土时,基础埋置深度可以小于场地冻结深度,基底允许冻土层最大厚度应根据当地经验确定。当无经验可供参考时,《公路桥涵地基与基础设计规范》(JTG D63—2007)中对设置在季节性冻胀土层中的桥涵基底的最小埋置深度 d_{min} 作出了如下规定。

$$d_{\min} = z_d - h_{\max} = \psi_{zs}\psi_{zw}\psi_{ze}\psi_{zg}\psi_{zf}z_0 - h_{\max} \qquad (2-1)$$

式中：$d_{\min}$——基底最小埋置深度（m）；

　　　z_d——场地冻结深度（m）；

　　　$h_{\max}$——基底下容许的最大冻层厚度（m）；

　　　z_0——标准冻深（m），参考《公路桥涵地基与基础设计规范》（JTG D63—2007）附录表 H.0.2；

　　　ψ_{zs}——土的类别对冻深的影响系数；

　　　ψ_{zw}——土的冻胀性对冻深的影响系数；

　　　ψ_{ze}——环境对冻深的影响系数；

　　　ψ_{zg}——地形坡向对冻深的影响系数；

　　　ψ_{zf}——基础对冻深的影响系数，取 $\psi_{zf} = 1.1$。式中各参数的取值参考按表 2-1 至表 2-5。

　　土质对冻深的影响是众所周知的，因岩性不同其热物理参数也不同，粗颗粒土的导热系数比细颗粒土的大。因此，当其他条件一致时，粗颗粒土比细颗粒土的冻深大，砂类土的冻深比黏性土的大（见表 2-1），从而影响系数 ψ_{zs} 更大。

　　土的含水量和地下水位对冻深也有明显的影响（这两项直接决定了土的冻胀性，见表 2-2）。一般情况下土中水在冻结相变时要放出大量的潜热，所以含水量越多，地下水位越高（冻结时向上迁移水量越多），参与相变的水量就越多，放出的潜热也就越多。同样，冻胀土冻结的过程也是放热的过程，土中水相变放热在某种程度上减缓了冻深的发展速度，因此冻深相对变浅。

　　城市的气温高于郊外，这种现象在气象学中称为城市的"热岛效应"，其导致了市区冻结深度小于标准冻深，因此在表 2-3 中，市区对冻深影响系数 ψ_{ze} 会略小。

　　此外，针对公路基础的修建特点，还应考虑地形坡向、基础圬工的较强导热性两个因素（ψ_{zg}、ψ_{zf}）。

表 2-1　土的类别对冻深的影响系数 ψ_{zs}

土的类别	黏性土	细砂、粉砂、粉土	中砂、粗砂、砾砂	碎石土
ψ_{zs}	1.00	1.20	1.30	1.40

表 2-2　土的冻胀性对冻深的影响系数 ψ_{zw}

冻胀性	不冻胀	弱冻胀	冻胀	强冻胀	特强冻胀	极强冻胀
ψ_{zw}	1.00	0.95	0.90	0.85	0.80	0.75

　　注：公路桥涵地基土的季节性冻胀性分类，可按《公路桥涵地基与基础设计规范》（JTG D63—2007）附录 H 中的规定，根据土的名称、天然含水量、冻前地下水位线、平均冻胀率等因素综合进行判别。

表 2 - 3　　环境对冻深的影响系数 ψ_{ze}

周围环境	村、镇、旷野	城市近郊	城市市区
ψ_{ze}	1.00	0.95	0.90

注：当城市市区人口为 20 万 ~ 50 万时，按城市近郊取值；当城市市区人口大于 50 万、小于或等于 100 万时，按城市市区取值；当城市市区人口超过 100 万时，按城市市区取值，5 km 以内的郊区应按城市近郊取值。

表 2 - 4　　地形坡向对冻深的影响系数 ψ_{zg}

地形坡向	平坦	阳坡	阴坡
ψ_{zg}	1.0	0.9	1.1

表 2 - 5　　不同冻胀土类别在基础底面下容许最大冻层厚度 h_{max}

冻胀土类别	弱冻胀	冻胀	强冻胀	特强冻胀	极强冻胀
h_{max}	$0.38\,z_0$	$0.28\,z_0$	$0.15\,z_0$	$0.08\,z_0$	0

2.2.2　河流中的埋置深度

桥梁作为跨越河流的主要方式，桥梁的墩台基底埋深需要特别予以重视。《公路桥涵地基与基础设计规范》(JTG D63—2007) 对桥梁墩台基底的安全埋深做了特别规定，对于非岩石河床，墩台基底的最小埋深可按表 2 - 6 确定；对于岩石河床，墩台基底的最小埋深应根据岩石的强度、施工枯水季平均水位等因素确定，具体推荐值可参考《公路工程水文勘测设计规范》(JTG C30—2002) 附录 C。

此外还需要考虑洪水对墩台基础的冲刷作用的影响。在洪水的冲刷下，整个河床面被洪水冲刷后下降，此现象称为一般冲刷(图 2 - 3)，此时河床面的深度为一般冲刷深度。受桥墩的阻水作用，洪水在桥墩四周冲出一个深坑，此现象称为局部冲刷。

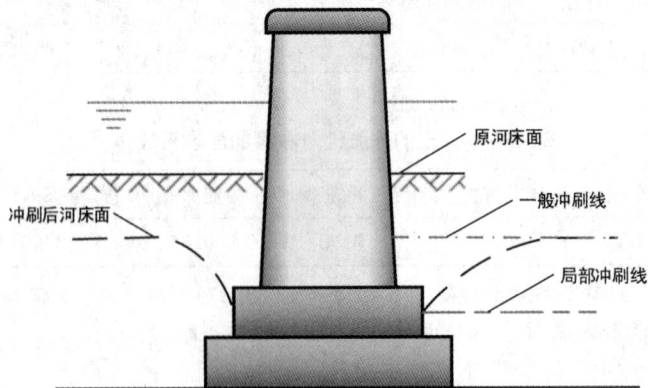

图 2 - 3　河流冲刷示意图

位于河槽的桥台，当其最大冲刷深度小于桥墩总冲刷深度时，桥台基底的埋深应与桥墩基底相同。当桥台位于河滩时，对于河槽摆动不稳定河流，桥台基底高程应与桥墩基底高程相同；在稳定河流上，桥台基底高程可按照桥台冲刷结果确定。

表 2 – 6   非岩石河床基底埋深安全值（m）

总冲刷深度 桥梁类别	0	5	10	15	20
大桥、中桥、小桥（不铺砌）	1.5	2.0	2.5	3.0	3.5
特大桥	2.0	2.5	3.0	3.5	4.0

注：1. 总冲刷深度为自河床面算起的河床自然演变冲刷、一般冲刷与局部冲刷深度之和。2. 表中所列数值为墩台基底埋入总冲刷深度以下的最小值，若对设计流量、水位和原始断面资料无把握或不能得到河床演变准确资料时，其值宜适当加大。3. 若桥位上下游已有已建桥梁，应调查已建桥梁的特大洪水冲刷情况，新建桥梁墩台基础埋置深度不宜小于已建桥梁的冲刷深度且考虑加上必要的安全值。4. 如河床上有铺砌层时，基础底面宜设置在铺砌层顶面以下不小于 1 m。此外，桥梁除考虑安全经济外，还须考虑整体美观，应与当地的地形、环境相配合，使其各部的线形互相协调，尽可能做到美观。基于此原则，设计者可以根据实际情况灵活应用。

2.3   地基承载力的确定

为保证安全性，浅基础必须具备两个主要特征：① 不致使下部支承土体发生剪切破坏；② 不发生过大的沉降或变形。

由于土体为大变形材料，在外荷载作用下，地基发生变形，其承载力也随之逐渐增大，很难定义一个明确的极限值，因此，在地基设计中一般采用正常使用极限状态，以地基承载力容许值作为地基承载力来进行计算。此外，桥涵结构还必须满足特定的功能要求，有可能地基承载力尚有富余，但地基的变形已经达到或超过正常使用限值。因此在《公路桥涵地基与基础设计规范》（JTG D63—2007）中，地基承载力取与结构物容许变形相对应的地基承受荷载的能力，地基设计采用正常使用极限状态。

考虑到通用性，本书仅对几种常见典型岩土地基的承载力进行分别阐述，软土地基承载力容许值可按《公路桥涵地基与基础设计规范》（JTG D63—2007）第3.3.5条确定，其他特殊性岩土地基承载力基本容许值可参照各地区经验或相应的标准确定。

2.3.1   地基承载力基本容许值$[f_{a0}]$

地基承载力基本容许值$[f_{a0}]$，为载荷试验地基土压力变形关系线性变形阶段内不超过比例界限点的地基压力值，其数值应首先考虑由载荷试验或其他原位测试取得，其值不应大于地基极限承载力的1/2。但是由于桥涵基础所处环境特殊，在很多地点受现场条件限制，或载荷试验和原位测试有困难时，可根据《公路桥涵地基与基础设计规范》（JTG D63—2007）提供的地基承载力基本容许值表来确定。$[f_{a0}]$的数值可根据岩土类别、状态及其物理力学特性指标按表 2 – 7 至表 2 – 13 选用。

1. 一般岩石地基

岩石地基的承载力，通常主要取决于岩块强度和岩体破碎程度这两个方面。新鲜完整的岩体主要取决于岩块强度；受构造作用和风化作用的岩体，岩块强度低，破碎性增加，则其承载力不仅与强度有关，而且与破碎程度有关(见表 2 - 7)。对于复杂的岩层(如溶洞、断层、软弱夹层、易溶岩石、软化岩石等)还应按各项因素综合确定。

表 2 - 7　岩石地基承载力基本容许值$[f_{a0}]$

坚硬程度 ＼ $[f_{a0}]$/kPa ＼ 节理发育程度	节理不发育	节理发育	节理很发育
坚硬岩、较硬岩	> 3000	3000 ~ 2000	2000 ~ 1500
较软岩	3000 ~ 1500	1500 ~ 1000	1000 ~ 800
软岩	1200 ~ 1000	1000 ~ 800	800 ~ 500
极软岩	500 ~ 400	400 ~ 300	300 ~ 200

2. 碎石土地基

影响碎石土地基承载力的因素很多，如颗粒大小、碎石含量、密实度、岩石成因、岩性和充填物性质等。在影响碎石土承载力的诸因素中，密实程度是一种具有共性的指标，因此，根据土的名称分类，按密实度指标制定碎石土容许承载力$[f_{a0}]$较为合理(见表 2 - 8)。

表 2 - 8　碎石土地基承载力基本容许值$[f_{a0}]$

土名 ＼ $[f_{a0}]$/kPa ＼ 密实程度	密实	中密	稍密	松散
卵石	1200 ~ 1000	1000 ~ 650	650 ~ 500	500 ~ 300
碎石	1000 ~ 800	800 ~ 550	550 ~ 400	400 ~ 200
圆砾	800 ~ 600	600 ~ 400	400 ~ 300	300 ~ 200
角砾	700 ~ 500	500 ~ 400	400 ~ 300	300 ~ 200

注：1. 由硬质岩组成，填充砂土者取高值；由软质岩组成，填充黏性土者取低值。2. 半胶结的碎石土，可按密实的同类土的$[f_{a0}]$值提高 10% ~ 30% 取值。3. 松散的碎石土在天然河床中很少遇见，需要特别注意鉴定。4. 漂石、块石的$[f_{a0}]$值，可参照卵石、碎石，并适当提高。

3. 砂土地基

砂土地基基本承载力表是根据国内各地砂类土承载力经验数值，并结合之前几十年来的实践得到的，砂土地基承载力基本容许值$[f_{a0}]$可根据土的密实度和水位情况按表 2 - 9 确定。

表 2 - 9　砂土地基承载力基本容许值[f_{a0}]

[f_{a0}]/kPa 密实度　　土名及水位情况		密实	中密	稍密	松散
砾砂、粗砂	与湿度无关	550	430	370	200
中砂	与湿度无关	450	370	330	150
细砂	水上	350	270	230	100
	水下	300	210	190	—
粉砂	水上	300	210	190	—
	水下	200	110	90	—

4. 粉土地基

粉土地基承载力基本容许值[f_{a0}]可根据土的天然孔隙比 e 和天然含水量 ω 按表 2 - 10 确定。

表 2 - 10　粉土地基承载力基本容许值[f_{a0}]

[f_{a0}]/kPa ω /%　　e	10	15	20	25	30	35
0.5	400	380	355	—	—	—
0.6	300	290	280	270	—	—
0.7	250	235	225	215	205	—
0.8	200	190	180	170	165	—
0.9	160	150	145	140	130	125

5. 老黏性土地基

老黏性土地基承载力基本容许值[f_{a0}]可根据压缩模量 E_s 按表2 - 11确定。对于 $E_s < 10$ MPa 的老黏性土，可按一般黏性土考虑。

表 2 - 11　老黏性土地基承载力基本容许值[f_{a0}]

E_s（MPa）	10	15	20	25	30	35	40
[f_{a0}]（kPa）	380	430	470	510	550	580	620

6. 一般黏性土地基

一般黏性土地基承载力基本容许值[f_{a0}]可根据液性指数 I_L 和天然孔隙比 e 按表2 - 12确定。

表 2 – 12　一般黏性土地基承载力基本容许值$[f_{a0}]$

$[f_{a0}]$/kPa $\diagdown$ I_L $\diagup$ e	0	0.1	0.2	0.3	0.4	0.5	0.6	0.7	0.8	0.9	1.0	1.1	1.2
0.5	450	440	430	420	400	380	350	310	270	240	220	—	—
0.6	420	410	400	380	360	340	310	280	250	220	200	180	—
0.7	400	370	350	330	310	290	270	240	220	190	170	160	150
0.8	380	330	300	280	260	240	230	210	180	160	150	140	130
0.9	320	280	260	240	220	210	190	180	160	140	130	120	100
1.0	250	230	220	210	190	170	160	150	140	120	110	—	—
1.1	—	—	160	150	140	130	120	110	100	90	—	—	—

注：1. 土中含有粒径大于 2 mm 的颗粒质量超过总质量30% 以上者，$[f_{a0}]$ 可适当提高。2. 当$e < 0.5$时，取$e = 0.5$；当$I_L < 0$时，取$I_L = 0$。此外，超过表列范围的一般黏性土，$[f_{a0}] = 57.22E_s^{0.57}$。

7. 新近沉积土地基

新近沉积土地基承载力基本容许值$[f_{a0}]$可根据液性指数I_L和天然孔隙比e按表2 – 13确定。

表 2 – 13　新近沉积土地基承载力基本容许值$[f_{a0}]$

$[f_{a0}]$/kPa $\diagdown$ I_L $\diagup$ e	≤ 0.25	0.75	1.25
≤ 0.8	140	120	100
0.9	130	110	90
1.0	120	100	80
1.1	110	90	—

2.3.2　地基承载力容许值的修正$[f_a]$

地基承载力的验算，应以修正后的地基承载力容许值$[f_a]$控制。修正后的地基承载力容许值$[f_a]$按式(2 – 2)确定。当基础位于水中不透水地层上时，$[f_a]$按平均常水位至一般冲刷线的水深每米再增大 10 kPa。

$$[f_a] = [f_{a0}] + k_1\gamma_1(b - 2) + k_2\gamma_2(h - 3) \qquad (2 - 2)$$

式中：$[f_a]$——修正后的地基承载力容许值(kPa)；

b——基础底面的最小边宽(m)；当$b < 2$ m 时，取$b = 2$ m；当$b > 10$ m 时，取$b = 10$ m；

h——基底埋置深度(m)，自天然地面起算，有水流冲刷时自一般冲刷线起算；当$h < 3$ m 时，取$h = 3$ m；当$h/b > 4$ 时，取$h = 4b$；

k_1、k_2——基底宽度、深度修正系数，根据基底持力层土的类别按表 2 – 14 确定；

γ_1——基底持力层土的天然重度(kN/m^3)；若持力层在水面以下且为透水者，应取浮重度；

γ_2——基底以上土层的加权平均重度(kN/m^3)；换算时若持力层在水面以下，且不透水时，不论基底以上土的透水性质如何，一律取饱和重度；当透水时，水中部分土层则应取浮重度。

表 2 – 14　地基土承载力宽度、深度修正系数 k_1、k_2

土类系数	黏性土			粉土	砂土								碎石土			
	老黏性土	一般黏性土		新近沉积土	—	粉砂		细砂		中砂		砾砂、粗砂		碎石、圆砾、角砾		卵石	
		$I_L \geqslant$ 0.5	$I_L <$ 0.5			中密	密实	中密	密实	中密	密实	中密	密实	中密	密实	中密	密实
k_1	0	0	0	0	0	1.0	1.2	1.5	2.0	2.0	3.0	3.0	4.0	3.0	4.0	3.0	4.0
k_2	2.5	1.5	2.5	1.0	1.5	2.0	2.5	3.0	4.0	4.0	5.5	5.0	6.0	5.0	6.0	6.0	10.0

注：1. 对于稍密和松散状态的砂、碎石土，k_1、k_2 值可采用表列中密值的 50%。2. 强风化和全风化的岩石，可参照所风化成的相应土类取值；其他状态下的岩石不修正。

2.3.3　受荷阶段抗力系数 γ_R

作用短期效应组合是可能同时出现的，且它是对地基承载力不利的所有永久作用和可变作用的效应组合。规范中采用的作用的频遇值系数为 1.0(即出现概率为 100%)，这样一来采用组合计算的地基承载力必然比实际荷载作用下反馈的地基承载力的数值要大。为了使计算所得结果更符合工程实际，根据《公路桥涵地基与基础设计规范》(JTG D63—2007)，地基承载力的容许值$[f_a]$应根据地基受荷阶段及受荷情况，乘以表 2 – 15 规定的抗力系数 γ_R。

表 2 – 15　地基承载力抗力系数 γ_R

受荷阶段	序号	荷载与使用情况	抗力系数 γ_R
使用阶段	1	地基承受作用短期效应组合或作用效应偶然组合（承载力容许值$[f_a]$小于 150 kPa 的地基）	1.25（1.0）
	2	地基承受的作用短期效应组合仅包括结构自重、预加力、土重、土侧压力、汽车和人群效应	1.0
	3	基础建于经多年压实未遭破坏的旧桥基（岩石旧桥基除外）上（承载力容许值$[f_a]$小于 150 kPa 的地基）	1.5（1.25）
	4	基础建于岩石旧桥基上	1.0
施工阶段	5	地基在施工荷载作用下	1.25
	6	墩台施工期间承受单向推力	1.5

需要注意，在施工阶段，地基受荷是短暂的，与使用阶段相比，一般可取较高的抗力系数。

2.4   地基变形及稳定性计算

2.4.1   基础沉降计算

当墩台建筑在地质情况复杂、土质不均匀及承载力较差的地基上，以及相邻跨径差别悬殊而需要计算沉降差或跨线桥净高需要预先考虑沉降量时，均应计算其沉降。计算沉降时采用的传至基础底面的作用效应，应按正常使用极限状态下作用长期效应组合采用。

根据《公路桥涵地基与基础设计规范》(JTG D63—2007)，墩台基础的最终沉降量可按下式计算

$$s = \psi_s s_0 = \psi_s \sum_{i=1}^{n} \frac{p_0}{E_{si}} (z_i \bar{a}_i - z_{i-1} \bar{a}_{i-1})$$

$$p_0 = p - \gamma h \tag{2-3}$$

式中：s—— 地基最终沉降量(mm)；

s_0 —— 按分层总和法计算的地基沉降量(mm)；

ψ_s —— 沉降计算经验系数，根据地区沉降观测资料及经验确定，缺少沉降观测资料及经验数据时，可按表 2-16 确定，表中[f_{a0}]为地基承载力基本容许值，$\bar{E}_s = \sum A_i / \sum (A_i/E_{si})$ 为计算深度范围内压缩模量当量值，A_i 如图 2-4 所示阴影面积；

n —— 地基沉降计算深度范围内所划分的土层数(图 2-4)；

p_0 —— 对应于荷载长期效应组合时的基础底面处附加压应力(kPa)；

E_{si} —— 基础底面下第 i 层土的压缩模量(MPa)，应取土的自重压应力至土的自重压应力与附加压应力之和的压应力段计算；

z_i、z_{i-1} —— 基础底面至第 i 层土、第 $i-1$ 层土底面的距离(m)；

$\bar{a}_i$、$\bar{a}_{i-1}$ —— 基础底面计算点至第 i 层土、第 $i-1$ 层土底面范围内平均附加压应力系数，可按《公路桥涵地基与基础设计规范》(JTG D63—2007) 附录 M 第 M.0.2 条取用；

p —— 基底压应力(kPa)，当 $z/b > 1$ 时，p 采用基底平均压应力；$z/b \leqslant 1$ 时，p 按压应力图形采用距最大压应力点 $b/4 \sim b/3$ 处的压应力(对梯形图形，前后端压应力差值较大时，可采用上述 $b/4$ 处的压应力值；反之，则采用上述 $b/3$ 处压应力值)，以上 b 为矩形基底宽度；

h —— 基底埋置深度(m)，当基础受水流冲刷时，从一般冲刷线算起；当不受水流冲刷时，从天然地面算起；如位于挖方内，则由开挖后地面算起；

γ —— h 范围内土的重度(kN/m³)，基底为透水地基时水位以下取浮重度。

表 2-16   沉降计算经验系数 ψ_s

$\bar{E}_s$(MPa) 基底附加压应力	2.5	4.0	7.0	15.0	20.0
$p_0 \geqslant [f_{a0}]$	1.4	1.3	1.0	0.4	0.2
$p_0 \leqslant 0.75[f_{a0}]$	1.1	1.0	0.7	0.4	0.2

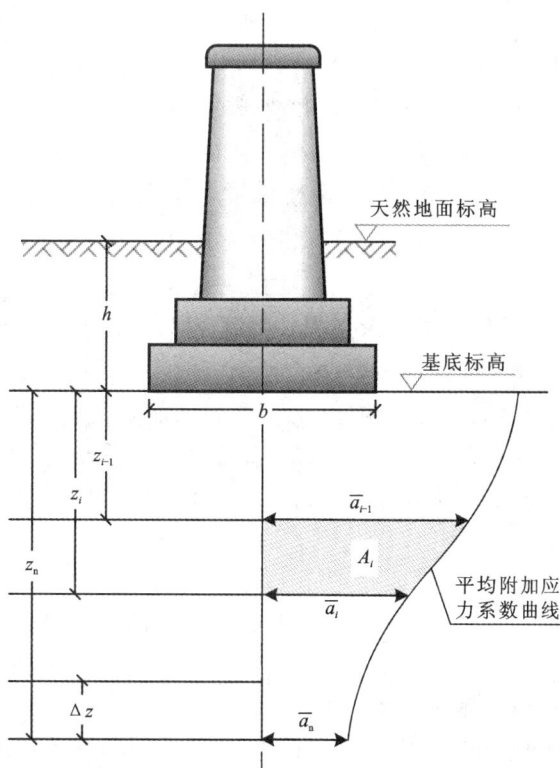

图 2 - 4　基础沉降计算分层示意图

沉降计算深度 z_n 可以采用以下两种方法确定：

（1）根据基底宽度 b，在深度 z_n 以上厚度为 Δz 的范围内的土层压缩量 $\Delta s_n \leqslant 0.025 \sum\limits_{i=1}^{n} \Delta s_i$，其中 Δs_i 为第 i 层土的变形量，Δz 与 b 的对应关系见表 2 - 17。

表 2 - 17　Δz 值

基底宽度 b/m	$b \leqslant 2$	$2 < b \leqslant 4$	$4 < b \leqslant 8$	$b \geqslant 8$
$\Delta z/\mathrm{m}$	0.3	0.6	0.8	1.0

（2）当无相邻荷载影响，基底宽度在 1 ~ 30 m 范围内时，基底中心的地基沉降计算深度 z_n 也可按简化公式 $z_n = b(2.5 - 0.4 \ln b)$ 计算。

此外，在计算深度范围内存在基岩时，z_n 可取至基岩表面；当存在较厚的坚硬黏土层，其孔隙比小于 0.5、压缩模量大于 50 MPa，或存在较厚的密实砂卵石层且其压缩模量大于 80 MPa 时，z_n 可取至该土层表面。

经过上式计算可知，基础沉降还应满足如下条件：

（1）相邻墩台间不均匀沉降差值（不包括施工中的沉降），不应使桥面形成大于 0.2% 的附加纵坡（折角）。

（2）外超静定结构桥梁墩台间不均匀沉降差值，还应满足结构的受力要求。

2.4.2 基础稳定性计算

桥涵基础的稳定性验算包括抗倾覆验算和抗滑移验算两项。

1. 倾覆稳定性

桥涵墩台基础的抗倾覆稳定，旨在保证桥梁墩台不致向一侧倾倒（绕基底的某一轴转动），按下式计算

$$k_0 = \frac{s}{e_0} = \frac{s}{\left(\sum P_i e_i + \sum H_i h_i\right)/\sum p_i} \qquad (2-4)$$

式中：k_0——墩台基础抗倾覆稳定性系数；

s——在截面重心至合力作用点的延长线上，自截面重心至验算倾覆轴的距离(m)；

e_0——所有外力的合力 R 在验算截面的作用点对基底重心轴的偏心距(m)；

p_i——不考虑其分项系数和组合系数的作用标准值组合或偶然作用（地震除外）标准值组合引起的竖向力(kN)；

e_i——竖向力 p_i 对验算截面重心的力臂(m)；

H_i——不考虑其分项系数和组合系数的作用标准值组合或偶然作用（地震除外）标准值组合引起的水平力(kN)；

h_i——水平力对验算截面的力臂(m)。

式中各距离参数的取值可以参考图 2-5，其中 s 是由重心开始，沿着合力偏心距 e_0 方向沿长至底面外缘的距离。

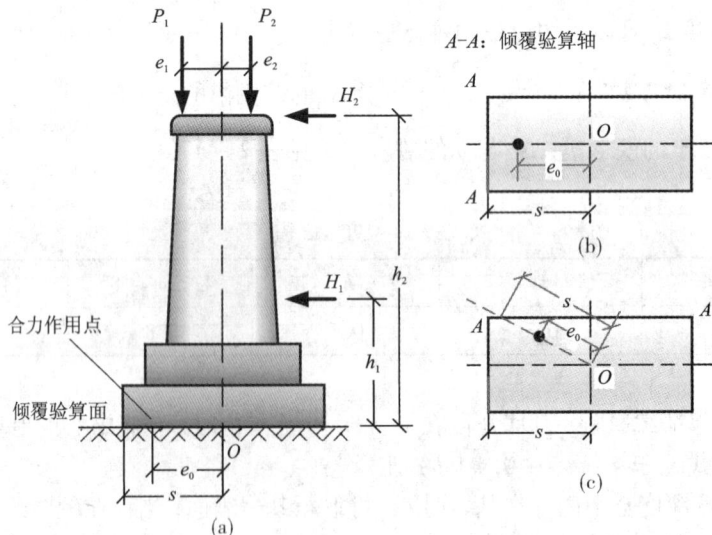

图 2-5 抗倾覆验算示意图
(a)立面；(b)平面（单向偏心）；(c)平面（双向偏心）

2. 滑动稳定性

基础滑动有两种可能，一种为水平推力克服了基底面与基底土之间的摩阻力而沿基底面

滑动,另一种为水平推力克服了土体内部的摩阻力而使基础与持力层的一部分一起滑动。后者对桥涵墩台来说是很少出现的,因为桥涵墩台基础一般埋置深度较深,而且基底的容许压力已有一定的安全系数,这就保证了基底土不致产生局部极限平衡而达于塑性流动。故一般情况下只验算前一种的抗滑动稳定性。桥涵墩台基础的抗滑动稳定性系数按下式计算

$$k_c = \frac{\mu \sum P_i + \sum H_{pi}}{\sum H_{ai}} \qquad (2-5)$$

式中:k_c——桥涵墩台基础的抗滑动稳定性系数;

$\sum P_i$——竖向力总和;

$\sum H_{pi}$——抗滑稳定水平力总和;

$\sum H_{ai}$——滑动水平力总和;

μ——基础底面与地基土之间的摩擦系数,通过试验确定;当缺少实际资料时,可参照表 2 - 18 取值。

表 2 - 18　基底摩擦系数表

地基土分类	μ
黏土(流塑 — 坚硬)、粉土	0.25
砂土(粉砂 — 砾砂)	0.30 ~ 0.40
碎石土(松散 — 密实)	0.40 ~ 0.50
软岩(极软岩 — 较软岩)	0.40 ~ 0.60
硬岩(较硬岩、坚硬岩)	0.60、0.70

由式(2 - 4)和计算得到的稳定性系数应分别不小于表 2 - 19 规定的限值。

表 2 - 19　抗倾覆稳定性系数和抗滑动稳定性系数

作用组合		k_0	k_c
使用阶段	永久作用(不计混凝土收缩及徐变、浮力)和汽车、人群的标准值效应组合	1.5	1.3
	各种作用(不包括地震作用)的标准值效应组合	1.3	1.2
施工阶段作用的标准值效应组合		1.2	1.2

2.5　扩展基础设计与计算

在公路工程中,扩展基础广泛应用于高速公路桥梁工程中,作为上部结构的支承体系(图 2 - 6)。与其他种类的基础相比,扩展基础的优势在于建养成本较低,施工简便,理论体系较为成熟;相对于深基础而言,施工噪音小,对周围环境扰动小,土方开挖较少;可有效减

图 2 – 6   扩展基础在高速公路中的应用实例

少桥头跳车的现象。

扩展基础的设计与计算应包括以下步骤：确定基础埋置深度 → 拟定基础尺寸 → 验算地基强度 → 验算基底合力偏心距 → 验算基础稳定性 → 验算基础沉降。

2.5.1   确定基础埋置深度

基础埋置深度是地基基础设计的重要参数，它涉及工程建成后基础的牢固、稳定和正常使用等问题。为了保证地基的强度满足要求，且不至于产生过大的沉降或沉降差，因此一般将基础设置于变形较小且强度较大的持力层上，以保证基础的稳定性。在此前提下，尚应综合考虑河流的冲刷、当地的冻结深度、上部结构形式等因素。

除本章 2.2 节所述的要素外，确定基础的埋置深度还应考虑上部结构形式和当地的地质、地形条件等因素。基础位于较陡边坡上，需要考虑土坡和结构物基础整体滑动的稳定性，此时确定地基的承载力，应结合实际情况，予以适当的折减，并采取措施将边坡做成台阶形。

1. 拟定基础尺寸

基础尺寸在基础设计的前期需要根据基础埋置深度和基础分层厚度预先拟定。

基础平面尺寸一般考虑墩台底面和墩身形状来确定，基础平面形状多为矩形，基础平面尺寸与高度有如下经验关系

$$\begin{cases} a \\ b \end{cases} = \frac{l}{d} + 2H\tan\alpha$$

式中：$a(b)$，$l(d)$——基底面和墩身截面的横桥向长边，顺桥向短边（m）；

   H——基础高度（m）；

   α——墩底边缘至基底边缘的连线与垂线方向的夹角（°）。

对于刚性扩大基础剖面图，一般将其做成矩形或台阶形，以便调整基础施工在平面上的误差，满足支模需要，桥梁墩台基础襟边 c（墩底边缘至基顶边缘的距离）最小值一般为 20 ~ 30 cm。

此外，为使基础满足抗弯要求，基础每级台阶的悬出宽度 c_i 与厚度 t_i 的比例还应满足刚性角 α_{max} 要求，即

$$\alpha_i = \arctan \frac{c_i}{t_i} \leqslant \alpha_{max}, \ i = 1, 2, \cdots \quad (2-6)$$

式中:每层台阶高度 t_i 通常为 0.5 ~ 1.0 m,宜采用相同厚度。

刚性角 α_{max} 的数值与基础所用材料强度有关,根据试验,常用基础材料的刚性角的数值:对于砖、片石、块石、粗料石砌体,采用 M5 以下砂浆砌筑时, $\alpha_{max} \leqslant 30°$;采用 M5 以上砂浆砌筑时, $\alpha_{max} \leqslant 35°$;对于混凝土浇筑时, $\alpha_{max} \leqslant 40°$。

扩展基础的平面与剖面如图 2 – 7 所示。

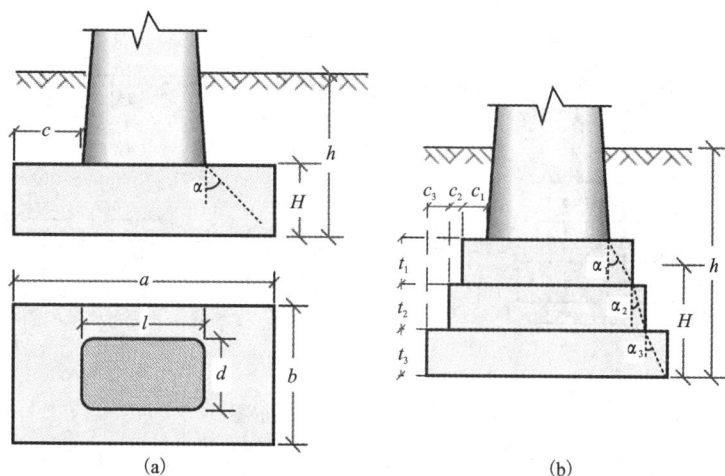

图 2 – 7　扩展基础的平面与剖面示意图

(a)矩形基础;(b)台阶形基础

2. 验算地基强度

地基强度即地基承载上部荷载的能力,包括持力层承载力验算和软弱下卧层承载力验算。

(1)持力层承载力验算。

与基底直接接触的土层为持力层,其承载力的验算要求上部荷载不超过持力层的强度,计算表达式为

$$p = \frac{N}{A} \pm \frac{M}{W} = \frac{N}{A}\left(1 \pm \frac{e_0}{\rho}\right) \leqslant \gamma_R[f_a] \tag{2 – 7}$$

$$M = \sum H_i h_i + \sum P_i e_i = N \cdot e_0 \tag{2 – 8}$$

式中: γ_R —— 地基承载力容许值抗力系数;

$[f_a]$ —— 基底处持力层地基承载力容许值(kPa);

p —— 基底应力(kPa);

N —— 基底以上竖向荷载(kN);

A —— 基底面积(m^2);

W —— 基底截面模量(m^3),对于矩形基础, $W = \frac{1}{6}ab^2$;

ρ —— 基底核心半径(m);

M —— 作用于墩台上外力对基底形心轴的力矩(kN · m);

H_i——第 i 个水平力(kN);

h_i——第 i 个水平力对基底中心的力臂(m);

P_i——第 i 个竖向分力(kN);

e_i——第 i 个竖向分力对基底中心的力臂(m);

e_0——合力的偏心距(m)。

由式可见,e_0 与 ρ 的大小关系决定了基底压应力的分布特征,如图 2-8 所示。

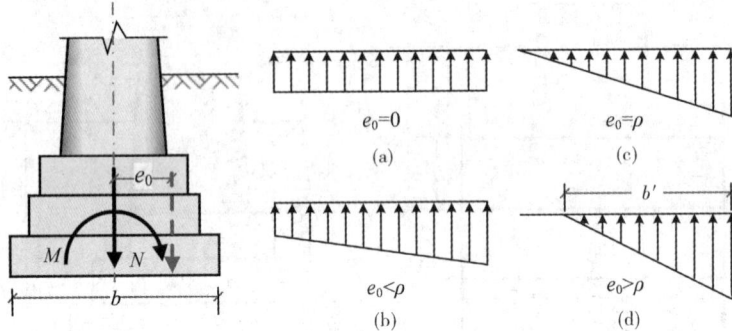

图 2-8 基底应力分布图

在图 2-8 中,$e_0 > \rho$ 时,此时的应力分布宽度 b' 和最大基底压应力 p_{max} 分别为

$$b' = 3 \times \left(\frac{b}{2} - e_0 \right), \quad p_{max} = \frac{2N}{ab'} = \frac{2N}{3a\left(\frac{b}{2} - e_0 \right)} \qquad (2-9)$$

当桥梁走向为曲线时,除顺桥向引起的力矩 M_x 外,尚有离心力在横桥向产生的力矩 M_y,若考虑偏心作用,则偏心竖向力在横桥向和顺桥向均有偏心距产生,此时式(2-9)变为

$$p = \frac{N}{A} \pm \frac{M_x}{W_x} \pm \frac{M_y}{W_y} \leqslant \gamma_R [f_a] \qquad (2-10)$$

式中:M_x、M_y——外力对基底顺桥向中心轴和横桥向中心轴的力矩(kN·m);

W_x、W_y——基底对 x、y 轴的截面模量。

(2)软弱下卧层承载力验算。

当受压层范围内地基为多层土,且持力层下有软弱土层(承载力容许值小于持力层承载力容许值的土层),则应验算软弱下卧层的承载力,要求软弱土层顶面的应力不得大于该处地基土的承载力容许值,公式表达即

$$p_z = \gamma_1 (h + z) + \alpha(p - \gamma_2 h) \leqslant \gamma_R [f_a] \qquad (2-11)$$

式中:p_z——软弱下卧层顶面处压应力(kPa);

γ_1——深度 $h + z$ 范围内的土体换算重度(kN/m³);

γ_2——深度 h 范围内的土体换算重度(kN/m³);

h——基底埋深(m);

z——基底到软弱土层顶面的距离(m);

α——基底中心点以下软弱土层顶面处的附加应力系数;

p——基底压应力(kPa),当 $z/b > 1$,p 取基底平均压力;当 $z/b \leqslant 1$,p 根据基底压力

图形取距最大压应力点 $b/4 \sim b/3$ 处的压应力;

　　$[f_a]$——软弱下卧层顶面处的地基承载力容许值(kPa)。

　　此外,当软弱下卧层为高压缩性深厚软黏土,且上部结构对基础的沉降有一定要求时,除应满足上述承载力要求外,还应验算软弱下卧层的沉降量。

　　3. 验算基底合力偏心距

　　受上部荷载的不均匀分布影响,基础受力不可避免地会产生偏心,引起基底应力分布不均匀,造成基底不均匀变形,可能会影响基底正常使用。控制基底合力偏心距的目的是使基底应力分布均匀,以免基底两侧应力相差过大,致使基础产生较大不均匀沉降。

　　土基要求最大压力与最小压力不应悬殊,而岩基则允许受拉后考虑压力重分布,《公路桥涵地基与基础设计规范》(JTG D63—2007)中对桥涵基底合力偏心距容许值作了如下规定,如表 2 - 20 所示。

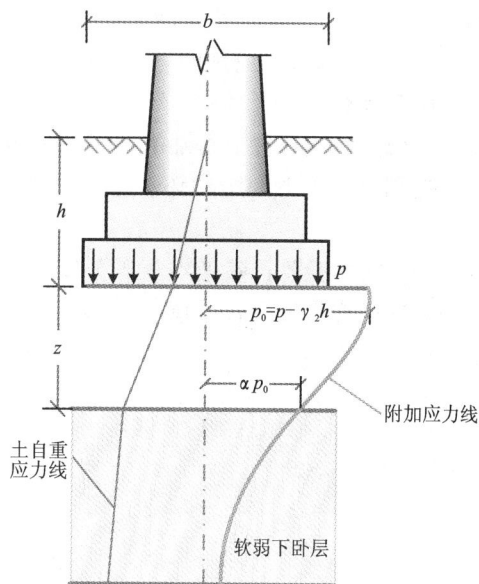

图 2 - 9　软弱下卧层承载力验算示意图

表 2 - 20　墩台基底合力偏心距容许值$[e_0]$

承受作用	地基条件	合力偏心距
仅承受永久作用标准值效应组合	非岩石地基	桥墩$[e_0] \leqslant 0.1\rho$
		桥台$[e_0] \leqslant 0.75\rho$
承受作用标准值效应组合或偶然作用(地震作用除外)标准值效应组合	非岩石地基	$[e_0] \leqslant \rho$
	较破碎至极破碎岩石地基	$[e_0] \leqslant 1.2\rho$
	完整、较完整岩石地基	$[e_0] \leqslant 1.5\rho$

其中,基底以上外力合力作用点对基底形心轴的偏心距 e_0 需满足

$$e_0 = \frac{\sum M}{N} \leqslant [e_0] \qquad (2-12)$$

式中:$\sum M$——作用于墩台的所有外力对基底形心轴的弯矩(kN·m);

　　　　N——作用于墩台的所有竖向力(kN)。

　　基底承受单向或双向偏心受压的核心半径 ρ 值可按下式计算

$$\rho = \frac{e_0}{1 - \dfrac{p_{min}A}{N}} \qquad (2-13)$$

式中：p_{min}——基底最小压应力，通过计算得到；

e_0——竖向力作用点距截面形心的距离。

需要注意，p_{min} 和 N 应在同一荷载组合情况下求得。

4. 验算基础稳定性

基础的稳定性验算包括基础的倾覆稳定和滑动稳定验算两个方面，此外，对于桥台、挡土墙等承受侧向土压力的结构体，还需要验算地基的稳定性，以防止桥台、挡墙下的地基滑动。

基础的稳定性验算可参考本章 2.4 节。如图 2 - 10 所示，台背路基填土对桥台基底地基土引起的附加压应力按下式计算

$$p_1 = \alpha_1 \gamma_1 H_1 \tag{2-14}$$

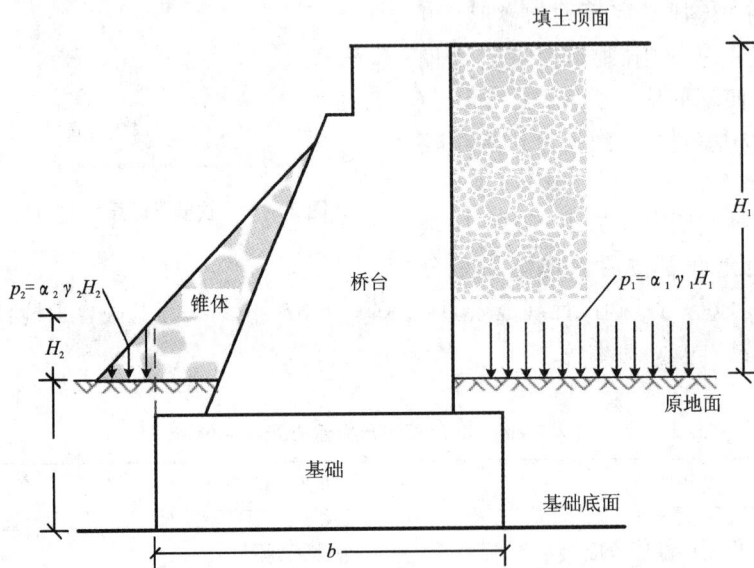

图 2 - 10　台背填土对桥台基底的附加压应力示意图

对于埋置式桥台，应加算台前锥体对基底前边缘的附加应力

$$p_2 = \alpha_2 \gamma_2 H_2 \tag{2-15}$$

式中：p_1、p_2——台背路基填土和台前锥体产生的土压应力（kPa）；

γ_1、γ_2——路基填土和锥体填土的重度（kN/m³）；

H_1——台背路基填土的高度（m）；

H_2——基底或桩端平面处的前边缘上的锥体高度（m），取基底前边缘处的原地面向上竖向引线与溜坡相交点距离（m）；

b——基础底面长度（m）；

h——基底埋深（m）；

α_1、α_2——附加竖向压应力系数，参考表 2 - 21 和表 2 - 22。

表 2 – 21　系数 α_1 表

基础埋深 h/m	填土高度 H_1/m	桥台边缘			
		后边缘	基底平面基础长度 b		
			5	10	15
5	5	0.44	0.07	0.01	0
	10	0.47	0.09	0.02	0
	20	0.48	0.11	0.04	0.01
10	5	0.33	0.13	0.05	0.02
	10	0.4	0.17	0.06	0.02
	20	0.45	0.19	0.08	0.03
15	5	0.26	0.15	0.08	0.04
	10	0.33	0.19	0.1	0.05
	20	0.41	0.24	0.14	0.07
20	5	0.2	0.13	0.08	0.04
	10	0.28	0.18	0.1	0.06
	20	0.37	0.24	0.16	0.09
25	5	0.17	0.12	0.08	0.05
	10	0.24	0.17	0.12	0.08
	20	0.33	0.24	0.17	0.1
30	5	0.15	0.11	0.08	0.06
	10	0.21	0.16	0.12	0.08
	20	0.31	0.24	0.18	0.12

表 2 – 22　系数 α_2 表

基础埋深 h/m	台背填土高度 H_1/m	
	10	20
5	0.4	0.5
10	0.3	0.4
15	0.2	0.3
20	0.1	0.2
25	0	0.1
30	0	0

5. 验算基础沉降

当墩台建筑在地质情况复杂、土质不均匀及承载力较差的地基上，以及相邻跨径差别悬殊而需要计算沉降差或跨线桥净高需要预先考虑沉降量时，均应计算墩台沉降。基础沉降验算包括沉降量、相邻基础沉降差、基础倾斜等方面。

墩台基础的沉降量计算可参阅本章 2.4 节内容。

图 2 - 11　连续基础实例

2.6　连续基础设计与计算

连续基础包括柱下条形基础、交叉条形基础、筏形基础、箱形基础。与扩展基础相比，连续基础的基底面积和整体刚度更大，有利于减少不均匀沉降，更有效地提高地基承载力，连续基础适用于如下几种情况：

（1）当地基较软弱，承载力较低，而荷载较大时，或地基压缩性不均匀（如地基中有局部软弱夹层、土洞等）时。

（2）当荷载分布不均匀，有可能导致较大的不均匀沉降时。

（3）当上部结构对基础沉降比较敏感，有可能产生较大的次应力或影响使用功能时。

设计者可以从地基、基础与上部结构共同作用的概念出发，将连续基础视为地基上的梁、板受弯构件，用适当方法进行设计。

连续基础的内力计算方法包括倒梁法、静定分析法等简化计算方法，以及较为精确的弹性地基梁法。

2.6.1　倒梁法

将上部结构看成绝对刚性，其作用看成基础梁的铰支座。地基绝对反力看成梁上荷载，基础按倒置的多跨连续梁计算内力，即为倒梁法。

倒梁法计算简图如图 2 - 12 所示。由于倒梁法在假设中忽略了基础梁的挠度和各柱脚的竖向位移差，且认为基底净反力为线性分布，故应用倒梁法时限制相邻柱荷载差不超过

20%，柱间距不宜过大，并应尽量等间距。若地基比较均匀，基础或上部结构刚度较大，且条形基础的高度大于 1/6 柱距，则倒梁法计算得到的内力比较接近实际。

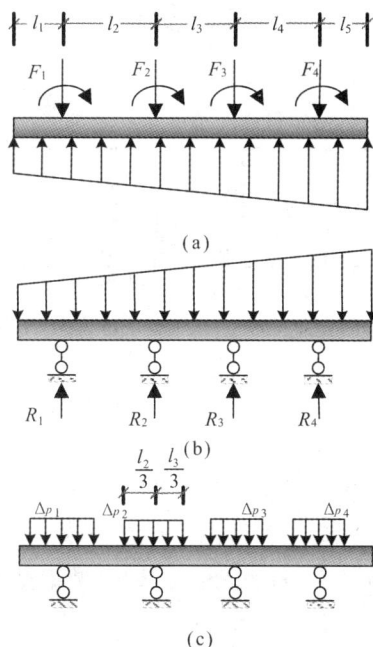

图 2 - 12　　倒梁法计算示意图

倒梁法计算过程中未考虑基础挠度与地基变形协调条件，并假定地基反力为直线分布，因此求得的支座反力往往不等于上部结构传来的压力，这种反力不平衡需要进行多次反力调整，将上部荷载与支座反力的差值 $(F_i - R_i)$ 均匀分配在支座两侧各 1/3 跨度范围内，重新计算连续梁内力，并将结果进行叠加，多次重复上述步骤至误差在允许范围。

经验表明，倒梁法适合于地基较为均匀、上部结构刚度较好、荷载分布均匀且基础梁高大于 1/6 桩距的情况。

2.6.2　弹性地基梁法

文克勒地基模型是原捷克斯洛伐克工程师文兑勒（Winkler）1876 年提出的，其基本假定是地基上任一点的弯沉 L，仅与作用于该点的压力 p 成正比，而与相邻点处的压力无关，反映压力与弯沉值关系的比例常数 K 称为地基反应模量，即

$$K = \frac{p}{L} \qquad\qquad (2-16)$$

根据上述假定，可以把地基看作是无数彼此分开的小土柱组成的体系，或者是无数互不相连的弹簧体系，如图 2 - 13 所示。

此外，在计算过程中提出了如下假定：

（1）半无限弹性体假设。假设地基是半无限理想弹性体，采用弹性力学中半无限大弹性地基的沉陷公式来计算地基的沉陷。

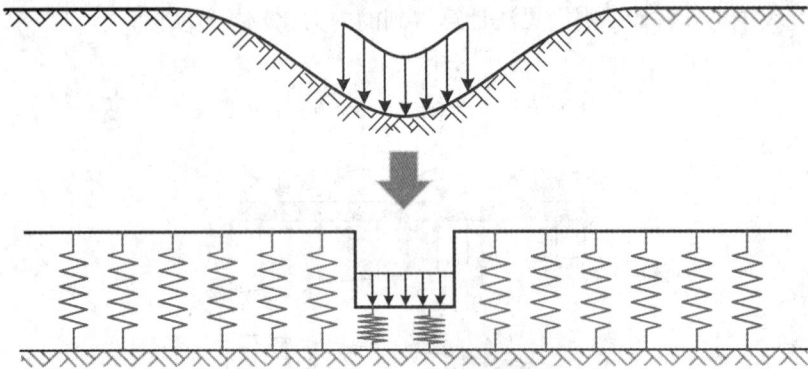

图 2 – 13 文克勒地基模型

（2）中厚度假设。假设地基是中等厚度的弹性层（有限压缩层），用弹性力学导出地基的沉陷公式。

作为一种理论模型，文克勒地基模型也存在不足。事实上土壤是颗粒体，而且不能或几乎不能承受拉力，将一般土壤看作理想弹性体是存在误差的，只有当土壤中没有拉应力发生时，这个土壤地基才能当做连续体看待。此外文克勒模型中把基础当作绝对刚性的，忽视上部结构的存在，把基础看成地基上孤立的梁和板，与结构 — 基础 — 地基是相互作用的事实不符。鉴于理论本身的局限性以及计算过程的繁琐，在中小型工程中还是多采用简化计算方法。

重点与难点

重点：（1）浅基础的埋置深度；（2）地基的承载力验算。

难点：（1）扩展基础的设计与计算；（2）地基的变形与基础稳定性验算。

思考与练习

1. 越江桥支墩的基础埋置深度需要考虑哪些因素？基础埋置深度对地基承载力有何影响？

2. 何谓刚性角，它与什么因素有关？

3. 对于扩展基础，为什么需要验算基底合力偏心距？如何验算？

4. 连续基础和扩展基础的设计内容有何不同？

5. 某桥如图 2 – 14 所示，采用混凝土重力式桥墩，刚性扩大基础，考虑一孔活载时墩底中心处荷载组合如下：竖向力 7600 kN，水平力 380 kN，弯矩 6900 kN·m，各荷载数值均为折算至基础底面中心的数值。结构尺寸及水文地质情况如图，各层土的物理性质如下表所示。试验算：（1）地基承载力；（2）基底合力偏心距；（3）基础稳定性。

土层	名称	容重/(kN·m⁻³)	含水量/%	液限/%	塑限/%	孔隙比	压缩模量/MPa
I	硬塑黏土	19.7	26	44	24	0.74	16
II	软塑黏土	19.1	28	34	19	0.82	8

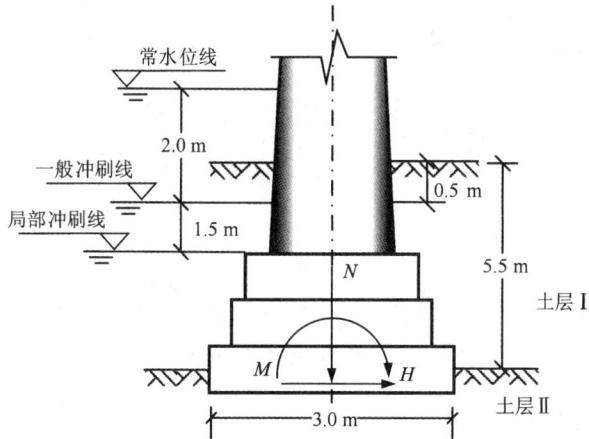

图 2 – 14

第 3 章

桩基础计算与分析

3.1   概述

当地基浅层土质不良,采用浅基础无法满足建筑物对地基强度、变形和稳定性方面的要求时,须考虑采用深基础。桩基础则是深基础中优先考虑的基础形式。

3.1.1   桩基础的起源与发展

桩基础是一种历史悠久且应用广泛的基础形式。早在七八千年前,浙江河姆渡地区的原始人便开始建造以木桩为支承的干栏式建筑。到宋代,桩基技术已经比较成熟,临水筑基技术已经写入《营造法式》,上海的龙华塔和山西太原晋祠的圣母殿都是这一时期桩基建筑的杰出代表。清代的《工部工程做法》一书对桩基的选料、布置和施工方法等方面都有了详细规定。桩基技术经过几千年的发展,特别是改革开放以后,随着大规模工程建设和现代科学技术的发展,桩基的设计、施工、检测技术都有了巨大的发展,应用更加广泛。

3.1.2   桩基础的组成与特点

桩基础是由设置于岩土中的桩和与桩顶连接的承台共同组成的群桩基础(图 3 – 1)或由柱与桩直接连接的单桩或单排桩基础(图 3 – 2)。

群桩基础中承台的作用是将外力传递给基桩并将所有基桩联成一个整体,共同承受外荷载。基桩的作用在于穿过软弱的压缩性土层或水,使桩底作用在更密实的地基持力层上。

双(多)柱式单排桩基础,当桩外露在地面上较高时,桩间一般设置系梁以加强各桩的横向联系。

桩基础的承载能力高,稳定性好,沉降及不均匀沉降小,抗地震、液化、滑坡等地质灾害能力强,抗爆性能好,灵活性强,对结构体系、范围及荷载变化具有较强的适应能力,在深水中施工,可避免或减少水下工程,简化施工设备和技术要求,施工进度快。与其他类型的深基础相比,其耗用材料少,施工简便。

3.1.3   桩基础的适用条件

桩基础主要适用于以下情况:

(1)软弱地基或某些特殊性土上的各类永久性建筑物,不允许地基有过大沉降和不均匀沉降。

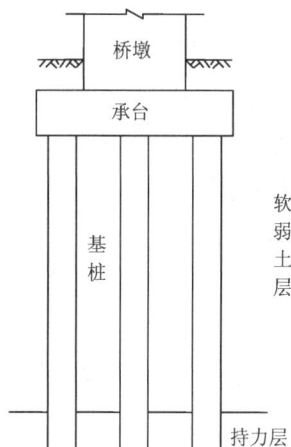

图 3 - 1　群桩基础

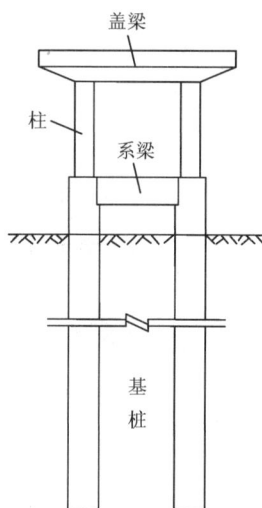

图 3 - 2　单排桩基础

（2）高重建筑物，如高层建筑、重型工业厂房和仓库、料仓等，地基承载力不能满足设计需要时。

（3）桥梁、码头、烟囱、输电塔等结构，宜采用桩基以承受较大的水平力和上拔力。

（4）精密或大型的设备基础，需要减小基础振幅、减弱基础振动对结构的影响时。

（5）地震区，以桩基作为地震区结构抗震措施或穿越可液化地基时。

（6）水上基础，当施工水位较高或河床冲刷较大，采用浅基础施工困难或不能保证基础的安全时。

但是如果出现以下情况，则不宜采用桩基础。

（1）上层土比下层土硬得多，上部结构的荷载与地基承载力相差不大。

（2）土层中有障碍物而又无法排除。

（3）只能采用打入或振入法施工，而附近有重要的或对强烈振动敏感的建筑物时。

设计基础时，应综合分析上部结构特征、使用要求、场地地质及水文地质条件、施工环境及技术力量等因素，通过多方案的技术经济比较，以确定适宜的基础方案。

3.2　桩与桩基础的分类

为了满足各类建筑物的要求，适应不同的地基，在工程实践中已形成了多种类型的桩基础。根据桩身构造、施工方法、桩土相互作用特点、桩的承载性状及桩身材料的不同，桩基础有多种分类方法。

3.2.1　按承台位置分类

桩基础按承台位置可分为低桩承台基础和高桩承台基础。

低桩承台的承台底位于地面或局部冲刷线以下，基桩全部沉入土中，如图 3 - 3 中墩身 a 的基础。高桩承台的承台底位于地面或局部冲刷线以上，基桩部分桩身埋入土中，如图 3 - 3 中墩身 b 的基础。

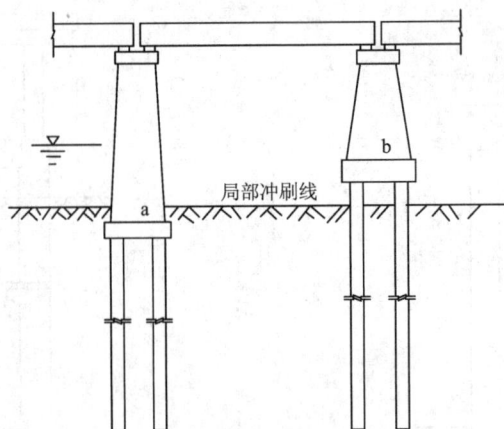

图 3 - 3　高桩承台基础和低桩承台基础

高桩承台由于承台位置较高或设在施工水位以上,可减少墩台的圬工数量,减少或避免水下作业,施工较为方便,且经济,在跨河桥基础中应用较多。但高桩承台基础刚度较小,桩身外露部位没有土的弹性抗力作用,在水平荷载作用下桩身内力和位移较大,稳定性相比低桩承台基础差。

3.2.2　按施工方法分类

基桩的施工方法不同,采用的机具设备和工艺过程也不同,进而影响基桩与土体的共同作用性能。桩的施工方法种类较多,但基本形式为沉桩(预制桩)和灌注桩。

1. 沉桩(预制桩)

沉桩是在工厂或施工现场制成的各种材料、各种形式的桩(如木桩、混凝土方桩、预应力混凝土管桩、钢桩等),用沉桩设备将桩打入、压入或振入土中。

1)打入桩(锤击桩)

打入桩是通过锤击(或以高压射水辅助)将各种预先制好的桩打入地基内,达到所需要的深度,如图 3 - 4 所示。打入法适用于桩径较小(一般直径在 0.60 m 以下),地基土质为砂性土、塑性土、粉土、细砂以及松散的不含大卵石或漂石的碎卵石类土的情况。

2)振动下沉桩

振动法沉桩是将大功率的振动打桩机安装在桩顶,利用振动力以减少土对桩的阻力,使桩沉入土中,沉桩困难时可采用射水辅助,如图 3 - 5 所示。振沉法适用于土的抗剪强度受振动时有较大降低的砂土等地基的桩基施工。

3)静力压桩

静力压桩依靠桩机自身重量将桩压入土中,如图 3 - 6 所示。静力压桩施工方法免除了锤击的振动影响,是在软土地区,特别是在不允许有强烈振动的条件下进行桩基础施工的一种有效方法。

图 3 - 4　柴油锤打桩

图 3 - 5　液压振动锤打桩

图 3 - 6　静力压桩

沉桩(预制桩)有如下特点:

(1)桩身预制质量可靠,沉入施工工序简单,工效高,易于水上施工,桩基质量容易得到保证。

(2)多数情况下施工噪音较大,振动强烈,对周围坏境影响较大。

(3)预制贯入能力有限,不易穿透较厚的坚硬地层,且施工时常出现因桩打不到设计高程而截桩,造成浪费。

(4)受运输和起吊等设备条件限制,单节长度有限。

(5)沉桩过程产生挤土效应,桩侧摩阻力和桩端阻力有所提高,但施工也可能会导致周围建筑物、道路、管线等的损失。

2.灌注桩

灌注桩是直接在施工场地设计的桩位上钻挖桩孔,在孔内放入钢筋骨架,灌注混凝土而成的桩。灌注桩由于具有施工时无振动(振动沉管灌注桩除外)、无挤土、噪音小、适于在城市建筑物密集地区使用等优点。按其成孔方法不同,常见的有钻孔灌注桩、沉管灌注桩、人工挖孔灌注桩等。

1）钻孔灌注桩

钻孔灌注桩是利用钻孔机械成孔，并在孔中浇筑混凝土（或先在孔中吊放钢筋笼）而成的桩，如图3-7所示。根据钻孔机械的钻头是否在土的含水层中施工，又分为泥浆护壁成孔、干作业成孔和套管护壁成孔三种方法。钻孔灌注桩施工设备简单、操作方便，适应于各种砂性土、黏性土地层，也适应于碎、卵石类土层和岩层。但对淤泥及可能发生流沙或承压水的地基，其施工较困难，施工前应做试桩以获得经验。

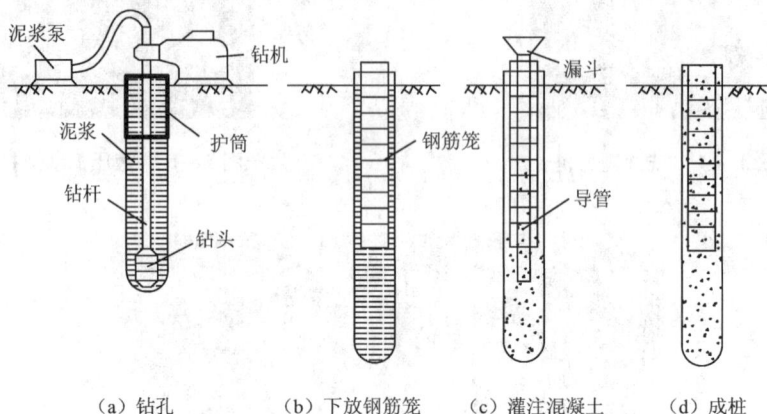

（a）钻孔　　　（b）下放钢筋笼　　　（c）灌注混凝土　　　（d）成桩

图3-7　钻孔灌注桩施工（泥浆护壁成孔）

2）沉管灌注桩

沉管灌注桩是利用锤击打桩法或振动打桩法，将带有活瓣式桩尖或预制钢筋混凝土桩靴的钢套管沉入土中，然后边浇筑混凝土（或先在管内放入钢筋笼），边锤击或振动边拔管而成的桩，如图3-8所示。前者称为锤击沉管灌注桩，后者称为振动沉管灌注桩。沉管灌注桩适用于黏性土、砂性土地基。由于采用了套管，可以避免钻孔灌注桩施工中可能产生的流沙、坍孔的危害和由泥浆护壁所带来的排渣等弊病。

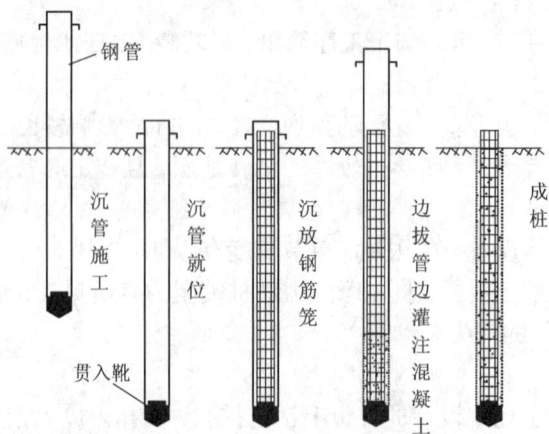

图3-8　沉管灌注桩施工

3）人工挖孔灌注桩

人工挖孔灌注桩是采用人工挖掘方法成孔，然后安放钢筋笼，浇筑混凝土而成的桩，如图 3 - 9 所示。为了确保人工挖孔桩施工过程中的安全，必须预防孔壁坍塌和流沙现象发生，制定合理的护壁措施。护壁方法可以采用现浇混凝土护壁、喷射混凝土护壁、砖砌体护壁、沉井护壁、钢套管护壁、型钢或木板桩工具式护壁等多种。挖孔桩不受设备限制、施工简单、质量好、速度快、成本低，适用于无水或少水的较密实的各类土层中。

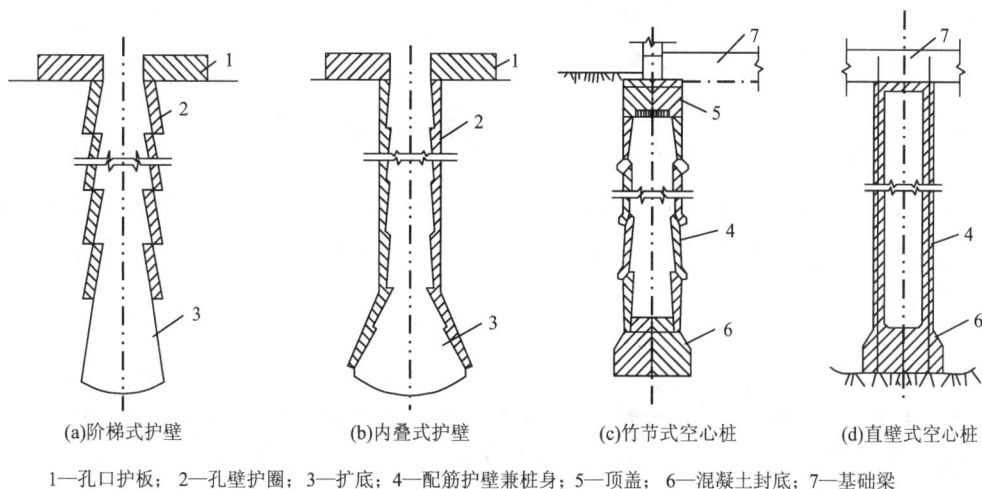

(a)阶梯式护壁　　(b)内叠式护壁　　(c)竹节式空心桩　　(d)直壁式空心桩

1—孔口护板；　2—孔壁护圈；　3—扩底；　4—配筋护壁兼桩身；　5—顶盖；　6—混凝土封底；　7—基础梁

图 3 - 9　人工挖孔灌注桩示意图

3.2.3　按承载性状分类

建筑物的荷载作用方向主要有竖向和水平向两种。竖向荷载一般由桩端阻力和桩侧阻力支承，水平荷载一般由桩和桩侧土水平抗力支承。根据承受的荷载及桩土相互作用的特点，基桩可分为竖向受荷桩和横向受荷桩。

1. 竖向受荷桩

根据荷载的作用方向，竖向受荷桩可分为抗拔桩和受压桩。

桩穿过并支承在各种地层上，基桩的竖向承载力主要由桩侧阻力和桩端阻力提供。根据基桩承载力的组成，竖向受荷桩又可分为摩擦型桩和端承型桩。当基桩承载力主要由桩侧阻力提供时，称为摩擦型桩；主要由桩底端阻力提供时，称为端承型桩。

摩擦型桩又可分为摩擦桩和端承摩擦桩。在承载能力极限状态下，桩顶竖向荷载由桩侧阻力承受，桩端阻力小到可忽略不计，称为摩擦桩；如桩端阻力不可忽略，则称为端承摩擦桩。

端承类型桩又可分为端承桩和摩擦端承桩。在承载能力极限状态下，桩顶竖向荷载由桩端阻力承受，桩侧阻力小到可忽略不计，称为端承桩；如桩侧阻力不可忽略，则称为摩擦端承桩。

2. 横向受荷桩

根据桩土之间的变形关系，横向受荷桩可以分为主动桩和被动桩。主动桩是指桩顶受横向荷载作用，桩身轴线偏离初始位置，桩身所受土压力因桩主动变位而产生，如风力、地震

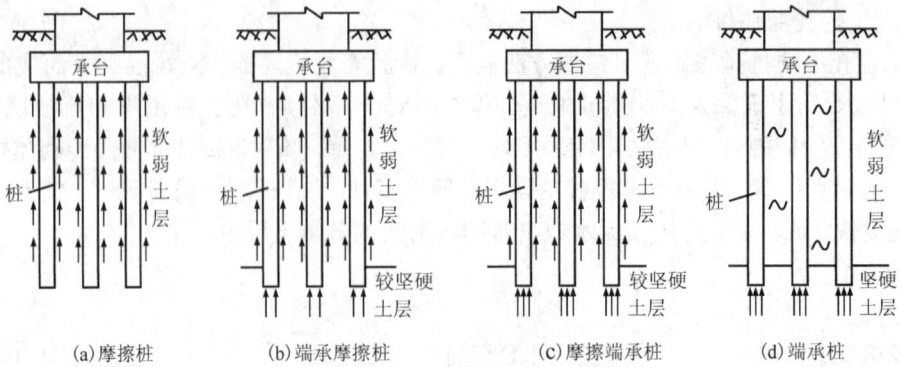

(a)摩擦桩　　(b)端承摩擦桩　　(c)摩擦端承桩　　(d)端承桩

图 3 – 10　竖向受荷桩示意图

力、车辆制动力等作用下的建筑物桩基属于主动桩。被动桩是指沿桩身一定范围内承受侧向压力，桩身轴线受土压力作用而偏离初始位置，如深基坑支挡桩、坡体抗滑桩、堤岸护桩等均属于被动桩。

为了提高桩的横向承载力，部分基桩可能施工成斜桩，因此按桩轴方向可分为竖直桩和斜桩，如图 3 – 11 所示。同等情况下，与竖直桩相比，斜桩可以承受更大的水平荷载，但施工难度较大。斜桩基础根据基桩倾斜方向，又可分为单向斜桩和多向斜桩。如果结构所承受的水平荷载以某一方向为主，可设置单向斜桩，如拱桥桥台和挡土墙的桩基础。但如果所承受的水平荷载方向不确定，可设置多向斜桩，如跨海大桥的桥墩基础。在桩基础中是否需要设置斜桩，斜度如何确定，应根据荷载的具体情况而定。斜桩的桩轴线与竖直夹角的正切值不宜小于 1/8，否则斜桩施工斜度误差将显著地影响桩的受力情况。

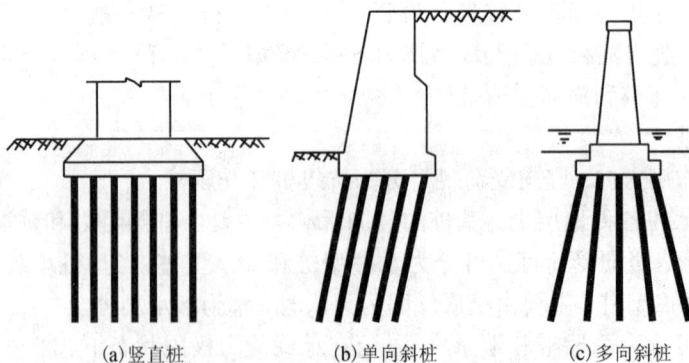

(a)竖直桩　　　(b)单向斜桩　　　(c)多向斜桩

图 3 – 11　竖直桩与斜桩示意图

3.2.4　按成桩方法的挤土效应分类

根据成桩方法的挤土效应，基桩分为挤土桩、部分挤土桩和非挤土桩。

1. 挤土桩

施工过程中产生明显的挤土效应，使桩周围土体受到严重扰动，土的工程性质有很大改变。挤土桩可以提高桩侧土体密实度，从而一定程度上提高桩侧摩阻力，但是施工过程中可能会造成地面隆起和土体侧移,对周边环境影响较大。常见的挤土桩有:沉管灌注桩、沉管夯(挤)扩灌注桩、打入(静压)预制桩、闭口预应力混凝土空心桩和闭口钢管桩等。

2. 部分挤土桩

施工时对桩周围稍有排挤作用,但对土的强度及变形性质影响不大。常见的部分挤土桩有:冲孔灌注桩、钻孔挤扩灌注桩、预钻孔打入(静压)预制桩、搅拌劲芯桩、打入式敞口钢管桩、敞口预应力混凝土空心桩和 H 型钢桩等。

3. 非挤土桩

施工时不产生挤土作用,但桩周土可能向桩孔内移动,使得基桩承载力有所减小。常见的非挤土桩有:干作业法、泥浆护壁法、套管护壁法钻(挖)孔灌注桩。

3.2.5　按桩身材料分类

按桩身材料,基桩可分为木桩、(钢筋)混凝土桩和钢桩。目前,工程中应用较多的是钢筋混凝土桩和钢桩。

钢桩可以根据荷载特征加工成各种有利于提高承载力的断面,抗冲击性能好,接头易于处理,运输方便,施工质量稳定,可根据弯矩沿桩身的变化情况局部加强断面刚度和强度,但是造价高、易锈蚀。

钢筋混凝土桩配筋率较低,价格便宜,耐久性好,适用于各种地层,成桩直径和长度可变范围大,承载能力大,应用最为广泛。

3.2.6　按桩的排列方式分类

根据桩数和桩的排列方式,桩基础可以分为单排桩基础(单桩)和多排桩基础。

1. 单排桩基础

单排桩基础是指与水平外力 H 作用面相垂直的平面上,仅有一根或一排桩的桩基础,如图 3 - 12(a)、图 3 - 12(b)所示。

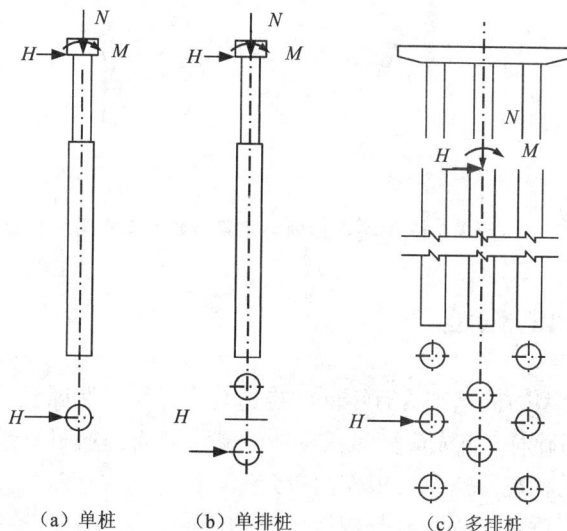

　(a)单桩　　　　(b)单排桩　　　　(c)多排桩

图 3 - 12　单桩、单排桩及多排桩示意图

2. 多排桩基础

多排桩基础是指在水平外力作用平面内有一根以上桩的桩基础，对单排桩做横桥向验算时也属此情况，如图 3 – 12(c) 所示。

3.2.7　按桩与土的相对刚度分类

按桩与土的相对刚度，基桩可以分为弹性桩和刚性桩。

1. 刚性桩

当桩的入土深度 $h \leqslant \dfrac{2.5}{\alpha}$（$\alpha$ 为桩的变形系数，$\alpha = \sqrt[5]{\dfrac{mb_1}{EI}}$，详见 3.5 节）时，桩的相对刚度较大，受横向力作用后桩身挠曲变形不明显，桩如同刚体一样围绕桩轴某一点转动，如图 3 – 13(a) 所示。如果不断增大横向荷载，则可能由于桩侧土强度不够而失稳，从而使桩丧失承载的能力或破坏。刚性桩的横向容许承载力由桩侧土的强度及稳定性决定。

2. 弹性桩

当桩的入土深度 $h > \dfrac{2.5}{\alpha}$ 时，桩的相对刚度小，桩侧土有足够大的抗力，桩身发生挠曲变形，其侧向位移随着入土深度增大而逐渐减小，以至达到一定深度后，几乎不受荷载影响，形成一端嵌固的地基梁，桩的变形呈图 3 – 13(b) 所示的波状曲线。如果不断增大横向荷载，可使桩身在较大弯矩处发生断裂或使桩发生过大的侧向位移超过桩或结构物的容许变形值。弹性桩的横向容许承载力由桩身材料的抗剪强度或侧向变形条件决定。

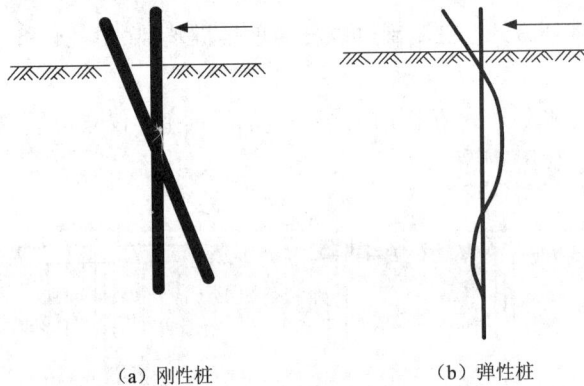

（a）刚性桩　　　　　　　（b）弹性桩

图 3 – 13　桩在横向力作用下变形示意图

3.3　桩与桩基础的构造

不同材料、不同类型的桩基础具有不同的构造特点，为了保证桩的质量和桩基础的正常工作能力，在设计桩基础时，首先应满足其构造的基本要求。现仅以公（铁）路桥涵工程施工中常用的桩与桩基础的构造特点及要求作简单介绍。

为对比公路和铁路桥涵工程对桩基构造要求的不同，本节中括号中的数字为《铁路桥涵地基基础设计规范》之规定，简称"铁桥基规"。

3.3.1　各种基桩的构造

1. 钢筋混凝土钻(挖)孔灌注桩

桩的直径应根据受力大小、桩基形式和施工条件确定。钻孔桩设计直径不宜小于 0.8 m；挖孔桩直径或边宽不宜小于 1.2 m(铁桥基规：1.25 m)。桩身混凝土强度等级不应低于 C25(铁桥基规：C30)。

基桩应按桩身内力大小分段配筋。对于埋入地面线或局部冲刷线以下长度 $h \geqslant 4.0/\alpha(\alpha$ 桩土变形系数，详见 3.5 节)的摩擦桩，通常在 $h = 4.0/\alpha + 2$ m 处，桩身钢筋可以截断。当单桩轴向力很大时，对在 $h = 4.0/\alpha + 2$ m 处，可按混凝土桩检算桩身受压强度是否满足要求。当按内力计算桩身不需要配筋时，应在桩顶 3.0 ~ 5.0 m(铁桥基规：4.0 ~ 6.0 m)内设置构造钢筋。

基桩钢筋骨架应有一定的刚性，便于吊装及保证主筋受力后的纵向稳定，桩内主筋不宜过细过少。主筋直径不应小于 16 mm，每根桩主筋数量不应少于 8 根，其净距不应小于 80 mm 且不应大于 350 mm。如配筋较多，可采用束筋。组成束筋的单根钢筋直径不应大于 36 mm，组成束筋的单根钢筋根数，当其直径不大于 28 mm 时不应多于 3 根，当其直径大于 28 mm 时应为 2 根。束筋成束后等代直径为 $d' = \sqrt{n}d$，式中 n 为单束钢筋根数，d 为单根钢筋直径。钢筋保护层净距不应小于 60 mm。钢筋笼底部的主筋宜稍向内弯曲，作为导向。

闭合式箍筋或螺旋筋直径不应小于主筋直径的 1/4，且不应小于 8 mm，间距不应大于主筋直径的 15 倍且不应大于 300 mm(铁桥基规：箍筋间距采用 200 mm，摩擦桩下部可增大至 400 mm)。钢筋笼骨架上每隔 2.0 ~ 2.5 m 设置直径 16 ~ 32 mm 的加劲箍筋一道，如图 3 - 14 所示。钢筋笼四周应设置突出钢筋、定位混凝土块，或采用其他定位措施。

钻孔灌注桩常用的含筋率为 0.2% ~ 0.6%，对受荷特别大的基桩应根据计算确定配筋率。

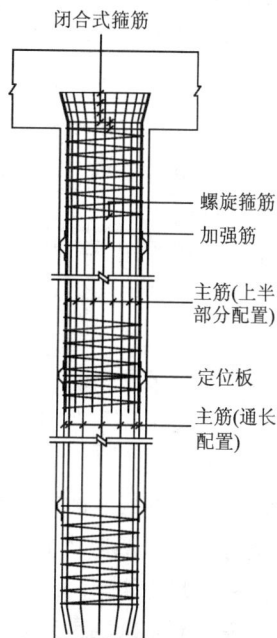

闭合式箍筋

螺旋箍筋
加强筋

主筋(上半部分配置)

定位板

主筋(通长配置)

图 3 - 14　钢筋混凝土灌注桩

2. 钢筋混凝土预制桩

钢筋混凝土预制桩边长不应小于 200 mm，桩身混凝土强度不宜低于 C30。预应力混凝土预制实心桩的截面边长不宜小于 350 mm，混凝土强度等级不应低于 C40。预制桩纵向钢筋的混凝土保护层厚度不宜小于 30 mm。预制桩的分节长度应根据施工条件及运输条件确定，每根桩的接头数量不宜超过 3 个。预制桩需根据吊运方式预埋直径 20 ~ 25 mm 的吊环。采用单点起吊，吊环应设置于 0.293l 处，如图 3 - 15 中 A 所示；采用双点起吊，吊环应设置于 0.207l 处，如图 3 - 15 中 B 所示、C 所示。

预制桩的桩身配筋应按吊运、打桩及桩在使用中的受力等条件计算确定。采用锤击法沉桩时，预制桩的最小配筋率不宜小于 0.8%，静压法沉桩时，最小配筋率不宜小于 0.6%。主筋直径不宜小于 14 mm，打入桩顶以下 4 ~ 5 倍桩身直径长度范围内箍筋应加密，并设置钢筋网片。预制桩的桩尖可将主筋合拢焊在桩尖辅助钢筋上，对于持力层为密实砂和碎石类土时，宜在桩尖处包以钢板桩靴，加强桩尖。

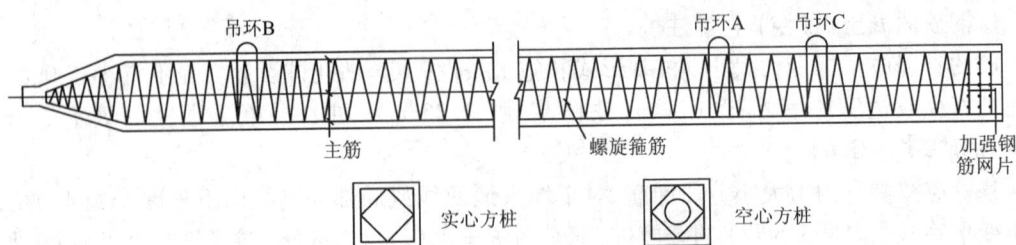

图 3 – 15　预制钢筋混凝土方桩

3. 钢桩

钢桩的种类很多，常用的有钢管桩、H 型钢桩和钢板桩。钢板桩常用于基坑围护工程，基础工程常采用的是钢管桩和 H 型钢桩。

钢桩分段长度按施工条件确定，不宜超过 12 ~ 15 m，焊接应采用等强度连接。

钢桩的端部形式，应根据桩所穿越的土层、桩端持力层性质、桩的尺寸、挤土效应等因素综合考虑确定。

钢管桩可采用下列桩端形式：

（1）敞口带加强箍（带内隔板、不带内隔板）、敞口不带加强箍（带内隔板、不带内隔板）。

（2）闭口平底、锥底。

H 型钢可采用下列桩端形式：

（1）带端板。

（2）不带端板、锥底、平底（带扩大翼、不带扩大翼）。

钢桩的设计厚度由有效厚度和腐蚀厚度两部分组成。有效厚度为管壁在外力作用下所需要的厚度，可按使用阶段的应力计算确定。腐蚀厚度为建筑物在使用年限内因管壁腐蚀而削减的厚度，可通过钢桩的腐蚀情况实测或调查确定。无实测资料时，钢桩的单面年平均腐蚀速率可按表 3 – 1 确定。

表 3 – 1　钢桩单面年腐蚀速率（mm/a）

钢管桩所处环境	海水环境				其他环境	
	大气区	浪溅区	水位变动区 水下区	泥下区	平均低水位以上	平均低水位以下
单面年腐蚀率	0.05 ~ 0.10	0.20 ~ 0.50	0.12 ~ 0.20	0.05	0.06	0.03

注：1. 表中年平均腐蚀速度适用于 pH 4 ~ 10 的环境条件，对有严重污染的环境，应适当增大。2. 对水质含盐量层次分明的河口或年平均气温高、波浪大和流速大的环境，其对应部位的年平均腐蚀速度应适当增大。

钢桩防腐处理可采用外表面涂防腐层、增加腐蚀余量和阴极保护等方法。当钢管桩内壁同外界隔绝时，可不考虑内壁防腐。

3.3.2　横系梁和承台构造要求

1. 横系梁的构造要求

当用横系梁加强桩之间的整体性时，横系梁的高度可取为桩直径的 0.8 ~ 1.0 倍，宽度可取为桩直径的 0.6 ~ 1.0 倍。混凝土的强度等级不应低于 C25。纵向钢筋不应少于横系梁截面面积的 0.15% ；箍筋直径不应小于 8 mm，其间距不应大于 400 mm。

2. 承台的构造要求

承台的厚度宜为 1.0 倍及以上桩直径，且不宜小于 1.5 m，混凝土强度等级不应低于 C25（铁桥基规：C30）。

当桩顶主筋伸入承台时，承台在桩身混凝土顶端平面内须设一层钢筋网，钢筋纵桥向和横桥向钢筋截面积为 1200 ~ 1500 mm²/m（铁桥基规：1500 ~ 2000 mm²/m），钢筋直径 12 mm ~ 16 mm，钢筋网应通过桩顶且不应截断。

当桩中心距离不大于 3 倍桩直径时，承台受力钢筋应均匀布置与承台全宽之内，如图 3 - 16（a）所示；当桩中心距离大于 3 倍桩直径时，受力钢筋应均匀布置于距桩中心 1.5 倍桩直径范围内，在此范围以外应布置配筋率不小于 0.1% 的构造钢筋，如图 3 - 16（b）所示。

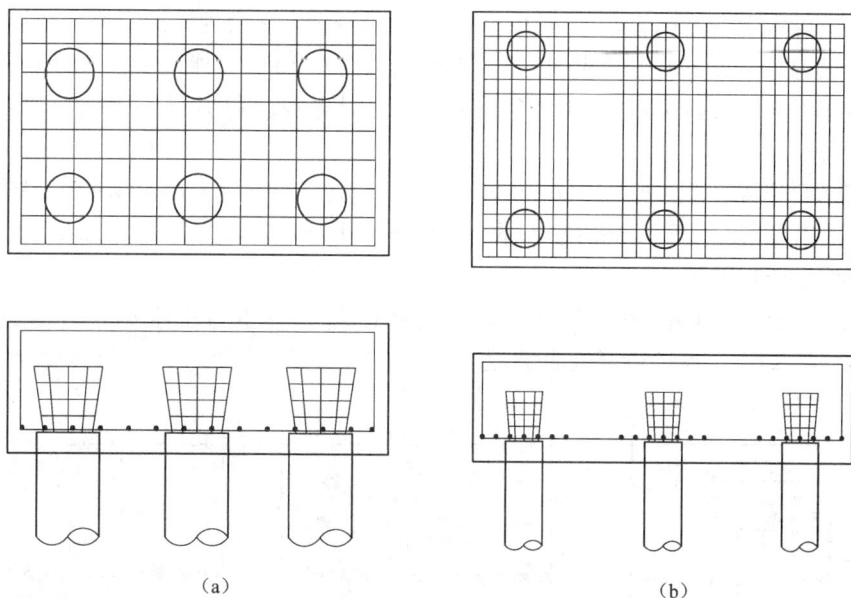

（a）　　　　　　　　　　　　　　（b）

图 3 - 16　承台底钢筋网

如承台仅有一个方向的受力钢筋时，垂直受力方向应设直径不小于 12 mm，间距不大于 250 mm 的构造钢筋。对钢筋层距的要求是：当钢筋为三层及以下时，不应小于 30 mm,且不小于钢筋直径；当为三层以上时，不应小于 40 mm 且不小于钢筋直径的 1.25 倍。

承台的桩中距等于或大于桩直径的3倍时,宜在两桩之间,距桩中心各1.0倍桩直径的中间区段内设置吊筋,其直径不应小于12 mm,间距不应大于200 mm,如图 3 – 17 所示。

承台的顶面和侧面应设置表层钢筋网,每个面在两个方向的截面面积不宜小于400 mm²/m,钢筋间距不应大于 400 mm。

当桩顶直接埋入承台,应在桩顶面增设 1 ~ 2 层局部钢筋网,钢筋直径不小于 12 mm,钢筋网每边长度不小于桩径的 2.5 倍,网孔为(100 mm × 100 mm) ~ (150 mm × 150 mm)。

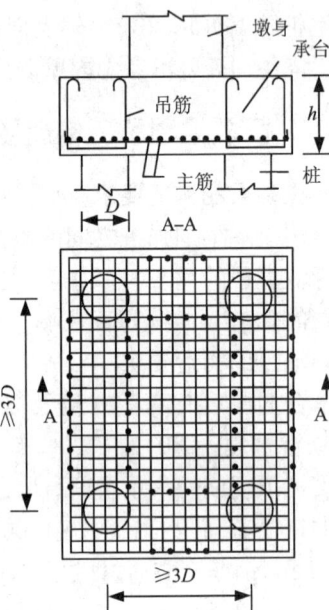

图 3 – 17　吊筋(承台吊筋布置)

3.3.3　桩与承台、盖梁的连接

桩顶直接埋入承台的连接,如图 3 – 18(a) 所示。当桩径或边长小于0.6 m时,埋入长度 l 不应小于 2 倍桩径或边长;当桩径或边长为 0.6 ~ 1.2 m 时,埋入长度 l 不应小于1.2 m;当桩径或边长大于1.2 m时,埋入长度 l 不应小于桩径或边长。

桩顶主筋伸入承台连接,如图 3 – 18(b) 所示。桩身嵌入承台内的深度可采用100 mm;伸入承台或盖梁内的桩顶主筋可做成喇叭形,与竖直线约成15°角。伸入承台内的主筋长度,光圆钢筋不应小于 30 倍(铁桥基规:45 倍) 主筋直径,设弯钩;带肋钢筋不应小于 35 倍主筋直径,不设弯钩。

管桩与承台连接,如图 3 – 18(c) 所示。伸入承台内的纵向钢筋如采用插筋,插筋数量不应少于4根,直径不应小于16 mm,锚入承台长度不宜少于35倍主筋直径,插入管桩顶填芯混凝土长度不宜小于1.0 m。

大直径灌注桩,当采用一柱一桩时,可设置横系梁,或将桩与柱直接连接。横系梁的主筋应深入桩内,其长度不小于 35 倍主筋直径。

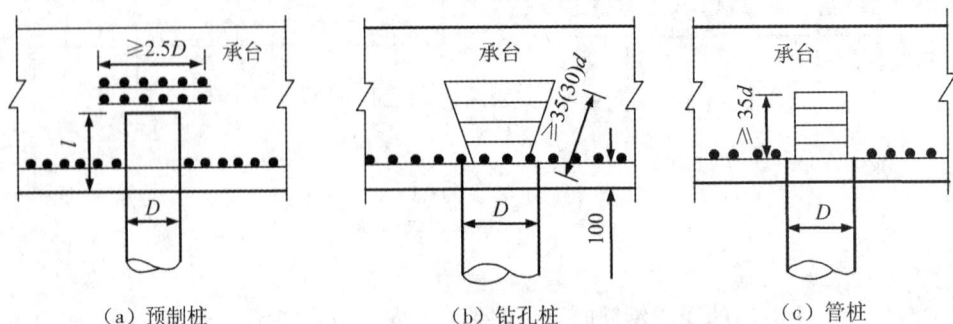

(a) 预制桩　　　　　　　(b) 钻孔桩　　　　　　　(c) 管桩

图 3 – 18　桩与承台的连接

3.4 单桩轴向承载机理及容许承载力计算

桩基础一般总是由若干根单桩组成,设计要求桩基础在服役期内最不利的外荷载作用下,每根桩分配到的荷载不能大于该桩的容许承载力。

单桩轴向极限承载力是指单桩在轴向荷载作用下达到破坏状态前或出现不适于继续承载的变形时所对应的最大荷载。它取决于土对桩的支承阻力和桩身承载力。

单桩轴向容许承载力是指单桩在轴向荷载作用下,地基土和桩本身的强度和稳定性均能得到保证,变形也在容许范围之内所容许承受的最大荷载。它是以单桩轴向极限承载力(极限桩侧摩阻力与极限桩底阻力之和)考虑必要的安全度后求得的,应分别按桩身材料强度和岩土的阻力进行计算,取其较小者。

3.4.1 单桩轴向荷载传递机理和特点

桩的承载力是桩与土共同作用的结果,了解单桩在轴向荷载下桩土间的传力途径、单桩承载力的构成特点以及单桩受力破坏形态等基本概念,将对正确确定单桩承载力有指导意义。

1. 荷载传递过程

当竖向荷载逐步施加于单桩桩顶,桩身上部受到压缩而产生相对于土的向下位移,桩侧表面受到土的向上摩阻力。桩顶荷载通过所发挥出来的桩侧摩阻力传递到桩周土层中去,致使桩身轴力和桩身压缩变形随深度递减。在桩土相对位移等于零处,其摩阻力因尚未发挥作用而等于零。随着荷载增加,桩身压缩量和位移量增大,桩身下部的摩阻力随之逐步调动起来,桩底土层也因受到压缩而产生桩端阻力。桩端土层的压缩加大了桩土相对位移,当桩身摩阻力全部发挥出来达到极限后,若继续增加荷载,其荷载增量将全部由桩端阻力承担。由于桩端持力层的大量压缩和塑性挤出,位移增长速度显著加大,直至桩端阻力达到极限,位移迅速增大而破坏。此时桩所受的荷载就是桩的极限承载力。

桩侧摩阻力和桩底阻力的发挥程度与桩土间的变形性状有关,各自达到极限值时所需要的位移量是不相同的。试验表明:桩底阻力的充分发挥需要有较大的位移值,在黏性土中约为桩底直径的25%,在砂性土中为8% ~ 10%,而桩侧摩阻力只要桩土间有不太大的相对位移就能得到充分的发挥,具体数值目前认识尚无一致意见,一般认为黏性土为4 ~ 6 mm,砂性土为6 ~ 10 mm。

2. 桩侧摩阻力的影响因素及其分布

桩侧摩阻力与土的性质、桩土间的相对位移、桩的刚度、时间因素、土中应力状态以及桩的施工方法等因素有关,其中土的性质是主要因素。

在塑性状态黏性土中打桩,在桩侧造成对土的扰动,同时打桩过程中桩周土体内孔隙水压力上升,土的抗剪强度降低,桩侧摩阻力变小。待打桩完成经过一段时间后,超孔隙水压力逐渐消散,再加上黏土的触变性质,土体的强度逐渐恢复,桩侧摩阻力逐渐提高。在砂性土中打桩时,桩侧摩阻力的变化与砂土的初始密度有关,如密实砂性土有剪胀性会使摩阻力出现峰值后有所下降。

桩侧摩阻力的大小及其分布决定着桩身轴向力随深度的变化及数值,因此掌握桩侧摩阻力的分布规律,对研究和分析桩的工作状态有重要作用。图3 – 19(a)、图3 – 19(b)两图分别为预制打入桩和钻孔灌注桩桩身侧摩阻力的实测信息。在黏性土中的打入桩的侧摩阻力沿深度分布的形状近乎抛物线,桩顶处的摩阻力等于零,桩身中段处的摩阻力比桩的下段大。钻孔灌注桩沿桩长的摩阻力分布则比较均匀。因此,通常近似假设打入桩侧摩阻力在地面处为零,沿桩入土深度成线性分布;钻孔灌注桩则近似假设桩侧摩阻力沿桩身均匀分布。

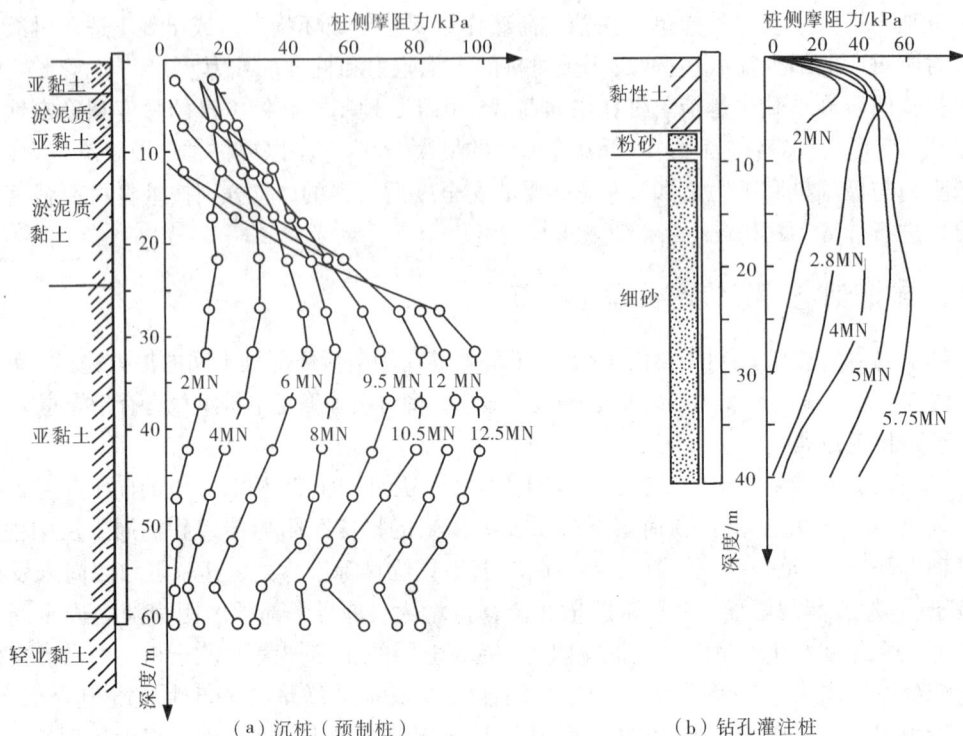

(a)沉桩(预制桩)   (b)钻孔灌注桩

图 3 - 19   桩侧摩阻力分布曲线

3. 桩端阻力的影响因素及其深度效应

桩端极限阻力与土的性质、持力层上覆荷载、桩径、桩底作用力、时间及桩底进入持力层的深度等因素有关,其中土的性质仍是主要因素。

桩端阻力随着桩的入土深度,特别是进入持力层的深度而变化,这种特性称为深度效应。桩端进入持力砂土层或硬黏土层时,桩的极限阻力随着进入持力层的深度线性增加,达到一定深度后,桩端阻力的极限值保持稳值,这一深度称为临界深度。临界深度与持力层的上覆荷载和持力层土的密度有关。上部荷载越小、持力层土密度越大,则临界深度越大。

当持力层下为软弱土层,也存在一个临界厚度。当桩底下卧软弱层顶面的距离小于临界厚度时,桩端阻力将下降。持力层土密度越高、桩径越大,则临界厚度越大。因此,对于以夹在软层中的硬层作桩底持力层时,要根据夹层厚度,综合考虑基桩进入持力层的深度和桩底硬层的厚度。

必须指出,群桩的深度效应概念与上述单桩不同。在均匀砂或有覆盖层的砂层中,群桩的承载力始终随着桩进入持力层的深度而增大,不存在临界深度,当有下卧软弱土层时,软弱土对单桩的影响更大。

4. 单桩在轴向受压荷载作用下的破坏模式

单桩在轴向受压荷载作用下的破坏模式常见有三种：桩身材料破坏、地基土整体剪切破坏、地基土刺入式破坏。

（1）当桩底支承在很坚硬的地层，桩侧土为软土层且抗剪强度很低时，桩在轴向受压荷载作用下，如同一受压杆件，呈现纵向挠曲破坏，在荷载 – 沉降量(p-s)曲线上呈现出明确的破坏荷载，如图 3 – 20（a）所示。桩的承载力取决于桩身的材料强度。

（2）当具有足够强度的桩穿过抗剪强度较低的土层而达到强度较高的土层时，桩在轴向受压荷载作用下，由于桩底持力层以上的软弱土层不能阻止滑动土楔的形成，桩底土体将形成滑动面而出现整体剪切破坏，在 p-s 曲线上可见明确的破坏荷载，如图 3 – 20（b）所示。桩的承载力主要取决于桩底土的支承力，桩侧摩阻力也起一部分作用。

（3）当具有足够强度的桩入土深度较大或桩周土层抗剪强度较均匀时，桩在轴向受压荷载作用下，将出现刺入式破坏。根据荷载大小和土质不同，其 p-s 曲线通常无明显的转折点，如图 3 – 20（c）所示。桩所受荷载由桩侧摩阻力和桩底反力共同承担，一般摩擦桩或纯摩擦桩多为此类破坏，且基桩承载力往往由桩顶所允许的沉降量控制。

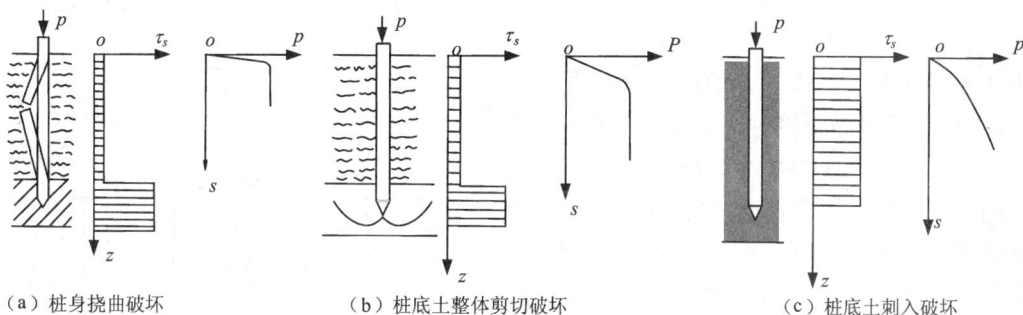

（a）桩身挠曲破坏　　　　　（b）桩底土整体剪切破坏　　　　　（c）桩底土刺入破坏

图 3 – 20　土强度对桩破坏模式的影响

3.4.2　按岩土介质阻力确定单桩轴向容许承载力

按岩土介质的阻力确定单桩轴向容许承载力的方法很多，常见的有静载试验法、经验公式法、动测试桩法和静力分析法等。现仅以公（铁）路桥涵工程施工中常用的静载试验法和经验公式法作简单介绍。

1. 静载试验法

垂直静载试验法是采用接近于竖向抗压桩的实际工作条件的试验方法，即在桩顶逐级施加轴向荷载，直至桩达到破坏状态为止，并在试验过程中测量每级荷载下不同时间的桩顶沉降，根据沉降与荷载及时间的关系，分析确定单桩轴向容许承载力。

桩基静载荷试验主要有以下几类加载方法：堆载法，锚桩法和自平衡试桩法，具体试验方法可参考相关规范。

堆载法是通过在荷载平台上堆放重物（常用混凝土块）来提供加载反力，以实现对桩基的加载，如图 3 – 21 所示。优点：装置使用比较广泛，承重平台搭建简单，适合不同荷载量试验，尤其是不配筋或少配筋的桩，可对工程桩进行随机抽样检测。缺点：需要运输车辆及吊车配合，试验成本较高；使用水箱配重，试验结束后，由于要放水，会影响试验场地的整洁。

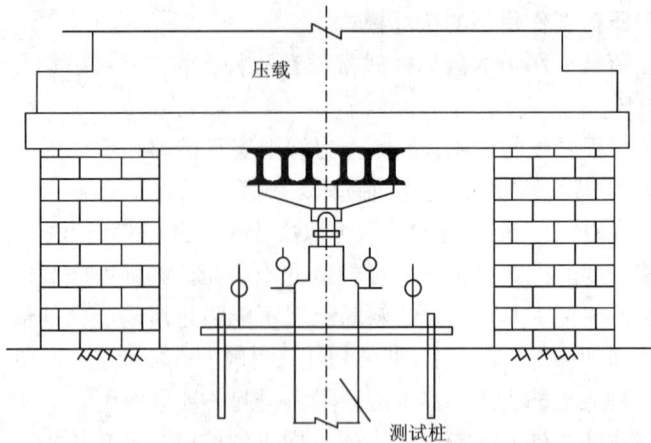

图 3 - 21   堆载法

锚桩法是在试桩周围布置 4 ~ 6 根锚桩(常利用工程桩群) 作为反力支撑,对基桩进行加载,如图 3 - 22 所示。优点是安装快捷,特别对于大吨位试桩,节约成本明显。缺点是安装时荷载对中不易控制,试验的开始阶段容易产生过冲。当使用工程桩做锚桩时,会对工程桩的承载力产生一定的影响。如果为试桩设置专门的锚桩,则会大大增加相关成本。锚桩在试验过程中受到上拔力的作用,其桩间土的扰动同样会影响到试桩,规范规定的试桩和锚桩之间的中心间距就是为了减少这种影响。但对桩身承载力较大的钻孔灌注桩锚桩,反力梁装置无法进行随机抽样检测。

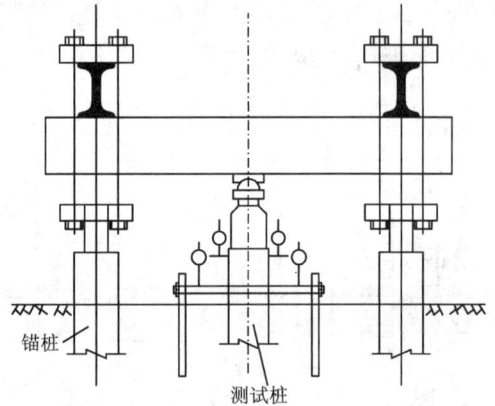

图 3 - 22   锚桩法

自平衡试桩法是一种基于在桩基内部寻求加载反力的静载荷试验方法,如图 3 - 23 所示。在施工过程中将按桩承载力参数要求定型制作的荷载箱置于桩身底部,连接施压油管及位移测量装置于桩顶部,待砼养护到标准龄期后,通过顶部高压油泵给底部荷载箱施压,得出桩端承载力及桩侧总摩阻力。优点是不再需要外部的加载反力,可以测试超大吨位基桩、边坡、水上、深开挖等环境下的基桩以及其他一些不具备堆载和锚桩条件的基桩。缺点是该方法技术成熟度和普及度较低,在试验实施细节和关键技术上,还存在着诸多难题。比如:试桩方法的选择和确定、荷载箱的选择和安装、桩体的安全保护和修复措施、位移测量方法的准确性保证等。

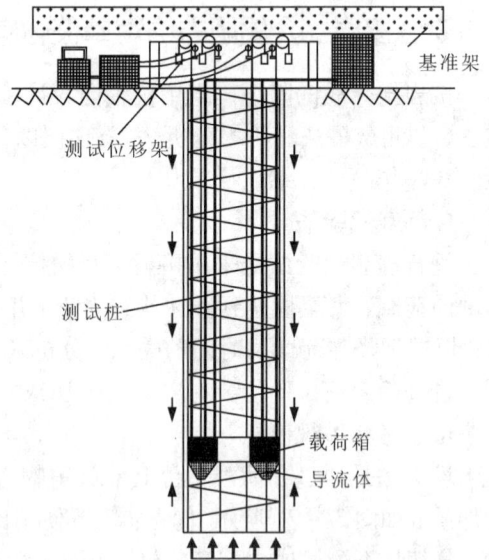

图 3 - 23   自平衡试桩法

另外，江苏省规范《桩承载力自平衡测试技术规程 DB32 - T291—1999》中，以及最新的比较权威的交通运输部规范《基桩静载试验 自平衡法 JT/T 738—2009》中，以修正系数 γ 修正向上摩阻力的"等效转换法"，由于其修正系数只与相关的土层类型相关，而并未考虑土层深度、厚度以及土层上、下层相对位置等重要因素，"等效转换法"理论，仍被许多业内专家强烈质疑。

采用静载试验法确定单桩容许承载力直观可靠，但费时、费力，通常只在大型、重要工程或地质较复杂的桩基工程中进行试验。配合其他测试设备，它还能较直接地了解桩的荷载传递特征。

2. 经验公式法

公路和铁路桥涵地基与基础设计规范都规定了以经验公式计算单桩轴向承载力容许值的方法。规范根据全国各地大量的静载试验资料，经过理论分析和统计整理，给出不同类型的桩，按土的类别、密实度、稠度、埋置深度等条件下有关桩侧摩阻力及桩底阻力的经验系数、数据及相应公式。两规范给出的经验公式类似，但系数选取略有不同，计算时应注意。下面主要介绍《公路桥涵地基与基础设计规范》（JTG D63—2007）的规定。以下各经验公式除特殊说明外均适用于钢筋混凝土桩、混凝土桩及预应力混凝土桩。

1）摩擦桩单桩轴向容许承载力计算

（1）计算钻（挖）孔灌注桩的单桩轴向受压容许承载力。

$$[R_a] = \frac{1}{2} u \sum_{i=1}^{n} q_{ik} l_i + A_p q_r$$

$$q_r = m_0 \lambda \{ [f_{a0}] + k_2 \gamma_2 (h - 3) \}$$

$$(3 - 1)$$

式中：$[R_a]$——单桩轴向受压容许承载力（kN），桩身自重与置换土重（当自重计入浮力时，置换土重也计入浮力）的差值作为荷载考虑；

u——桩的周长（m）；

l_i——承台底面或局部冲刷线以下的各土层中的厚度（m），扩孔部分不计；

q_{ik}——与 l_i 对应的土层与桩侧的摩阻力标准值（kPa），宜采用单桩摩阻力试验确定，当无试验条件时按表 3 - 2 取值；

q_r——桩端土层承载力容许值（kPa），当持力层为砂土、碎石土时，若计算超过下列值，宜按下列值采用：粉砂 1000 kPa，细砂 1150 kPa；

λ——考虑桩入土长度影响的修正系数，按表 3 - 3 取值；

m_0——考虑孔底沉渣影响的清孔系数，按表 3　4 取值；

A_p——桩底截面积（m^2），一般用设计直径（钻头直径）计算；但采用换浆法施工（即成孔后，钻头在孔底继续旋转换浆）时，则按成孔直径计算（对于扩底桩，取扩底截面面积）；

h——桩的埋置深度（m），对有冲刷的基桩，从一般冲刷线起算；对无冲刷的基桩，由天然地面（实际开挖后地面）起算；当 $h > 40$ m 时，可按 $h = 40$ m 考虑；

$[f_{a0}]$——桩底处土的容许承载力（kPa），可查《公路桥涵地基与基础设计规范》（JTG D63—2007）；

γ_2——桩端以上各层土的加权容重（kN/m^3），若持力层在水位以下且不透水时，不论桩端以上土层的透水性如何，一律取饱和容重，当持力层透水时则水中部分土层取浮容重；

k_2——地基土容许承载力随深度的修正系数，可查表 2 - 14。

表 3 – 2　钻孔桩桩侧土的摩阻力标准值 q_{ik}

土类		q_{ik} (kPa)
中密炉渣、粉煤灰		40 ~ 60
黏土	流塑 $I_L > 1$	20 ~ 30
	软塑 $0.75 < I_L \leqslant 1$	30 ~ 50
	可塑、硬塑 $0 < I_L \leqslant 0.75$	50 ~ 80
	坚硬 $I_L \leqslant 0$	80 ~ 120
粉土	中密	30 ~ 55
	密实	55 ~ 80
粉、细砂	中密	35 ~ 55
	密实	55 ~ 70
中砂	中密	45 ~ 60
	密实	60 ~ 80
粗砂	中密	60 ~ 90
	密实	90 ~ 140
圆砾、角砾	中密	120 ~ 150
	密实	150 ~ 180
碎石、卵石	中密	160 ~ 220
	密实	220 ~ 400
漂石、块石		400 ~ 600

表 3 – 3　修正系数 λ 值

h/d 桩端土情况	4 ~ 20	20 ~ 25	> 25
透水性土	0.70	0.70 ~ 0.85	0.85
不透水性土	0.65	0.65 ~ 0.72	0.72

表 3 – 4　清底系数 m_0 值

t/d	0.3 ~ 0.1
m_0	0.7 ~ 1.0

注：1. t、d 分别为桩端沉渣厚度和桩的直径。2. $d \leqslant 1.5$ m 时，$t \leqslant 300$mm；$d > 1.5$ m 时，$t \leqslant 500$ mm，且 $0.1 < t/d < 0.3$。

（2）计算打入桩（包括沉入桩、振动下沉桩和爆扩桩等）的单桩轴向容许承载力。

$$[R_a] = \frac{1}{2}\left(u\sum_{i=1}^{n} a_i l_i q_{ik} + a_r A_p q_{rk}\right) \tag{3-2}$$

式中：$[R_a]$——单桩轴向受压容许承载力（kN），桩身自重与置换土重（当自重计入浮力时，置换土重也计入浮力）的差值作为荷载考虑；

　　　　u——桩的周长（m）；

　　　　l_i——承台底面或局部冲刷线以下的各土层中的厚度（m）；

　　　　q_{ik}——与 l_i 相对应的各土层与桩侧的极限摩阻力（kPa），可按表 3-5 取值；

　　　　A_p——桩底截面面积（m²）；

　　　　q_{rk}——桩底处土的极限承载力（kPa），可按表 3-6 取值；

　　　　a_i、a_r——振动下沉对各土层桩侧摩阻力和桩底抵抗力的影响系数，按表 3-7 取值，对于锤击和静压沉桩其值均为 1.0。

表 3-5　沉桩桩侧土的摩阻力标准值 q_{ik}

土类	状态	摩阻力标准值（kPa）
黏土	$1.5 \geqslant I_L \geqslant 1$	15 ～ 30
	$1 > I_L \geqslant 0.75$	30 ～ 45
	$0.75 > I_L \geqslant 0.5$	45 ～ 60
	$0.5 > I_L \geqslant 0.25$	60 ～ 75
	$0.25 > I_L \geqslant 0$	75 ～ 85
	$0 > I_L$	85 ～ 95
粉土	稍密	20 ～ 35
	中密	35 ～ 65
	密实	65 ～ 80
粉、细砂	稍密	20 ～ 35
	中密	35 ～ 65
	密实	65 ～ 80
中砂	中密	55 ～ 75
	密实	75 ～ 90
粗砂	中密	70 ～ 90
	密实	90 ～ 105

注：表中的液性指数 I_L 系按 76（g）平衡锥测定的数值。

表3-6　沉桩桩端处土的承载力标准值 q_{rk}

土类	状态	桩端承载力标准值 q_{rk}(kPa)		
黏性土	$I_L \geqslant 1$	1000		
	$0.75 > I_L \geqslant 0.65$	1600		
	$0.65 > I_L \geqslant 0.35$	2200		
	$0.35 > I_L$	3000		
		桩尖进入持力层的相对深度		
		$1 > h_c/d$	$4 > h_c/d \geqslant 1$	$h_c/d \geqslant 4$
粉土	中密	1700	2000	2300
	密实	2500	3000	3500
粉砂	中密	2500	3000	3500
	密实	5000	6000	7000
细砂	中密	3000	3500	4000
	密实	5500	6500	7500
中、粗砂	中密	3500	4000	4500
	密实	6000	7000	8000
圆砾石	中密	4000	4500	5000
	密实	7000	8000	9000

注：表中 h_c 桩端进入持力层的深度(不包括桩靴)；d 为桩的直径或边长。

表3-7　系数 a_i、a_r 值

土类 系数 a_i、a_r 桩径或边长 d(m)	黏土	粉质黏土	粉土	砂土
$0.8 \geqslant d$	0.6	0.7	0.9	1.1
$2.0 \geqslant d > 0.8$	0.6	0.7	0.9	1.0
$d > 2.0$	0.5	0.6	0.9	0.9

当采用静力触探实验测定时，沉桩承载力容许值计算中的 q_{ik} 和 q_{rk} 取为

$$q_{ik} = \beta_i \overline{q_i} \tag{3-3}$$

$$q_{rk} = \beta_{rk} \overline{q_r} \tag{3-4}$$

式中：$\overline{q_i}$——桩侧第 i 层土由静力触探测得的局部侧摩阻力的平均值(kPa)，当 $\overline{q_i}$ 小于 5 kPa 时，采用 5 kPa；

$\overline{q_r}$——桩端(不包括桩靴)标高以上和以下各 $4d$（d 为桩的直径或边长）范围内静力触探端阻的平均值(kPa)；若桩端标高以上 $4d$ 范围内端阻的平均值大于桩端标高以下 $4d$ 的端阻平均值时，则取桩端以下 $4d$ 范围内端阻的平均值；

β_i、β_r——桩侧摩阻和端阻的综合修正系数，其值按下面判别标准选用相应的计算公式。

当土层的 q_r 大于 2000 kPa，且 $\overline{q_i}/\overline{q_r}$ 小于或等于 0.014 时：

$$\beta_i = 5.067(\overline{q_i})^{-0.45}$$

$$\beta_r = 3.075(\overline{q_r})^{-0.25}$$

如果不满足上述 $\overline{q_r}$ 和 $\overline{q_i}/\overline{q_r}$ 条件时：

$$\beta_i = 10.045(\overline{q_i})^{-0.55}$$

$$\beta_r = 12.064(\overline{q_r})^{-0.35}$$

上述综合修正系数计算公式不适合城市杂填土条件下的短桩；综合修正系数用于黄土地区时，应做试桩校核。

（3）确定单桩轴向受拉容许承载力。

当桩的轴向力由结构自重、预加力、土重、土侧压力、汽车荷载和人群荷载短期效应组合所引起时，桩不允许受拉；当桩的轴向力由上述荷载并与其他作用组成的短期效应组合或荷载效应的偶然组合（地震作用除外）所引起的，则桩允许受拉。摩擦桩单桩轴向受拉承载力容许值可按下式计算

$$[R_t] = 0.3u \sum_{i=1}^{n} \alpha_i l_i q_{ik} \qquad (3-5)$$

式中：$[R_t]$——单桩轴向受拉容许承载力（kN）；

u——桩身周长（m），对于等直径桩，$u = \pi d$；对于扩底桩，自桩端起算的长度 $\sum l_i \leqslant 5d$ 时，取 $u = \pi D$；其余长度均取 $u = \pi d$（其中 D 为桩的扩底直径，d 为桩身直径）；

α_i——振动沉桩对个土层桩侧摩擦力的影响系数，按表 3-7 取值；对锤击、静压沉桩和钻孔桩，$\alpha_i = 1$。

计算作用于承台底面由外荷载引起的轴向力时，应扣除桩身自重值。

2）支承或嵌入基岩桩（端承桩）单桩轴向容许承载力计算

支承在基岩上或嵌入岩层中的单桩，其轴向受压容许承载力，取决于桩底处岩石的强度和嵌入岩层的深度，可按下式计算

$$[R_a] = c_1 A_p f_{rk} + u \sum_{i=1}^{m} c_{2i} h_i f_{rki} + \frac{1}{2} \xi_s \cdot U \sum_{i=1}^{n} l_i q_{ik} \qquad (3-6)$$

式中：$[R_a]$——单桩轴向受压承载力容许值（kN），桩身自重与置换土重（当自重计入浮力时，置换土重也计入浮力）的差值作为荷载考虑；

c_1——根据清孔情况、岩石破碎程度等因素而定的端阻发挥系数，按表 3-8 取值；

A_p——桩端截面面积（m^2），对于扩底桩，取扩底截面面积；

f_r——桩端岩石饱和单轴抗压强度标准值（kPa），黏土质岩取天然湿度单轴抗压强度标准值，当 f_{rk} 小于 2 MPa 时按摩擦桩计算，f_{rki} 为第 i 层的 f_{rk} 值；

c_{2i}——根据清孔情况、岩石破碎程度等因素而定的第 i 层岩层的侧阻发挥系数，按表 3-8 取值；

u——各土层或各岩层部分的桩身周长（m）；

h_i——桩嵌入各岩层部分的厚度（m），不包括强风化层和全风化层；

m —— 岩层的层数，不包括强风化层和全风化层；

ζ_s —— 覆盖层土的侧阻力发挥系数，根据桩端 f_{rk} 确定：当 $2\ \mathrm{MPa} \le f_{rk} \le 15\ \mathrm{MPa}$，$\zeta_s = 0.8$；当 $15\ \mathrm{MPa} \le f_{rk} \le 30\ \mathrm{MPa}$，$\zeta_s = 0.5$；当 $f_{rk} > 30\mathrm{MPa}$ 时，$\zeta_s = 0.2$；

q_{ik} —— 桩侧第 i 层土的侧阻力标准值(kPa)，宜采用单桩摩阻力试验值；

n —— 土层的层数，强风化和全风化岩层按土层考虑。

表 3 – 8　c_1、c_2 系数值

岩石情况	c_1	c_2
完整、较完整	0.6	0.05
较破碎	0.5	0.04
破碎、极破碎	0.4	0.03

3）后压浆单桩轴向受压承载力计算

桩端后压浆是指灌注桩成桩后，通过预埋的灌浆管路，利用外部压力将水泥浆等浆液注入桩端地层，以提高桩端承载能力，减少桩基沉降的一种措施。

后压浆灌注桩单桩轴向受压承载力容许值，宜通过静载试验确定。如无法试验，后压浆施工技术满足《公路桥涵地基与基础设计规范》(JTG D63—2007) 附录 N 之规定时，单桩轴向受压承载力容许值可按下式计算

$$[R_a] = \frac{1}{2}u\sum_{i=1}^{n}\beta_{si}q_{ik}l_i + \beta_p A_p q_r \tag{3 – 7}$$

式中：$[R_a]$ —— 后压浆灌注桩的单桩轴向受压承载力容许值(kN)，桩身自重与置换土重（当自重计入浮力时，置换土重也计入浮力）的差值作为荷载考虑；

β_{si} —— 第 i 层土的侧摩阻力增强系数，可按表 3 – 9 取值，当在饱和土层中压浆时，仅对桩端以上 $8.0 \sim 12.0\ \mathrm{m}$ 范围内的桩侧摩阻进行增强修正；当在非饱和土层中压浆时，仅对桩端以上 $4.0 \sim 5.0\ \mathrm{m}$ 的桩侧阻力进行增强修正；对于非增强影响范围，$\beta_{si} = 1.0$；

β_p —— 端阻力增强系数，可按表 3 – 9 取值。

表 3 – 9　桩端后压浆侧阻力增强系数 β_{si}、端阻力增强系数 β_p

土层名称	黏性土、粉土	粉砂	细砂	中砂	粗砂	砾砂	碎石土
β_{si}	1.3 ~ 1.4	1.5 ~ 1.6	1.5 ~ 1.7	1.6 ~ 1.8	1.5 ~ 1.8	1.6 ~ 2.0	1.5 ~ 1.6
β_p	1.5 ~ 1.8	1.8 ~ 2.0	1.8 ~ 2.1	2.0 ~ 2.3	2.2 ~ 2.4	2.2 ~ 2.4	2.2 ~ 2.5

根据式(3 – 1)、式(3 – 2)、式(3 – 6)、式(3 – 7) 计算的单桩轴向受压承载力容许值 $[R_a]$，应根据桩的受荷阶段及受荷情况乘以表 3 – 10 规定的抗力系数。

表 3 - 10　单桩轴向受压承载力的抗力系数

受荷阶段	作用效应组合		抗力系数
使用阶段	短期效应组合	永久作用与可变作用组合	1.25
		结构自重、预加力、土重、土侧压力和汽车、人群组合	1.00
	作用效应偶然组合(不含地震作用)		1.25
施工阶段	施工荷载效应组合		1.25

3.4.3　按桩身材料强度确定单桩承载力

当桩穿过极软弱土层，支承(或嵌固)于岩层或坚硬的土层上时，单桩竖向承载力往往由桩身材料强度控制。在竖向荷载作用下，基桩将发生纵向挠曲破坏而丧失稳定性，而且这种破坏往往发生于截面承压强度破坏以前，因此验算时需考虑纵向挠曲影响，即截面强度应乘以纵向挠曲系数 φ。根据《公路钢筋混凝土及预应力混凝土桥涵设计规范》(JTG D62 - 2004)，配有普通箍筋的钢筋混凝土桩，其正截面抗压承载力计算应符合下式规定

$$\gamma_0 N_\mathrm{d} \leqslant 0.90\varphi(f_\mathrm{cd}A + f'_\mathrm{sd}A'_\mathrm{s}) \qquad (3 - 8)$$

式中：N_d——基础内一根基桩承受的最大轴向力的计算值；

　　　φ——纵向弯曲系数，低承台桩基可取 $\varphi = 1$；高承台桩基可由表 3 - 11 查取；

　　　f_cd——桩身混凝土轴心抗压强度设计值；

　　　A——验算截面处桩的截面面积，如果纵向钢筋配筋率大于 3%，应扣除钢筋截面积，即取 $A - A'_\mathrm{s}$；

　　　f'_sd——纵向钢筋抗压强度设计值；

　　　A'_s——纵向钢筋截面面积。

表 3 - 11　钢筋混凝土桩的纵向挠曲系数 φ

l_p/b	≤ 8	10	12	14	16	18	20	22	24	26	28
l_p/d	≤ 7	8.5	10.5	12	14	15.5	17	19	21	22.5	24
l_p/r	≤ 28	35	42	48	55	62	69	76	83	90	97
φ	1.00	0.98	0.95	0.92	0.87	0.81	0.75	0.70	0.65	0.60	0.56
l_p/b	30	32	34	36	38	40	42	44	46	48	50
l_p/d	26	28	29.5	31	33	34.5	36.5	38	40	41.5	43
l_p/r	104	111	118	125	132	139	146	153	160	167	174
φ	0.52	0.48	0.44	0.40	0.36	0.32	0.29	0.26	0.23	0.21	0.19

注：l_p——考虑纵向挠曲时桩的稳定计算长度，应结合桩在土中支承情况；根据两端支承条件确定，近似计算可参照表 3 - 12；

　　r——截面的回转半径，$r = \sqrt{I/A}$，I 为截面的惯性矩，A 为截面积；

　　d——桩的直径；

　　b——矩形截面桩的短边长。

表 3 – 12　桩受弯时的计算长度 l_p

单桩或单排桩(桩顶铰接)				多排桩(桩顶固定)			
桩底支承于非岩石土中		桩底嵌固于岩石内		桩底支承于非岩石土中		桩底嵌固于岩石内	
$h < \dfrac{4.0}{\alpha}$	$h \geqslant \dfrac{4.0}{\alpha}$	$h < \dfrac{4.0}{\alpha}$	$h \geqslant \dfrac{4.0}{\alpha}$	$h < \dfrac{4.0}{\alpha}$	$h \geqslant \dfrac{4.0}{\alpha}$	$h < \dfrac{4.0}{\alpha}$	$h \geqslant \dfrac{4.0}{\alpha}$
$l_p = l_0 + h$	$l_p = 0.7 \times \left(l_0 + \dfrac{4.0}{\alpha}\right)$	$l_p = 0.7 \times (l_0 + h)$	$l_p = 0.7 \times \left(l_0 + \dfrac{4.0}{\alpha}\right)$	$l_p = 0.7 \times (l_0 + h)$	$l_p = 0.5 \times \left(l_0 + \dfrac{4.0}{\alpha}\right)$	$l_p = 0.5 \times (l_0 + h)$	$l_p = 0.5 \times \left(l_0 + \dfrac{4.0}{\alpha}\right)$

注: α—桩的变形系数,详见3.5节。

3.4.4　桩的负摩阻力

1. 负摩阻力的意义及其产生原因

当桩周土体因某种原因发生下沉,其沉降变形大于桩身的沉降变形时,在桩侧表面的全部或一部分面积上将出现向下作用的摩阻力,称其为负摩阻力,如图 3 – 24 所示。

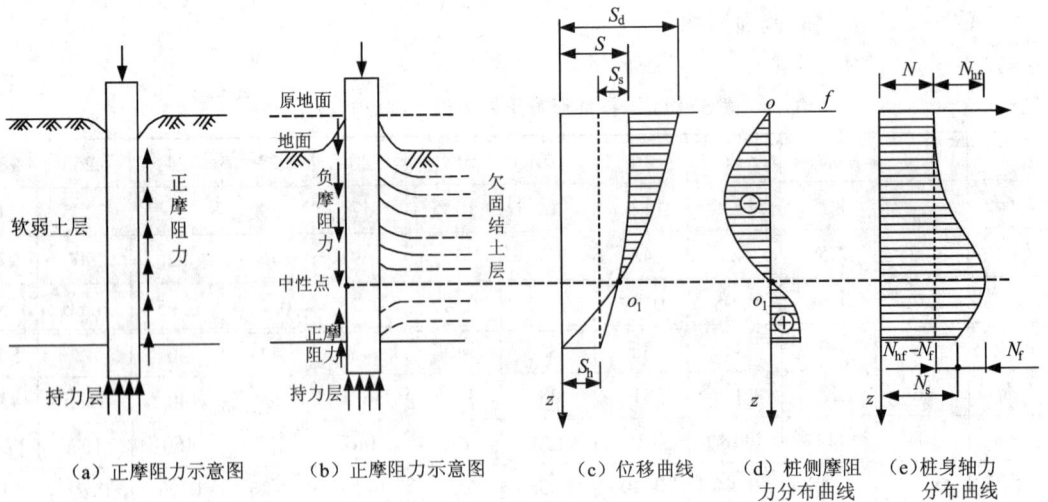

（a）正摩阻力示意图　（b）正摩阻力示意图　（c）位移曲线　（d）桩侧摩阻力分布曲线　（e）桩身轴力分布曲线

图 3 – 24　桩的负摩阻力、中性点位置及荷载传递

S_d— 地面沉降;S— 桩的沉降;S_s— 桩身压缩;S_h— 桩底下沉;
N_{hf}— 由负摩阻力引起的桩身最大轴力;N_f— 总的正摩阻力

负摩阻力的产生将使桩侧土的部分重力传递给桩，降低桩的承载力，增大桩基沉降量。对于桥梁工程特别要注意台背高填土时桥台桩基础的负摩阻力问题。

桩身负摩阻力产生的主要原因是土体相对桩体有相对向下运动或运动趋势。当桩穿过软弱高压缩性土层而支承在坚硬持力层上时，最易出现负摩阻力问题，常出现负摩阻力的情况有：

（1）基桩穿过自重湿陷性黄土、欠固结土、液化土层进入相对较硬土层时。

（2）桩周存在软弱土层，邻近桩侧土体承受局部较大的长期荷载，或地面大面积堆载（包括填土）时。

（3）由于降低地下水位，使桩周土有效应力增大，并产生显著压缩沉降时。

2. 中性点及其位置的确定

正负摩阻力变换处的位置即为中性点。此点以上，桩侧土下沉量大于桩体的位移，桩侧摩阻力为负；此点以下，桩侧土下沉量小于桩体的位移，桩侧摩阻力为正，如图 3 - 24 所示。

中性点的位置取决于桩与桩侧土的相对位移，并与作用荷载和桩周土的性质有关。当桩侧土层压缩变形大，桩底下土层坚硬，桩的下沉量小时，中性点的位置就会下移；反之，中性点的位置就会上移。

中性点深度应按桩周土层沉降与桩沉降相等的条件计算确定，可参照表 3 - 13。

表 3 - 13   中性点深度

持力层性质	黏性土、粉土	中密以上砂	砾石、卵石	基岩
中性点深度比 h_n/h_0	$0.5 \sim 0.6$	$0.7 \sim 0.8$	0.9	1.0

注：h_n—— 产生负摩阻力的深度；

　　　h_0—— 软弱压缩层或自重湿陷黄土层厚度。

桩穿过自重湿陷性黄土层时，h_n 可按表列值增大 10%，持力层为基岩除外。当桩周土层固结与桩基固结沉降同时完成时，取 $h_n = 0$；当桩周土层计算沉降量小于 20 mm 时，h_n 可按表列值乘 $0.4 \sim 0.8$ 折减。

3. 负摩力的计算

桩周土沉降可能引起桩侧负摩阻力时，应根据工程具体情况考虑负摩阻力对桩基承载力和沉降的影响；当缺乏可参照的工程经验时，可按下列规定验算。

（1）摩擦桩可取桩身计算中性点以上的侧阻力为 0，并按下式验算基桩承载力

$$N_k \leqslant [R_a] \tag{3 - 9}$$

（2）端承桩应考虑负摩阻力引起的基桩的下拉荷载 Q_g^n，并按下式验算基桩承载力

$$N_k + Q_g^n \leqslant [R_a] \tag{3 - 10}$$

（3）当土层不均匀或建筑物对不均匀沉降较敏感时，应将负摩阻力引起的下拉荷载计算附加荷载，验算桩基沉降。

桩侧负摩阻力及其引起的下拉荷载按相关规范规定计算。

3.5   水平荷载作用下单排桩基桩内力与位移计算

桩在横向荷载作用下，桩身产生横向位移或挠曲，并与桩侧土协调变形。桩身对土产生

侧向压应力,同时桩侧土反作用于桩,产生侧向土抗力,桩土共同作用,互相影响,变形机理较为复杂。本节主要介绍考虑桩与桩侧土体共同承受轴向力、横轴向力和弯矩时,单排桩基础桩身内力的计算,从而解决桩变形、强度和配筋问题。

3.5.1 单桩横轴向容许承载力的确定

单桩横轴向极限承载力是指单桩在横轴向荷载或弯矩作用下达到破坏状态前或出现不适于继续承载的变形时所对应的最大荷载。

单桩横轴向容许承载力是指单桩在横轴向荷载或弯矩作用下,地基土和桩本身的强度和稳定性均能得到保证,桩顶水平位移满足使用要求所容许承受的最大荷载。

确定单桩横向容许承载力的方法有水平静载试验和分析计算法两种。

1. 静载试验法

单桩水平抗压静载试验,采用接近于水平受荷桩实际工作条件的试验方法,常见试验装置如图 3 – 25 所示。常用的加载方法有两种:单向多循环加卸载法、慢速连续法。单向多循环加卸载法适用于基础承受反复水平荷载(风载、地震荷载、制动力和波浪冲击力等循环性荷载)的情形,试验时较多采用。慢速持续法适用于受长期横向荷载的桩。

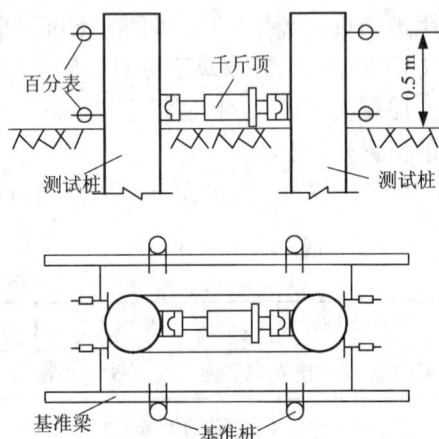

通过试验可以测得单桩横向承载力的极限荷载,具体试验方法可参考相关规范。将测得的极限荷载除以安全系数(一般取 2.0),即得桩的横向容许承载力。

用水平静载试验确定单桩横向容许承载力时,还应注意到按上述强度条件确定的极限荷载时的位移,是否超过结构使用要求的水平位移,否则应按

图 3 – 25　桩水平静载试验装置示意图

变形条件来控制。水平位移容许值可根据桩身材料强度、土发生横向抗力的要求以及墩台顶水平位移和使用要求来确定,一般要求桩在地面或局部冲刷线处的水平位移不超过 6 mm。

2. 分析计算法

横向荷载作用下,桩身内力和位移的计算方法很多,目前较普遍采用的是将桩视为弹性地基上的梁。求解桩身内力的方法常用的有 3 种:基于弹性挠曲方程和平衡方程的理论解法、有限差分法以及有限元法。基于弹性挠曲方程和平衡方程的理论解法概念明确、方法较简单,所得的结果一般较安全,国内外应用广泛。我国铁路、公路、水利、工民建等行业广泛采用的 m 法、K 法、C 法和常数法都属于此法,因此本节接下来重点介绍该方法。

3.5.2 基本概念

1. 土的抗弹性力

1867 年,捷克工程师文克尔(E. Winkler)提出弹性地基梁理论,即地基土表面上任意一点处的变形与该点所承受的压力强度成正比,而与其他点上的压力无关。

桩基础在荷载(包括轴向荷载、横轴向荷载和力矩)作用下产生位移及转角,使桩挤压桩

侧土体，桩侧土必然对桩产生一横向土抗力 σ_{zx}，它起抵抗外力和稳定桩基础的作用。土的这种作用力称为土的弹性抗力，假设其满足弹性地基理论，则弹性抗力表达式为

$$\sigma_{zx} = Cx_z \tag{3 - 11}$$

式中：σ_{zx}——计算点的地基抗力（kPa）；

　　　C——地基抗力系数，也称地基系数（kN/m^3）；

　　　x_z——计算点的变形（m）。

2. 地基系数分布规律

地基系数 C 表示单位面积土在弹性限度内产生单位变形时所需施加的力，可以通过对试桩在不同类别土质及不同深度进行实测 x_z 及 σ_{zx} 后反算得到。

地基系数 C 的大小不仅与土的类别及其性质有关，而且也随着深度而变化。由于实测的客观条件和分析方法不尽相同等原因，所采用的 C 值随深度的分布规律也各有不同。常采用的地基系数分布规律如图 3 - 26 所示，与之相应的基桩内力和位移的计算方法的特点见表 3 - 14。

表 3 - 14　　典型的弹性地基梁法

计算方法	地基系数随深度分布	地基系数 C 表达式	说明
m 法	与深度成正比	$C = mz$	m 为地基土比例系数
K 法	桩身第一挠曲零点以上抛物线变化，以下不随深度变化	$C = K$	K 为常数
C 法	与深度呈抛物线变化	$C = cz^{0.5}$	c 为地基土比例系数
常数法	沿深度均匀分布	$C = K_0$	K_0 为常数

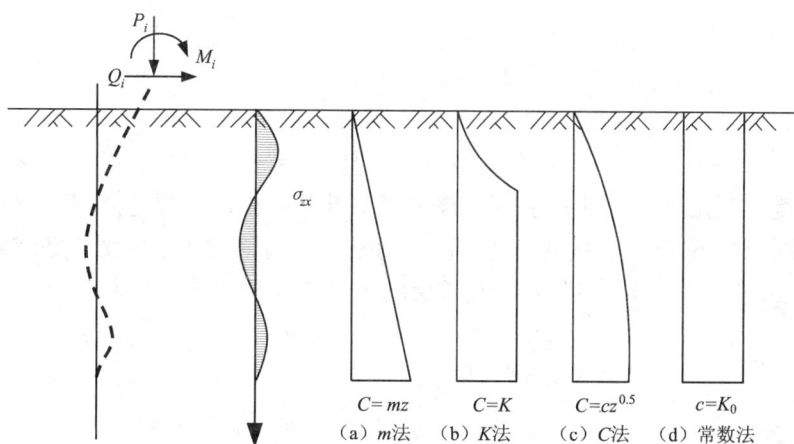

图 3 - 26　　地基系数变化规律

上述的四种方法各自假定的地基系数随深度分布规律不同，其计算结果是有差异的。实验资料分析表明，上部土层对桩的变位和内力影响较大，宜根据土质特性来选择恰当的计算

方法。对于超固结黏性土和地面为硬壳层的情况，可采用常数法；其他土质一般可选用 m 法或 C 法；当桩径大、容许位移小时宜采用 C 法；K 法误差较大，较少采用。m 法在我国应用较广并列入了规范。

3. 地基比例系数 m 值

地基比例系数 m 是指非岩石地基水平向地基系数随深度变化的比例系数（kN/m^4），其值宜通过桩的水平静载试验确定，无实测数据时，可采用规范提供的经验值，如表 3 – 15 所示。

表 3 – 15　非岩石类土的地基比例系数 m 值

序号	土类	m 或 m_0（kN/m^4）
1	流塑黏性土（$I_L > 1$）、淤泥	3000 ~ 5000
2	软塑黏性土（$1 > I_L > 0.5$）、粉砂	5000 ~ 10000
3	硬塑黏性土（$0.5 > I_L > 0$）、细砂、中砂	10000 ~ 20000
4	坚硬、半坚硬黏性土（$I_L < 0$）、粗砂	20000 ~ 30000
5	砾砂、角砾、圆砾、碎石、卵石	30000 ~ 80000
6	密实粗砂夹卵石，密实漂卵石	80000 ~ 120000

由于桩的水平荷载与位移关系是负相关的，即 m 值随荷载与位移增大而有所减小。因此，m 值的确定要与桩的实际荷载相适应。一般结构在地面处最大位移不超过 10 mm，对位移敏感的结构、桥梁工程为 6 mm。位移较大时，应适当降低表列 m 值。

1）多层土地基当量比例系数

当基桩侧面由几种土层组成时，从地面或局部冲刷线起，应求得主要影响深度 h_m 范围内的平均 m 值作为整个深度内的 m 值（如图 3 – 27 所示）。

主要影响深度为

$$h_m = 2(d + 1)，且 h_m \leqslant h \tag{3 – 12}$$

当 h_m 深度内存在两层不同土时，《公路桥涵地基与基础设计规范》（JTG D63—2007）中规定 m 值应根据桩身位移挠曲线的形状［图 3 – 28（a）］，并考虑影响深度建立综合权函数［简化为三角形，如图 3 – 28（b）］进行换算。双层地基当量 m 值的计算式为

$$m = \gamma m_1 + (1 - \gamma) m_2 \tag{3 – 13}$$

$$\gamma = \begin{cases} 5(h_1/h_m)^2 & h_1/h_m \leqslant 0.2 \\ 1 - 1.25(1 - h_1/h_m)^2 & h_1/h_m > 0.2 \end{cases} \tag{3 – 14}$$

式中：γ——深度影响系数。

2）桩端地基土竖向抗力系数 C_0

$$C_0 = m_0 h \tag{3 – 15}$$

式中：m_0——桩底面地基土竖向抗力系数的比例系数（kN/m^4），近似取 $m_0 = m$；

　　　h——桩的入土深度（m），当 h 小于 10 m 时，按 10 m 计算。

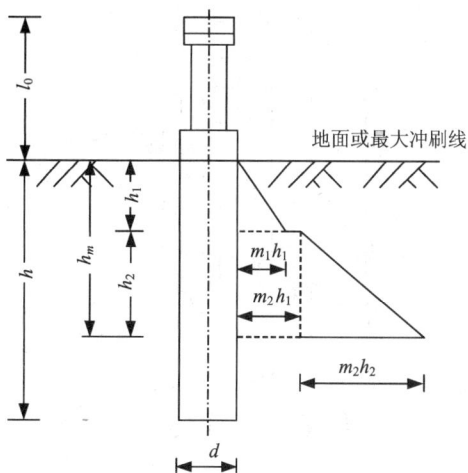

图 3 - 27　比例系数 m 的换算

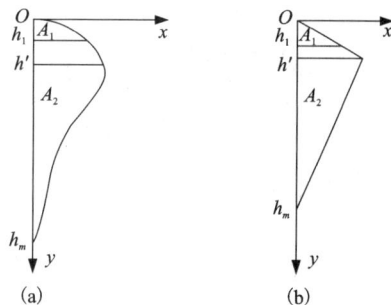

图 3 - 28　权函数比较
（a）挠曲线加权；（b）简化方法加权

4. 计算宽度

为了将空间受力简化为平面受力，并综合考虑桩的截面形状及多排桩桩间的相互遮蔽作用，计算桩的内力与位移时不宜直接采用桩的设计宽度（直径），而是换算成实际工作条件下相当于矩形截面桩的宽度 b_1，b_1 称为桩的计算宽度。

桩的计算宽度 b_1 可按下式计算

$$b_1 = \begin{cases} kk_f(d+1) & d \geqslant 1.0 \text{ m} \\ kk_f(1.5d+0.5) & d < 1.0 \text{ m} \end{cases} \qquad (3-16)$$

式中：b_1—— 桩的计算宽度（m），$b_1 \leqslant 2d$；

d—— 桩径或与垂直于水平外力作用方向桩的宽度（m）；

k_f—— 形状换算系数，视水平力作用面（垂直于水平力作用方向）而定，圆形或圆端截面 $k_f = 0.9$；矩形截面 $k_f = 1.0$；对圆端形与矩形组合截面 $k_f = 1 - 0.1a/d$（如图 3 - 29）；

k—— 平行于水平力作用方向的桩间相互影响系数。

$$k = \begin{cases} 1.0 & \text{单排桩或 } L_1 \geqslant 0.6h_1 \text{ 的多排桩} \\ b_2 + \dfrac{1-b_2}{0.6}\dfrac{L_1}{h_1} & L_1 < 0.6h_1 \text{ 的多排桩} \end{cases} \qquad (3-17)$$

式中：L_1—— 平行于水平力作用方向的桩间净距（如图 3 - 30）；梅花形布桩时，若相邻两排桩中心距 c 小于 $(d+1)$ m 时，可按水平力作用面各桩间的投影距离计算（如图 3 - 31）；

h_1—— 地面或局部冲刷线以下桩柱的计算埋入深度，$h_1 = 3(d+1)$ m，且 $h_1 \leqslant h$；

b_2—— 与平行于水平力作用方向的一排桩的桩数 n 有关的系数。当 $n = 1$ 时，$b_2 = 1.0$；$n = 2$ 时，$b_2 = 0.6$；$n = 3$ 时，$b_2 = 0.5$；$n \geqslant 4$ 时，$b_2 = 0.45$。

在桩的平面布置，若平行于水平力作用方向的各排桩数量不等，且相邻（任何方向）桩间中心距等于或大于 $(d+1)$ m，则所验算各桩可取同一个桩间影响系数 k，其值按桩数量最多的一排选取。此外，若垂直于水平力作用方向上有 n 根桩时，计算宽度取 nb_1，但须满足 $nb_1 \leqslant B+1$（B 为 n 根桩垂直于水平力作用方向的外边缘距离，以米计，见图 3 - 32）。

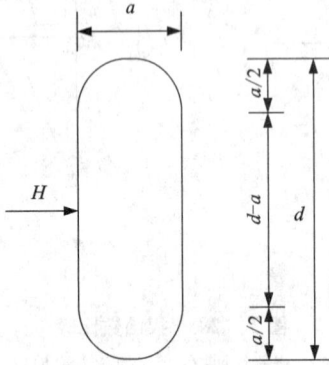

图 3 – 29　圆端形与矩形组合截面 k_f 值示意图

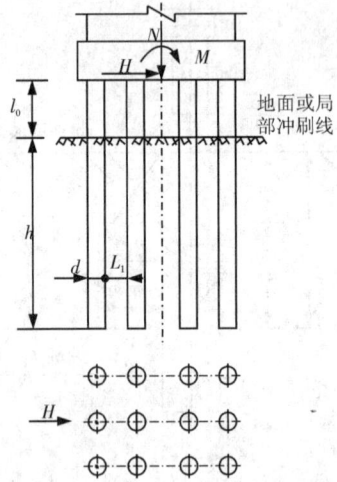

图 3 – 30　相互影响系数计算

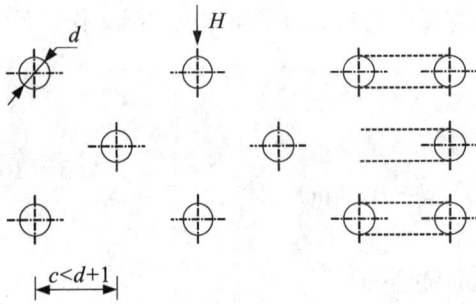

图 3 – 31　梅花形示意图

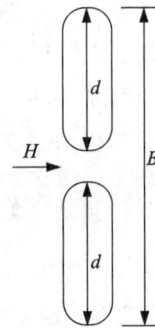

图 3 – 32　单桩宽度计算示意图

3.5.3　单排桩的荷载分配

单桩及单排桩、桥墩做纵向验算时，若作用于承台底面中心的荷载为 N、H、M_y，当 N 在单排桩方向无偏心时，如图 3 – 33(a) 所示，可以假定荷载平均分布于各桩上，即

$$P_i = \frac{N}{n}; \quad Q_i = \frac{H}{n}; \quad M_i = \frac{M_y}{n} \tag{3 – 18a}$$

式中：n—— 桩的根数。

当竖向力 N 在单排桩方向有偏心距 e 时，如图 3 – 33(b) 所示，即 $M_x = Ne$，因此每根桩上的竖向作用力可按偏心受压计算，即

$$P_i = \frac{N}{n} \pm \frac{M_x y_i}{\sum y_i^2} \tag{3 – 18b}$$

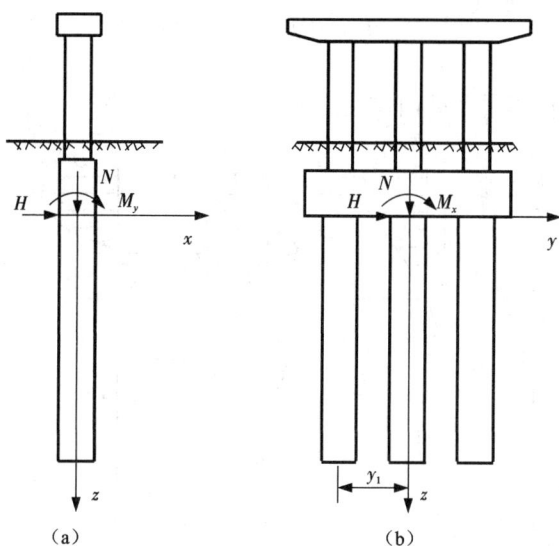

图 3 - 33　单排桩荷载分配

3.5.4　m 法计算桩的内力和位移

1. 基本假设

（1）土是符合文克尔假定的弹性介质，地基系数随深度线性增长。

（2）桩土密贴，且不考虑桩土间的摩擦力和黏结力。

（3）桩为弹性构件。

2. 符号规定

横向位移顺 x 轴正方向为正值；转角逆时针方向为正值；弯矩当左侧纤维受拉时为正值；横向力顺 x 轴方向为正值，如图 3 - 34 所示。

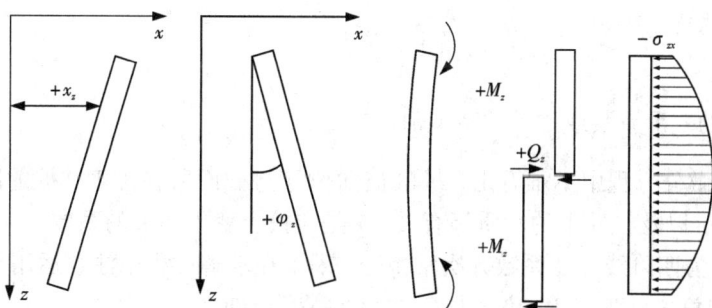

图 3 - 34　x_z、φ_z、M_z、Q_z 的符号规定

3. 桩的挠曲微分方程的建立及其解

桩顶若与地面平齐（$z = 0$），且已知桩顶作用水平荷载 Q_0 及弯矩 M_0，此时桩将发生弹性挠曲，桩侧土将产生横向抗力 σ_{zx}，如图 3 - 35 所示。从材料力学中知道，梁的挠度与梁上分布荷载 q 之间的关系式，即梁的挠曲微分方程为

$$EI \frac{\mathrm{d}^4 x}{\mathrm{d}z^4} = -q \qquad\qquad (3-19)$$

式中：E、I—— 梁的弹性模量及截面惯性矩。

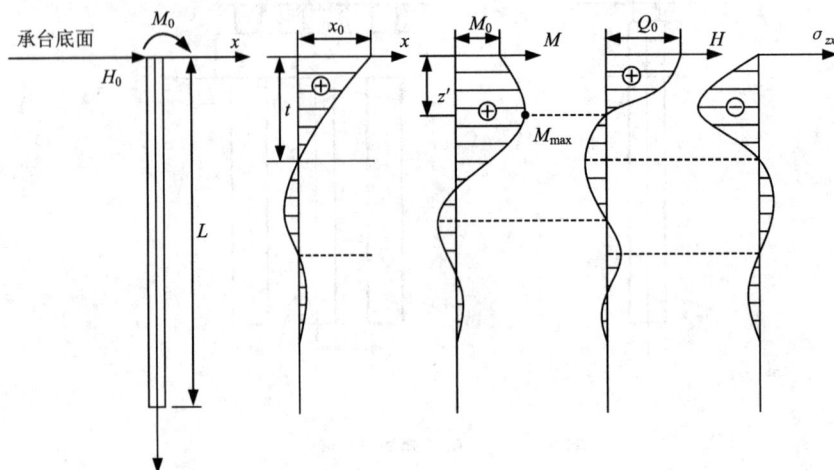

图 3 - 35　桩身受力图示

因此可以得到桩的挠曲微分方程为

$$EI \frac{\mathrm{d}^4 x}{\mathrm{d}z^4} = -q = -\sigma_{zx} \cdot b_1 = -mzx_z \cdot b_1 \qquad (3-20)$$

式中：EI—— 桩身的抗弯刚度，取 $0.8E_c I$，E_c 为身混凝土的抗压弹性模量，I 为的毛面积惯性矩；

　　　σ_{zx}—— 桩侧土抗力，$\sigma_{zx} = Cx_z = mzx_z$，$C$ 为地基系数；

　　　b_1—— 桩的计算宽度；

　　　x_z—— 桩在深度 z 处的横向位移(即桩的挠度)。

将上式整理可得

$$\frac{\mathrm{d}^4 x_z}{\mathrm{d}z^4} + \alpha^5 zx_z = 0 \qquad\qquad (3-21)$$

式中：α—— 桩的变形系数或称桩的特征值$(1/m)$，$\alpha = \sqrt[5]{\dfrac{mb_1}{EI}}$

从桩的挠曲微分方程中不难看出，桩的横向位移与截面所在深度、桩的刚度(包括桩身材料和截面尺寸)以及桩周土的性质等有关，α 是与桩土变形相关的系数。

式(3 - 22)为四阶线性变系数齐次常微分方程，在求解过程中注意运用材料力学中有关梁的挠度 x_z 与转角 φ_z、弯矩 M_z 和剪力 Q_z 之间的关系，即

$$\left.\begin{aligned} \varphi_z &= \frac{\mathrm{d}x_z}{\mathrm{d}z} \\[2mm] M_z &= EI \frac{\mathrm{d}^2 x_z}{\mathrm{d}z^2} \\[2mm] Q_z &= EI \frac{\mathrm{d}^3 x_z}{\mathrm{d}z^3} \end{aligned}\right\} \qquad (3-22)$$

这样可用幂级数展开的方法求出桩挠曲微分方程的解(具体解法可参考有关专著)。若地面处即 $z = 0$ 处,桩的水平位移、转角、弯矩和剪力分别以 x_0、φ_0、M_0 和 Q_0 表示,则桩挠曲微分方程[式(3 - 23)]的解即桩身任一截面的水平位移 x_z 的表达式为

$$x_z = x_0 A_1 + \frac{\varphi_0}{\alpha} B_1 + \frac{M_0}{EI\alpha^2} C_1 + \frac{Q_0}{\alpha^3 EI} D_1 \qquad (3 - 23)$$

利用式(3 - 23),对 x_z 求导计算,并通过归纳整理后,便可求得桩身任一截面的转角 φ_z、弯矩 M_z 及剪力 Q_z 的计算公式为

$$\frac{\varphi_z}{\alpha} = x_0 A_2 + \frac{\varphi_0}{\alpha} B_2 + \frac{M_0}{\alpha^2 EI} C_2 + \frac{Q_0}{\alpha^3 EI} D_2 \qquad (3 - 24)$$

$$\frac{M_Z}{\alpha^2 EI} = x_0 A_3 + \frac{\varphi_0}{\alpha} B_3 + \frac{M_0}{\alpha^2 EI} C_3 + \frac{Q_0}{\alpha^3 EI} D_3 \qquad (3 - 25)$$

$$\frac{Q_Z}{\alpha^3 EI} = x_0 A_4 + \frac{\varphi_0}{\alpha} B_4 + \frac{M_0}{\alpha^2 EI} C_4 + \frac{Q_0}{\alpha^3 EI} D_4 \qquad (3 - 26)$$

根据土抗力的基本假定 $\sigma_{zx} = Cx_z = mzx_z$,可求得桩侧土抗力的计算公式:

$$\sigma_{zx} = mzx_z = mz \left(x_0 A_1 + \frac{\varphi_0}{\alpha} B_1 + \frac{M_0}{\alpha^2 EI} C_1 + \frac{Q_0}{\alpha^3 EI} D_1 \right) \qquad (3 - 27)$$

式(3 - 22)至式(3 - 27)中,A_i、B_i、C_i、$D_i (i = 1 \sim 4)$ 为 16 个无量纲系数。

以上求算桩的内力、位移和土抗力的式(3 - 22)至式(3 - 27)等四个公式中均含有 x_0、φ_0、M_0、Q_0 这四个参数。其中 M_0、Q_0 可由已知的桩顶受力情况确定,而另外两个参数 x_0、φ_0 则需根据桩底边界条件确定。由于不同类型桩的桩底边界条件不同,应根据不同的边界条件求解 x_0、φ_0。

摩擦桩、支承桩在外荷作用下,桩底将产生转角位移 φ_h 时,桩底的抗力情况如图 3 - 36 所示,与之相应的桩底弯矩值 M_h 为

$$M_h = \int_{A_0} x \mathrm{d} N_x = - \int_{A_0} x \cdot x \cdot \varphi_h \cdot C_0 \mathrm{d} A_0$$

$$= - \varphi_h C_0 \int_{A_0} x^2 \mathrm{d} A_0 = - \varphi_h C_0 I_0 \qquad (3 - 28)$$

式中:A_0—— 桩底面积;

　　　I_0—— 桩底面积对其重心轴的惯性矩;

　　　C_0—— 基底土的竖向地基系数,$C_0 = m_0 h$。

这是一个边界条件。此外,由于忽略桩与桩底土之间的摩阻力,所以认为 $Q_h = 0$,即为另一个边界条件。

将 $M_h = - \varphi_h C_0 I_0$ 及 $Q_h = 0$ 分别代入式(3 - 26)、式(3 - 27)中得:

$$M_h = \alpha^2 EI \left(x_0 A_3 + \frac{\varphi_0}{\alpha} B_3 + \frac{M_0}{\alpha^2 EI} C_3 + \frac{Q_0}{\alpha^3 EI} D_4 \right) = - C_0 \varphi_h I_0$$

$$Q_h = \alpha^3 EI \left(x_0 A_4 + \frac{\varphi_0}{\alpha} B_4 + \frac{M_0}{\alpha^2 EI} C_4 + \frac{Q_0}{\alpha^3 EI} D_4 \right) = 0$$

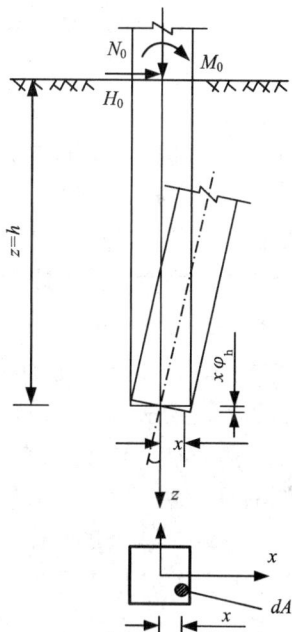

图 3 - 36　桩底抗力分析

又

$$\varphi_h = \alpha \left(x_0 A_2 + \frac{\varphi_0}{\alpha} B_2 + \frac{M_0}{\alpha^2 EI} C_2 + \frac{Q_0}{\alpha^3 EI} D_2 \right)$$

解以上联立方程即得

$$\left. \begin{array}{l} x_0 = \dfrac{Q_0}{\alpha^3 EI} A_{x0} + \dfrac{M_0}{\alpha^2 EI} B_{x0} \\[3mm] \varphi_0 = -\left(\dfrac{Q_0}{\alpha^2 EI} A_{\varphi 0} + \dfrac{M_0}{\alpha EI} B_{\varphi 0} \right) \end{array} \right\} \qquad (3-29)$$

式中：A_{x0}、B_{x0}、$A_{\varphi 0}$、$B_{\varphi 0}$ 均为 αz 的函数，可以由 A_i、B_i、C_i、D_i 计算得到。对于 $\alpha h \geqslant 2.5$ 的摩擦桩或 $\alpha h \geqslant 3.5$ 的支承桩，M_h 几乎为零，此时这四个系数的计算公式可以简化，已制成由 αz 值查用的表格，查阅附表1、2、5、6或参考《公路桥函地基与基础设计规范》。

对于桩底嵌固于未风化岩层内有足够的深度时，可根据桩底 x_h、φ_h 等于零这两个边界条件，联立求解得

$$\left. \begin{array}{l} x_0 = \dfrac{Q_0}{\alpha^3 EI} A_{x0}^0 + \dfrac{M_0}{\alpha^2 EI} B_{x0}^0 \\[3mm] \varphi_0 = -\left(\dfrac{Q_0}{\alpha^2 EI} A_{\varphi 0}^0 + \dfrac{M_0}{\alpha EI} B_{\varphi 0}^0 \right) \end{array} \right\} \qquad (3-30)$$

式中：A_{x0}^0、B_{x0}^0、$A_{\varphi 0}^0$、$B_{\varphi 0}^0$ 都是 αz 的函数，根据 αz 值制成表格，可查阅附表9～附表11或有关规范。

大量计算表明，$\alpha z \geqslant 4.0$ 时，桩身在地面处的位移 x_0、转角 φ_0 与桩底边界条件无关，因此 $\alpha z \geqslant 4.0$ 时，嵌岩桩与摩擦桩(或支承桩)计算公式均可通用。

求得 x_0、φ_0 后，便可连同已知的 M_0、Q_0 一起代入式(3-22)至式(3-30)，从而求得桩在地面以下任一深度的内力、位移及桩侧土抗力。

4. 桩身内力及位移计算的无量纲法

按上述方法，用基本公式[式(3-22)至式(3-27)]计算 x_z、φ_z、M_z、Q_z，其计算工作量相当繁重。当桩的支承条件入土深度符合一定要求时，可利用比较简捷计算方法来计算，即所谓的无量纲法。其主要特点一是利用边界条件求 x_0、φ_0 时，系数采用简化公式；二是因为 x_0、φ_0 都是 Q_0、M_0 的函数，代入基本公式整理后，不需要再计算桩顶位移 x_0、φ_0，而直接由已知的 Q_0、M_0 求得。

对于 $\alpha h > 2.5$ 的摩擦桩、$\alpha h \geqslant 3.5$ 的柱承桩，将式(3-29)代入式(3-22)至式(3-26)，经过整理归纳即可得

$$x_z = \frac{Q_0}{\alpha^3 EI} A_x + \frac{M_0}{\alpha^2 EI} B_x \qquad (3-31a)$$

$$\varphi_z = \frac{Q_0}{\alpha^2 EI} A_\varphi + \frac{M_0}{\alpha EI} B_\varphi \qquad (3-31b)$$

$$M_z = \frac{Q_0}{\alpha} A_m + M_0 B_m \qquad (3-31c)$$

$$Q_z = Q_0 A_Q + \alpha M_0 B_Q \qquad (3-31d)$$

对于 $ah > 2.5$ 的嵌岩桩，将式(3-30)分别代入式(3-22)至式(3-26)，再经整理得

$$x_z = \frac{Q_0}{\alpha^3 EI}A_x^0 + \frac{M_0}{\alpha^2 EI}B_x^0 \tag{3-32a}$$

$$\varphi_z = \frac{Q_0}{\alpha^2 EI}A_\varphi^0 + \frac{M_0}{\alpha EI}B_\varphi^0 \tag{3-32b}$$

$$M_z = \frac{Q_0}{\alpha}A_m^0 + M_0 B_m^0 \tag{3-32c}$$

$$Q_z = Q_0 A_Q^0 + \alpha M_0 B_Q^0 \tag{3-32d}$$

式(3-31)、式(3-32)即为桩在地面下位移及内力的无量纲法计算公式,其中 A_x、B_x、A_φ、B_φ、A_m、B_m、A_Q、B_Q 及 A_x^0、B_x^0、A_φ^0、B_φ^0、A_m^0、B_m^0、A_Q^0、B_Q^0 为无量纲系数,均为 αh 和 αz 的函数,已将其制成表格供查用。本书摘录了一部分,见附表1 ~ 附表12。使用时,应根据不同的桩底支承条件,选择不同的计算公式,然后再按 αh、αz 查出相应的无量纲系数,再将这些系数代入式(3-45)或式(3-46),就可以求出所需的未知量。当 $\alpha h \geqslant 4$ 时,无论采用哪一个公式及相应的系数来计算,其计算结果都是接近的。

由式(3-31)及式(3-32)可简洁地求得桩身各截面的水平位移、转角、弯矩、剪力以及桩侧土抗力。由此便可验算桩身强度,决定配筋量,验算桩侧土抗力及其墩台位移等。

5. 桩身最大弯矩位置 $z_{M\max}$ 和最大弯矩 M_m 的确定

桩身各截面处弯矩 M_z 的计算,主要是检验桩的截面强度和配筋计算(关于配筋的具体计算方法,见《混凝土结构设计原理》教材的相关内容)。为此,要找出弯矩最大的截面所在的位置 $z_{M\max}$ 相应的最大弯矩值 $M_{\max}$,一般可将各深度 z 处的 M_z 值求出后绘制 $z - M_z$ 图,即可从图中求得,也可用数解法求得 $z_{M\max}$ 及 $M_{\max}$ 值。

在最大弯矩截面处剪力为零,因此 $Q_z = 0$ 处的截面即为最大弯矩所在位置 $z_{M\max}$。

由式[3-31(d)],令 $Q_z = Q_0 A_Q + \alpha M_0 B_Q = 0$

则

$$\left.\begin{array}{l} \dfrac{\alpha M_0}{Q_0} = \dfrac{-A_Q}{B_Q} = C_Q \\[3mm] \dfrac{Q_0}{\alpha M_0} = \dfrac{-B_Q}{A_Q} = D_Q \end{array}\right\} \tag{3-33}$$

φ 式中:C_Q 及 D_Q 也为与 αz 有关的系数,当 $\alpha h \geqslant 4.0$ 时,可按附表13查得。C_Q 或 D_Q 值按式(3-33)求得后,即可从附表13中求得相应的 $\overline{Z} = \alpha z$ 值,因为 $\alpha = \sqrt[5]{\dfrac{mb_1}{EI}}$ 为已知,所以最大弯矩所在的位置 $z = z_{M\max}$ 即可求得。

由式(3-33)可得

$$\frac{Q_0}{\alpha} = M_0 D_Q \text{ 或 } M_0 = \frac{Q_0}{\alpha}C_Q \tag{3-34}$$

将式(3-34)代入(3-31c)则得

$$\left.\begin{array}{l} M_{\max} = M_0 D_Q A_m + M_0 B_m = M_0 K_m \\[3mm] M_{\max} = \dfrac{Q_0}{\alpha}A_m + \dfrac{Q_0}{\alpha}B_m C_Q = \dfrac{Q_0}{\alpha}K_Q \end{array}\right\} \tag{3-35}$$

式中：$K_m = A_m D_Q + B_m$；

$\quad\quad K_Q = A_m + B_m C_Q$。

由上式可知 K_m 与 K_Q 为 αz 的函数，当 $\alpha h \geqslant 4.0$ 时，即可由附表 13 查出。

综上所述，由式（3 – 34）算出 C_Q 或 D_Q，由附表 13 查出 αz 和 K_m（或 K_Q），代入式（3 – 35）即可得最大弯矩 $M_{\max}$ 值和所在位置 $z_{M\max}$。当 $\alpha h \geqslant 4.0$ 时，可另查有关设计手册。

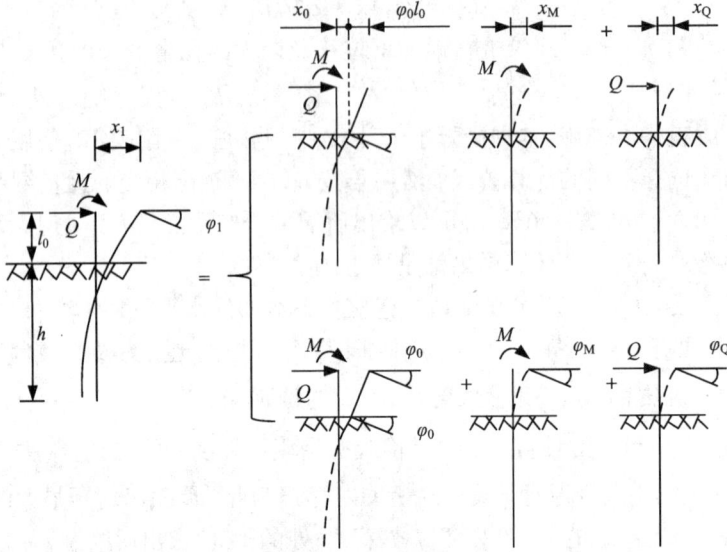

图 3 – 37　桩顶位移计算

6. 桩顶位移的计算

置于非岩石地基中的桩，如图 3 – 37 所示。已知桩露出地面长 l_0，若桩顶为自由端，其上作用有 Q 及 M，顶端的位移可应用叠加原理计算。设桩顶的水平位移为 x_1，它是由下列各项组成：桩在地面处的水平位移 x_0、地面处转角 φ_0 所引起的桩顶的水平位移 $\varphi_0 l_0$、桩露出地面段作为悬臂梁桩顶在水平力 Q 作用下产生的水平位移 x_Q 以及在 M 作用下产生的水平位移 x_m，即

$$x_1 = x_0 - \varphi_0 l_0 + x_Q + x_m \tag{3 – 36}$$

因 φ_0 逆时针为正，所以式中用负号。

桩顶转角 φ_1 则由地面处的转角 φ_0、水平力 Q 作用下引起的转角 φ_Q 及弯矩作用引起的转角 φ_m 组成，即

$$\varphi_1 = \varphi_0 + \varphi_Q + \varphi_m \tag{3 – 37}$$

上两式中的 x_0 及 φ_0 可按计算所得的 $M_0 = Q l_0 + M$ 及 $Q_0 = Q$ 分别代入式（3 – 31a）及式（3 – 31b）（此时式中的无量纲系数均用 $z = 0$ 时的数值）求得，即

$$x_0 = \frac{Q}{\alpha^3 EI} A_x + \frac{M + Q l_0}{\alpha^2 EI} B_x \tag{3 – 38}$$

$$\varphi_0 = -\left(\frac{Q}{\alpha^2 EI} A_\varphi + \frac{M + Q l_0}{\alpha EI} B_\varphi \right) \tag{3 – 39}$$

上式中的 x_Q、x_m、φ_Q、φ_m 是把露出段作为下端嵌固、跨度为 l_0 的悬臂梁计算而得，即

$$\left.\begin{aligned} x_Q &= \frac{Ql_0^3}{3EI}; \qquad x_m = \frac{Ml_0^2}{2EI} \\ \varphi_Q &= \frac{-Ql_0^2}{2EI}; \qquad \varphi_m = \frac{-Ml_0}{EI} \end{aligned}\right\} \tag{3-40}$$

由上式算得 x_0、φ_0 及 x_m、φ_Q、φ_m，代入式(3-38)、式(3-39)再经整理归纳，便可写成如下表达式

$$\left.\begin{aligned} x_1 &= \frac{Q}{\alpha^3 EI}A_{x1} + \frac{M}{\alpha^2 EI}B_{x1} \\ \varphi_1 &= -\left(\frac{Q}{\alpha^2 EI}A_{\varphi1} + \frac{M}{\alpha EI}B_{\varphi1}\right) \end{aligned}\right\} \tag{3-41}$$

式中：A_{x1}、$B_{x1} = A_{\varphi1}$、$B_{\varphi1}$ 均为 $\bar{h} = \alpha h$ 及 $\bar{l}_0 = \alpha l_0$ 的函数，现列于附表 14～附表 16 中。

对于桩底嵌固于岩基中、桩顶为自由端的桩顶位移计算，只要按相关公式计算出 $z = 0$ 时的 x_0、φ_0 即可按上述方法求出桩顶水平位移 x_1 及转角 φ_1，其中 x_Q、x_m、φ_Q、φ_m 仍可按式(3-41)计算。

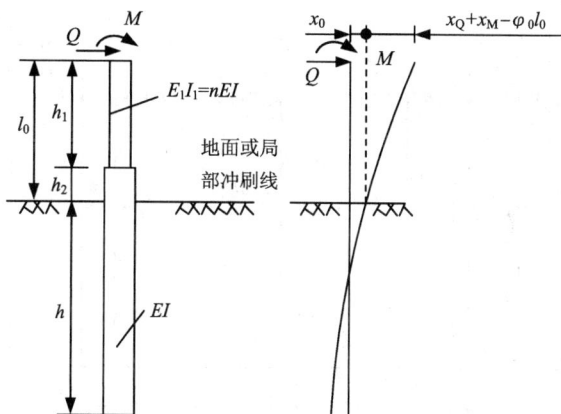

图 3-38　变截面柱桩计算示意图

当桩露出地面(或局部冲刷线)部分为变截面，其上部截面抗弯刚度为 E_1I_1(直径为 d_1，高度为 h_1)，下部截面抗弯刚度为 EI(直径为 d，高度为 h_2)，如图 3-38 所示。设 $n = E_1I_1/EI$，则桩顶的位移 x_1 和转角 φ_1 为

$$\left.\begin{aligned} x_1 &= \frac{1}{\alpha^2 EI}\left[\frac{Q}{\alpha}A'_{x1} + MB'_{x1}\right] \\ \varphi_1 &= \frac{1}{\alpha EI}\left[\frac{Q}{\alpha}A'_{\varphi1} + MB'_{\varphi1}\right] \end{aligned}\right\} \tag{3-42}$$

式中：

$$A'_{x1} = A_{x1} + \frac{\bar{h}_2^3}{3n}(1-n)$$

$$B'_{x1} = A'_{\varphi1} = A_{\varphi1} + \frac{\overline{h_2}^2}{2n}(1-n)$$

$$B'_{\varphi1} = B_{\varphi1} + \frac{\overline{h_2}}{n}(1-n)$$

$$\overline{h_2} = \alpha h_2$$

7. 桩顶弹性嵌固时单桩及单排桩内力计算

前述的单排桩内力和位移都是基于桩顶自由边界推导的,但对于一些中小跨径的简支梁或板式梁桥,采用切线、平板、橡胶支座或油毛毡垫层时,桩顶就不应作为完全自由端考虑。由于梁或板的弹性约束作用,在受水平外力作用时,限制了桩墩盖梁转动,甚至不能产生转动,而仅产生水平位移,形成了所谓弹性嵌固。若采用桩顶弹性嵌固的假设,可使桩入土部分的桩身弯矩减少,从而减少桩身钢筋用量。

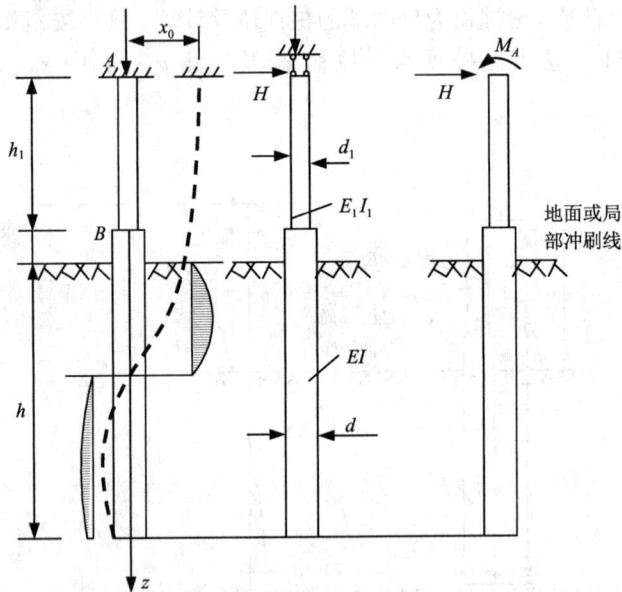

图 3 - 39 桩顶弹性嵌固

在弹性嵌固约束下(如图 3 - 39),桩顶的边界条件为

$$\varphi_A = 0 \quad x_A \neq 0$$

式中: φ_A——A 截面的转角;

x_A——A 截面的水平位移。

令式(3 - 42)中 $\varphi_1 = 0$,其相应的 M 即为 M_A,故

$$M_A = -\frac{HA'_{\varphi1}}{\alpha B'_{\varphi1}} \qquad (3-43)$$

同理

$$x_A = \frac{H}{\alpha^3 EI}\left(A'_{x1} - \frac{A'_{\varphi1}B'_{x1}}{B'_{\varphi1}}\right) \qquad (3-44)$$

当桩墩为等截面时

$$x_A = \frac{H}{\alpha^3 EI} A_{xa} \qquad (3-45)$$

式中：$A_{xa} = A'_{x1} - \dfrac{A'_{\varphi1} B'_{x1}}{B'_{\varphi1}}$——无量纲系数，可由附表 20 查取。

8. 单桩、单排桩计算步骤及验算要求

计算单排桩基础，首先应根据上部结构的类型、荷载性质与大小、地质与水文资料、施工条件等情况，初步拟定出桩的直径、承台位置、桩的根数及排列等，然后进行如下的计算：

（1）计算各桩桩顶所承受的荷载 P_i、Q_i、M_i。

（2）确定桩在局部冲刷线下的入土深度（桩长的确定）。一般情况可根据持力层位置、荷载大小、加工条件等初步确定，通过验算再予以修改。当地基土较单一、桩端位置不易根据土质判断时，也可根据已知条件用单桩轴向容许承载力公式初步反算桩长。

（3）验算单桩轴向容许承载力。

（4）确定桩的计算宽度。

（5）计算桩的变形系数值。

（6）计算地面处桩截面的作用力 Q_0、M_0，验算桩在地面或局部冲刷线的横向位移，要求 x_0 不大于 6 mm，然后求算桩身各截面的内力，并进行桩身配筋、截面强度和稳定性验算。

（7）计算桩顶位移和墩台顶位移，并进行验算。

（8）桩侧最大土抗力 $P_{zx\max}$ 是否需验算，目前无一致意见。《公路桥涵地基与基础设计规范》（JTG D63—2007）未强制要求进行桩侧最大土抗力验算。

3.5.5　单排桩基础算例

1. 设计资料

某桥为钢筋混凝土简支梁桥（图 3 – 40），上部主梁由 4 片 T 梁组成，标准跨径 $l_a = 20$ m；计算跨径 $l_b = 19.5$ m，梁长 19.96 m，桥面净宽 7.6 m。下部结构为单排双柱式桥墩，其结构尺寸布置如图 3 – 40。

1）地质水文资料

桩基所处的土层有两层。自一般冲刷线起，第一层为中密粉砂，厚度 $h_1 = 4.5$ m，容重 $\gamma'_1 = 9.8$ kN/m³（已考虑浮力），地基比例系数 $m_1 = 9000$ kN/m⁴，内摩擦角 $\varphi = 35°$，黏聚力 $c = 0$，桩侧摩阻力标准值 $q_{k1} = 60$ kPa；其下均为密实细砂层，容重 $\gamma_2' = 9.5$ kN/m³（已考虑浮力），地基比例系数 $m_2 = 12500$ kN/m⁴，内摩擦角 $\varphi = 40°$，黏聚力 $c = 0$，桩侧摩阻力标准值 $q_{k2} = 80$ kPa，地基土承载力基本容许值 $[f_{a0}] = 300$ kPa。

设计水位高程为 9.000 m，一般冲刷线高程为 7.000 m，局部（最大）冲刷线高程为 6.000 m。

2）墩柱、桩基尺寸及材料

墩柱高 6 m，柱的直径 1.2 m，桩的直径为 1.4 m。

墩柱采用 C30 混凝土，受压弹性模量 $E_h = 3.0 \times 10^4$ MPa；桩基采用 C25 混凝土，受压弹性模量 $E_c = 2.8 \times 10^4$ MPa。

3）荷载情况

经计算，每根桩顶处承受的荷载包括以下。

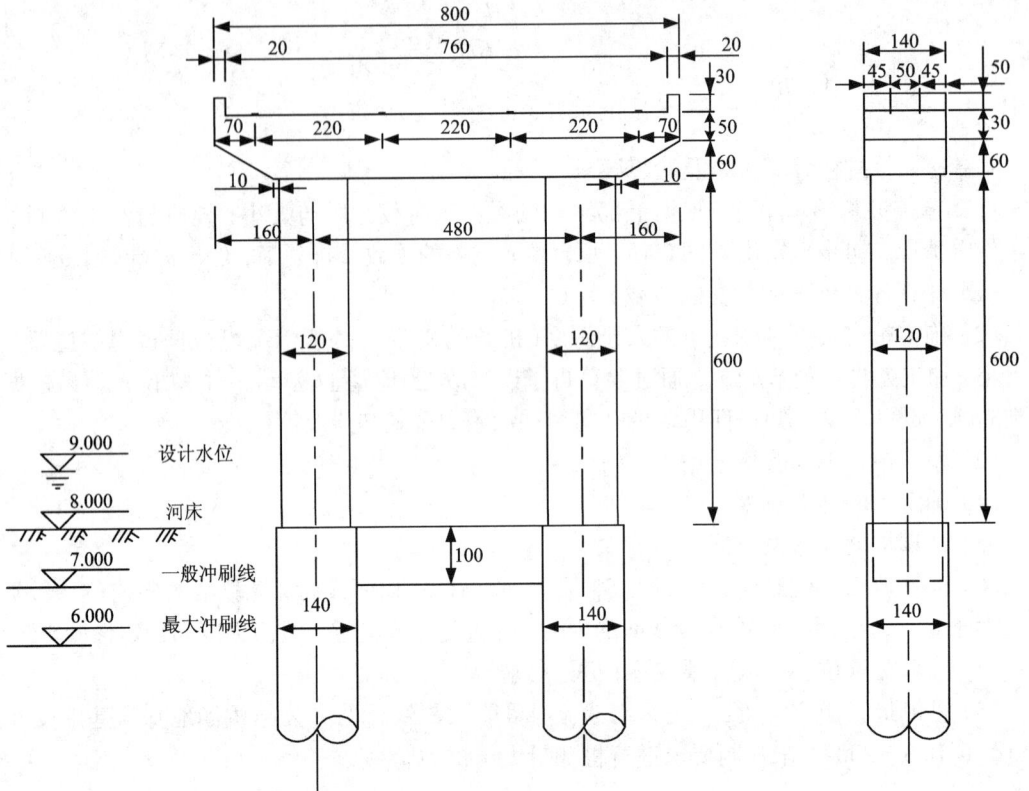

图 3 - 40 简支梁桥(单位 cm)

两跨恒载产生的竖向力：$N_1 = 1267.16 \text{ kN}$；

盖梁自重：$N_2 = 293.24 \text{ kN}$；

一根墩柱自重力：$N_3 = 158.26 \text{ kN}$；

系梁自重力：$N_4 = 61.2 \text{ kN}$；

两跨汽车和人群活载布置时，竖向反力：

$\quad N_5 = 615.634(汽车) + 78.446(人群) = 694.08 \text{ kN}$；

单跨汽车和人群活载布置时，竖向荷载反力：

$\quad N_6 = 307.817(汽车) + 39.223(人群) = 347.04 \text{ kN}$；

汽车在顺桥向引起的弯矩：$M_汽 = 307.817 \times 0.25 = 76.954 \text{ kN} \cdot \text{m}$；

人群在顺桥向引起的弯矩：$M_人 = 39.223 \times 0.25 = 9.806 \text{ kN} \cdot \text{m}$；

车辆荷载以按偏心受压原理考虑横向分布的影响；

制动力 $H = 30.00 \text{ kN}$，其作用位置在支座底面处；

纵向风力：

盖梁部分风力合力，$W_1 = 3.00 \text{ kN}$，对桩顶的力臂 6.55 m；

墩身部分风力合力，$W_2 = 2.70 \text{ kN}$，对桩顶的力臂 3.00 m；

桩基采用钻孔灌注桩基础，为摩擦桩。

2. 桩长的确定

钻孔灌注桩受压容许承载力 $[R_a]$ 可按式(3 - 1)计算:

$$[R_a] = \frac{1}{2}u\sum q_{ik}l_i + \lambda\, m_0 A\{[f_{a0}] + k_2\gamma_2(h_3 - 3)\}$$

根据所给基本资料可知:

桩周长: $u = \pi \times 1.4 = 4.396\text{m}^2$;

桩底截面面积: $A = \dfrac{\pi}{4} \times 1.4^2 = 1.539\text{m}^2$;

桩底土的容许承载力 $[f_{a0}] = 300\text{ kPa}$

查规范知地基承载力深度修正系数: $k_2 = 4.0$;

因持力层在水位以下,按透水考虑:

$$\gamma_2 = \frac{9.8 \times 4.5 + 10.5 \times (h - 3.5)}{h + 1}$$

修正系数 $\lambda = 0.7$;

清孔系数 $m_0 = 0.7$;

设桩在局部冲刷线以下长度为 h,将各参数值代入公式得

$$[R_a] = \frac{1}{2}u\sum q_{ik}l_i + \lambda\, m_0 A_p\{[f_{a0}] + k_2\gamma_2(h_3 - 3)\}$$

$$= \frac{1}{2} \times 4.398 \times [60 \times 3.5 + 80 \times (h - 3.5)] + 0.7 \times 0.7 \times 1.539 \times [300 + 4.0 \times$$

$$\gamma_2 \times (h + 1 - 3)]$$

局部冲刷线以上每延米桩的重力: $q_1 = \dfrac{\pi}{4} \times 1.4^2 \times 1 \times 15 = 23.1\text{ kN}$(扣除浮力)

局部冲刷线以下每延米置换土重力:

第一层密实粉砂 $q_2 = \dfrac{\pi}{4} \times 1.4^2 \times (15 - 9.8) = 8.00\text{ kN}$;

第二层细砂 $q'_2 = \dfrac{\pi}{4} \times 1.4^2 \times (15 - 10.5) = 6.93\text{ kN}$。

局部冲刷线处,一根桩受到的所有竖向荷载包括: N_1 为两跨恒载反力; N_2 为盖梁自重反力; N_3 为一根墩柱自重力; N_4 为系梁自重反力; N_5 为两跨汽车及人群活载反力; $l_0 q_1$ 为局部冲刷线以上桩的重力;局部冲刷线以下桩身自重力与置换土重力的差值也作为外荷载考虑。

根据《公路桥涵地基基础设计规范》(JTG D63—2007)规定:地基进行竖向承载力验算时,传至基底的作用效应应采用正常使用极限状态下的短期效应组合,其中可变作用频遇值系数均取为1.0,且汽车荷载应计入冲击系数(本题中冲击系数暂取0.05)。

则

$$N_h = N_1 + N_2 + N_3 + N_4 + N_5 + l_0 q_1 + h_1 q_2 + (h - h_1)q_2$$

$$= 1267.16 + 293.24 + 158.26 + 61.2 + 615.634 \times 1.05 + 78.446 \times 1.0 +$$

$$23.091 \times (8 - 6) + 3.5 \times 8 + (h - 3.5) \times 6.93$$

$$= 2554.649 + 6.93h$$

由 $N_h = [R_a]$ 可以解得, $h = 13.45\text{ m}$,取 $h = 14\text{ m}$。由计算可知,此时桩的轴向受压承

载力符合要求。

3. 桩身内力计算

1）计算宽度 b_1

$$b_1 = K_f(d + 1) = 0.9 \times (1.4 + 1) = 2.16 \text{ m}$$

2）变形系数

$$h_m = 2(d + 1) = 2(1.4 + 1) = 4.8 \text{ m}$$

局部冲刷线以下 h_m 范围内有两层土，第一层土厚度为 $4.5 - 1 = 3.5$ m

因为 $h_1/h_m = 3.5/4.8 > 0.2$

所以 $\gamma = 1 - 1.25 \times (1 - h_1/h_m)^2 = 0.908$

$$m = \gamma m_1 + (1 - \gamma) m_2 = 0.908 \times 9000 + (1 - 0.908) \times 12500 = 9322 \text{ kN/m}^4$$

$$\alpha = \sqrt[5]{\frac{mb_1}{EI}} = \sqrt[5]{\frac{9322 \times 2.16}{0.8 \times 2.80 \times 10^7 \times 0.1886}} = 0.343 \text{ m}^{-1}$$

式中：$I = \dfrac{\pi}{64}d^4 = 0.049087 \times 1.4^4 = 0.1886 \text{ m}^4$

3）桩的换算深度

$$\bar{h} = \alpha h = 0.343 \times 14 = 4.802 > 2.5$$

故按弹性桩计算，当 $\bar{h} > 4.0$ 时，按 $\bar{h} = 4.0$ 计算。

4）计算墩柱顶外力及局部冲刷线处外力

（1）计算墩柱顶外力（按一跨活载计算）。

根据《公路桥涵地基基础设计规范》（JTG D63—2007）规定：结构构件自身承载力检算采用作用效应基本组合。

墩桩顶的荷载：

$$P_i = 1.2 \times (1267.16 + 293.24) + 1.4 \times 307.817 + 0.8 \times 1.4 \times 39.223 = 2347.354 \text{ kN}$$

$$Q_i = 0.7 \times [1.4 \times 30 + 1.1 \times 3] = 31.71 \text{ kN}$$

$$M_i = 1.4 \times 76.954 + 0.6 \times [1.4 \times (9.806 + 30 \times 1.1) + 1.1 \times (3 \times 0.55)1] = 144.782 \text{ kN·m}$$

（2）计算局部冲刷线处桩上外力 P_0、Q_0、M_0（按一跨活载计算）。

$$P_0 = 1.2 \times (1267.16 + 293.24 + 158.26 + 61.2 + 2 \times 23.1) + 1.4 \times 307.817 + 0.8 \times 1.4 \times 39.223 = 2666.095 \text{ kN}$$

$$Q_0 = 0.7 \times [1.4 \times 30 + 1.1 \times (3 + 2.7)] = 33.789 \text{ kN}$$

$$M_0 = 1.4 \times 76.954 + 0.6 \times [1.4(9.806 + 30 \times 9.1) + 1.1(3 \times 8.55 + 2.7 \times 5)] = 371.131 \text{ kN·m}$$

5）计算局部冲刷线以下深度 z 处桩截面上的弯矩 M_z 及水平压应力 p_{zx}

由 $M_z = \dfrac{Q_0}{\alpha} \cdot A_m + M_0 B_m$，无量纲系数 A_m 及 B_m 值由附表 3 和附表 7 查得，M_z 值计算列于表 3－16。

表 3 - 16　截面弯矩 M_z 计算表

z	$\overline{Z} = \alpha z$	$\overline{h} = \alpha h$	A_m	B_m	$\dfrac{Q_0}{\alpha}A_m$	$M_0 B_m$	M_z
0	0	4.802	0	1.0	0.000	371.131	371.131
0.5831	0.2	4.802	0.19696	0.99806	19.403	370.411	389.814
1.1662	0.4	4.802	0.37739	0.98617	37.177	365.998	403.175
1.7492	0.6	4.802	0.52938	0.95861	52.149	355.770	407.919
2.3324	0.8	4.802	0.64561	0.91324	63.599	338.932	402.531
2.9155	1	4.802	0.72305	0.85089	71.227	315.792	387.019
3.4986	1.2	4.802	0.76183	0.77415	75.048	287.311	362.36
4.0817	1.4	4.802	0.76498	0.68694	75.358	254.945	330.303
4.6648	1.6	4.802	0.73734	0.59373	72.636	220.352	292.988
5.2479	1.8	4.802	0.68488	0.49889	67.468	185.154	252.622
5.8310	2	4.802	0.61413	0.40658	60.498	150.894	211.392
6.9972	2.4	4.802	0.44334	0.24262	43.674	90.044	133.718
8.1634	2.8	4.802	0.26996	0.11979	26.594	44.458	71.052
10.2043	3.5	4.802	0.05081	0.01354	5.005	5.025	10.030
11.6618	4	4.802	0.00005	0.00081	0.005	0.301	0.306

$$P_{zx} = \frac{\alpha Q_0}{b_1}\overline{Z}A_x + \frac{\alpha^2 M_0}{b_1}\overline{Z}B_x，A_x 及 B_x 值由附表 1 和附表 5 查得，p_{zx} 值计算列于表 3 - 17。$$

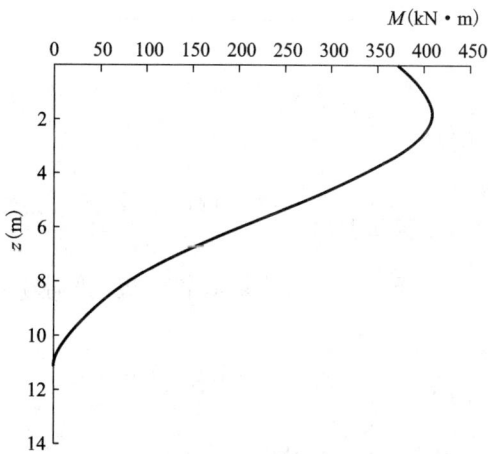

图 3 - 41　桩身弯矩分布图

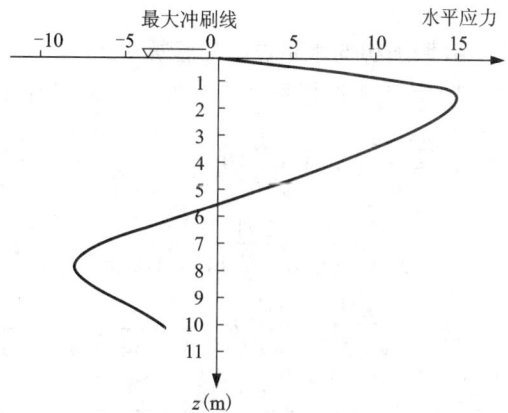

图 3 - 42　桩身水平应力分布图

表 3 – 17 水平应力 p_{zx} 计算表

z	$\bar{Z} = \alpha z$	$\bar{h} = \alpha h$	A_x	B_x	$\dfrac{\alpha}{b_1}Q_0\bar{Z}A_x$	$\dfrac{\alpha^2}{b_1}M_0\bar{Z}B_x$	p_{zx}
0	0	4.802	2.44066	1.62100	0.000	0.000	0.000
0.5831	0.2	4.802	2.11779	1.29088	2.273	5.219	7.492
1.1662	0.4	4.802	1.80273	1.00064	3.869	8.091	11.960
1.7492	0.6	4.802	1.50268	0.74981	4.838	9.094	13.932
2.3324	0.8	4.802	1.22370	0.53727	5.253	8.688	13.932
2.9155	1	4.802	0.97041	0.36119	5.207	7.301	12.508
3.4986	1.2	4.802	0.74588	0.21908	4.802	5.113	9.915
4.0817	1.4	4.802	0.55175	0.10793	4.145	3.054	7.199
4.6648	1.6	4.802	0.38810	0.02422	3.332	0.783	4.115
5.2479	1.8	4.802	0.25386	– 0.03572	2.452	– 1.300	1.152
5.8310	2	4.802	0.14696	– 0.07572	1.577	– 3.061	– 1.484
6.9972	2.4	4.802	0.00348	– 0.11030	0.045	– 5.351	– 5.306
8.1634	2.8	4.802	– 0.06902	– 0.10544	– 1.037	– 5.968	– 7.005
10.2043	3.5	4.802	– 0.10495	– 0.05698	– 1.971	– 4.031	– 6.002
11.6618	4	4.802	– 0.10788	– 0.01487	– 2.315	– 1.202	– 3.517

4. 墩顶纵向水平位移的验算

1）计算桩在局部冲刷线处水平位移 x_0 和转角 φ_0

$$x_0 = \frac{Q_0}{\alpha^3 EI}A_x + \frac{M_0}{\alpha^2 EI}B_x = \frac{33.789}{0.343^3 \times 0.8 \times 2.80 \times 10^7 \times 0.1885} \times 2.44066 +$$

$$\frac{371.131}{0.343^2 \times 0.8 \times 2.80 \times 10^7 \times 0.1885} \times 1.621 = 1.695 \text{ mm} < 6 \text{ mm（符合规范要求）}$$

$$\varphi_0 = \frac{Q_0}{\alpha^2 EI}A_\varphi + \frac{M_0}{\alpha EI}B_\varphi = \frac{33.789}{0.343^2 \times 0.8 \times 2.80 \times 10^7 \times 0.1885} \times (-1.621) +$$

$$\frac{371.131}{0.343 \times 0.8 \times 2.80 \times 10^7 \times 0.1885} \times (-1.75058) = -5.589 \times 10^{-4}\text{rad}$$

2）计算墩顶至局部冲刷线处距离、纵向水平力引起的墩顶位移和弯矩引起的墩顶位移

（1）计算墩顶主局部冲刷线距离。

$$l = 6 + (8 - 6) = 8 \text{ m}$$

纵向水平力(制动力及风力)引起的墩顶位移。

墩柱: $I = \dfrac{\pi d^4}{64} = \dfrac{\pi \times 1.2^4}{64} = 0.1017 \text{ m}^4$

$x_Q = \dfrac{Q_i l^3}{3EI} = \dfrac{31.71 \times 8^3}{3 \times 0.8 \times 3 \times 10^7 \times 0.1017} = 2.217 \times 10^{-3} \text{ m}$

(3)计算弯矩引起的墩顶位移。

$x_M = \dfrac{M_i l^2}{2EI} = \dfrac{144.782 \times 8^2}{2 \times 0.8 \times 3 \times 10^7 \times 0.1017} = 1.898 \times 10^{-3} \text{ m}$

3)计算墩顶纵向水平位移

$$x_1 = x_0 - \varphi_0 l + x_Q + x_M$$
$$= 1.695 + 5.589 \times 10^{-4} \times 8 \times 10^3 + 2.217 + 1.898$$
$$= 10.281 \text{ mm}$$

5. 桩基配筋设计

桩身材料截面强度验算。由图 3 - 41 可知,最大弯矩大约在局部冲刷线以下深度 $Z = 1.749$ m 处,该截面上:

$M_j = 407.919 \text{ kN} \cdot \text{m}$

$N_j = P_0 + 1.2 \times (1.749 \times 23.1 - 60\pi \times 1.4 \times 1.749)$
$= 2666.095 - 505.422 = 2160.673 \text{ kN}$

配筋率 $\rho = 0.5\%$,则

$A_s = \dfrac{\pi}{4} \times 1.4^2 \times 0.5\% = 76.97 \times 10^{-4} \text{ m}^2$

选用 16 根 $\underline{\Phi}$ 25 钢筋,$f'_{sd} = 280$ MPa,$\rho = 0.51\%$,满足构造要求。

桩身混凝土为 C25,$f_{cd} = 11.5$ MPa,取 $a_g = 8.25$ cm。

由于是单排桩,非岩石土层,且 $h \geqslant \dfrac{4.0}{\alpha}$,故按表 3 - 12 得桩的计算长度为:

$l_p = 0.7 \times \left(l_0 + \dfrac{4.0}{\alpha}\right) = 0.7 \times \left(2 + \dfrac{4.0}{0.343}\right) = 9.563 \text{ m}$

长细比: $\dfrac{l_p}{i} = \dfrac{9.563}{1.4} = 6.83 \leqslant 17.5$,故偏心距增大系数 $\eta = 1$。

说明:根据《公路钢筋混凝土及预应力混凝土桥涵设计规范》(JTG D62—2004)规定,计算偏心受压构件正截面承载力时,对长细比 $l_0/i > 17.5$ 的构件,应考虑构件在弯矩作用平面内的挠曲对轴向偏心距的影响。本算例中长细比 $l_0/i < 17.5$,不考虑偏心距的影响。

又规范规定,不再考虑构件在弯矩作用平面内的挠曲对轴向力偏心距的影响。

$e_0 = \dfrac{M_j}{N_j} = \dfrac{407.919}{2160.673} = 0.189 \text{ m}$

$r_g = r - a_g = 0.7 - 0.0825 = 0.6175 \text{ m}, \quad g = \dfrac{r_g}{r} = 0.882$

根据《公路钢筋混凝土及预应力混凝土桥涵设计规范》(JTG D62—2004)附录 C,轴向力偏心距 $e_0 = \dfrac{Bf_{cd} + D\rho g f'_{sd}}{Af_{cd} + C\rho f'_{sd}} r$。采用试算法确定 A、B、C、D 的值,见表 3 - 18。

表 3 – 18 ξ 系数试算

ξ	A	B	C	D	e_0
0.83	2.2148	0.562	1.7635	1.0398	0.1944
0.84	2.245	0.5519	1.8029	1.0139	0.1880
0.85	2.2749	0.5414	1.8413	0.9886	0.1817

试算后的 $\xi = 0.84$ 时，查得系数 $A = 2.245$，$B = 0.5519$，$C = 1.8029$，$D = 1.0139$，代入上式算得 $e_0 = 0.1880$，与 $e_0 = 0.189$ 最接近。因此得：

$$N_p = Ar^2 f_{cd} + C\rho r^2 f'_{sd}$$
$$= 2.245 \times 0.7^2 \times 11.5 \times 10^3 + 1.8029 \times 0.0051 \times 0.7^2 \times 280 \times 10^3$$
$$= 13912.1 \text{ kN} > N_j = 2160.673 \text{ kN}$$

$$M_p = Br^3 f_{cd} + D\rho g r^3 f'_{sd}$$
$$= 0.5519 \times 0.7^3 \times 11.5 \times 10^3 + 1.0139 \times 0.0051 \times 0.882 \times 0.7^3 \times 280 \times 10^3$$
$$= 2615 \text{ kN} \cdot \text{m} > M_j = 407.17 \text{ kN} \cdot \text{m}$$

满足要求。

6. 裂缝宽度验算

根据《公路钢筋混凝土及预应力混凝土桥涵设计规范》(JTG D62 – 2004) 规定，圆形截面钢筋混凝土偏心受压构件，当按作用短期效应组合计算截面受拉区最外缘钢筋应力 $\sigma_{ss} \leq 24 \text{ MPa}$ 时，可不验算裂缝宽度。

$$\sigma_{ss} = \left[59.42 \frac{N_s}{\pi r^2 f_{cu,k}} \left(2.8 \frac{\eta_s e_0}{r} - 1.0 \right) - 1.65 \right] \cdot \rho^{-\frac{2}{3}}$$

式中：N_s—— 按作用（或荷载）短期效应组合计算的轴向力（N）；

ρ—— 截面配筋率，$\rho = A_s / (\pi r^2)$；

r—— 构件截面半径（mm）；

η_s—— 使用阶段的偏心距增大系数，$\eta_s = 1 + \frac{1}{1400 e_0 / h_0} \left(\frac{l_p}{h} \right)^2 \zeta_1 \zeta_2$，$h$ 可以 $2r$ 代替；当 $l_p / (2r) < 14$ 时，可取 $\eta_s = 1.0$；

e_0—— 轴向力 N_s 的偏心距（mm）；

$f_{cu,k}$—— 边长为 150 mm 的混凝土立方体抗压强度标准值（MPa）。

其中：$r = 700 \text{ mm}$；$f_{cu,k} = 25 \text{MPa}$；$l_p / (2r) = 6.75 < 14$，所以 $\eta_s = 1.0$；$\rho = 0.51\%$。

抗裂计算采用短期效应组合。

计算出桩身最大弯矩 $M_s = 412.13 \text{ kN} \cdot \text{m}$，及最大弯矩处对应的 $N_s = 1960.34 \text{ kN}$；$e_0 = \frac{412.13}{1960.34} = 210 \text{ mm}$

则：$\sigma_{ss} = \left[59.42 \times \frac{1960340}{\pi \times 700^2 \times 25} \times \left(2.8 \times \frac{1 \times 210}{700} - 1 \right) - 1.65 \right] \times (0.005)^{-\frac{2}{3}}$

$$= - 72.99 \text{ MPa} < 24 \text{ MPa}$$

说明在作用短期效应组合下桩身弯矩最大截面最外缘钢筋处于受压状态,可不进行验算裂缝宽度。

3.6　水平荷载作用下多排桩基桩内力与位移计算

图 3 - 43 所示为多排桩基础,它具有一个对称面的承台,外力作用于此对称平面内。假定承台与桩头为刚性联结。由于各桩与荷载的相对位置不尽相同,桩顶在外荷载作用下的变位就会不同,外荷载分配到各个桩顶上的荷载 P_i、Q_i、M_i 也就不同。一般将外力作用平面内的桩看作平面框架,用结构位移法解出各桩顶上的 P_i、Q_i、M_i 后,可按单桩进行计算和验算,然后进行群桩基础承载力和沉降(需要时)验算。

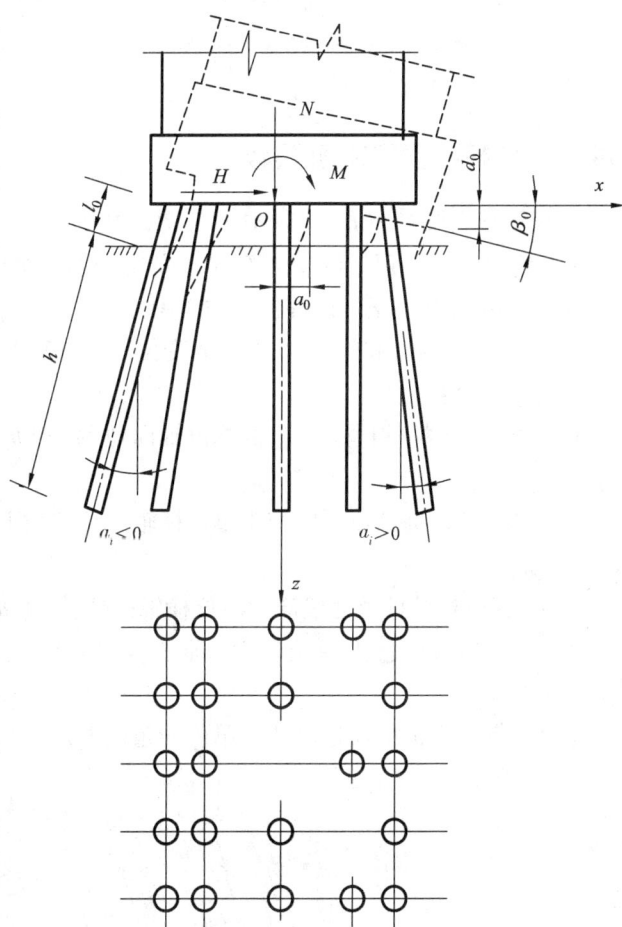

图 3 - 43　多排桩基础

3.6.1　承台变位及桩顶变位

假设承台为一绝对刚性体,以底面中心点 O 作为承台位移的代表点。O 点在外荷载 N、H、M 作用下产生横轴向位移 a_0、竖向位移 b_0 及转角 β_0。其中 a_0、b_0 以坐标轴正向为正,β_0 以顺时针转动为正。

桩顶嵌固于承台内,当承台在外荷载作用下产生变位时,各桩顶之间的相对位置不变,各桩桩顶的转角与承台的转角相等。设第 i 排桩桩顶(与承台联结处)沿 x 轴方向的线位移为 a_{i0},z 轴方向的线位移为 b_{i0},桩顶转角为 β_{i0},则有如下关系式:

$$\left. \begin{aligned} a_{i0} &= a_0 \\ b_{i0} &= b_0 + x_i\beta_0 \\ \beta_{i0} &= \beta_0 \end{aligned} \right\} \tag{3 - 46}$$

式中:x_i——第 i 排桩桩顶轴线至承台中心的水平距离。

若基桩为斜桩，如图 3 - 44 所示，设 b_i 为第 i 桩桩顶处沿桩轴线方向的轴向位移，a_i 为垂直于桩轴线的横轴向位移，β_i 为桩轴线的转角，根据投影关系则应有

$$\left.\begin{aligned}
a_i &= a_{i0}\cos\alpha_i - b_{i0}\sin\alpha_i \\
&= a_0\cos\alpha_i - (b_0 + x_i\beta_0)\sin\alpha_i \\
b_i &= a_{i0}\sin\alpha_i + b_{i0}\cos\alpha_i \\
&= a_0\sin\alpha_i + (b_0 + x_i\beta_0)\cos\alpha_i \\
\beta_i &= \beta_{i0} = \beta_0
\end{aligned}\right\} \quad (3-47)$$

3.6.2　单桩桩顶的刚度系数

单桩桩顶刚度系数 ρ_{AB}，表示桩顶变位和内力之间的关系，定义为当桩顶仅仅发生 B 种单位变位时，在桩顶引起的 A 种内力。设第 i 根桩桩顶的作用力 P_i、Q_i、M_i，如图 3 - 44 所示，利用图 3 - 45 中桩的变位图式计算 P_i、Q_i、M_i 值，若令：

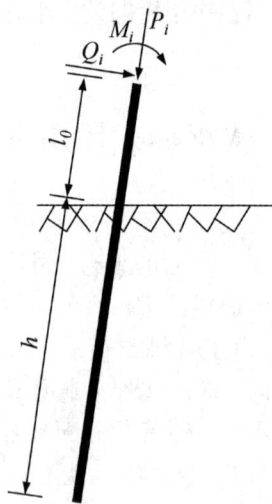

图 3 - 44　第 i 根桩桩顶的作用

（1）当第 i 根桩桩顶处仅产生单位轴向位移（即 $b_i = 1$）时，在桩顶引起的轴向力为 ρ_1，即 ρ_{PP}。

（2）当第 i 根桩桩顶处仅产生单位横轴向位移（即 $a_i = 1$）时，在桩顶引起的横轴向力为 ρ_2，即 ρ_{QQ}。

（3）当第 i 根桩桩顶处仅产生单位横轴向位移（即 $a_i = 1$）时，在桩顶引起的弯矩为 ρ_3，也即 ρ_{MQ}；或当桩顶仅产生单位转角（即 $\beta_i = 1$）时，在桩顶引起的横轴向力为 ρ_3，即 ρ_{QM}。$\rho_{QM} = \rho_{MQ} = \rho_3$。

（4）当第 i 根桩桩顶处仅产生单位转角（即 $\beta_i = 1$）时，在桩顶引起的弯矩为 ρ_4，即 ρ_{MM}。

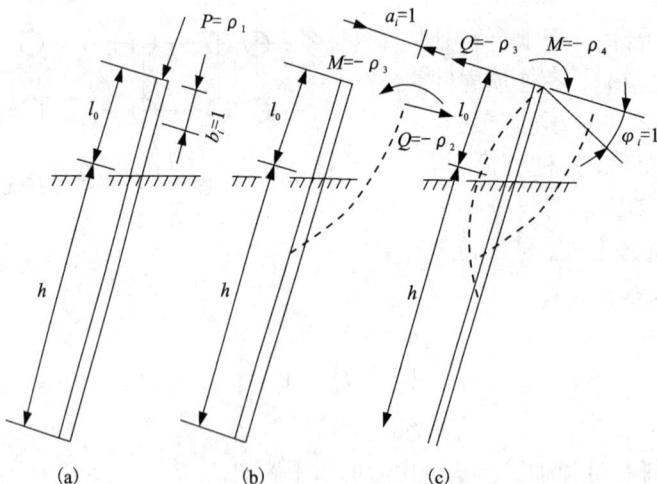

图 3 - 45　单桩刚度系数示意

则第 i 根桩桩顶变位所引发的桩顶内力分别为

$$
\left.\begin{array}{l}
P_i = \rho_1 b_i = \rho_1 \left[a_0 \sin\alpha_i + (b_0 + x_i\beta_0)\cos\alpha_i \right] \\
Q_i = \rho_2 a_i - \rho_3 \beta_i = \rho_2 \left[a_0\cos\alpha_i - (b_0 + x_i\beta_0)\sin\alpha_i \right] - \rho_3\beta_0 \\
M_i = \rho_4 \beta_i - \rho_3 a_i = \rho_4\beta_0 - \rho_3 \left[a_0\cos\alpha_i - (b_0 + x_i\beta_0)\sin\alpha_i \right]
\end{array}\right\} \qquad (3-48)
$$

只要能解出 a_0、b_0、β_0 及 ρ_1、ρ_2、ρ_3、ρ_4，就可以由上式求得 P_i、Q_i 和 M_i，从而利用单桩方法求出基桩的内力。

桩顶承受轴向力 P 而产生的轴向位移包括桩身材料的弹性压缩变形 δ_c 及桩底处地基土的沉降 δ_k 两部分。在对桩侧摩阻力作理想化假设之后，可得到

$$
\delta_c = \frac{l_0 + \xi h}{EA} \cdot P \qquad (3-49)
$$

设外力在桩底平面处的作用面积为 A_0，则根据文克尔假定得

$$
\delta_k = \frac{P}{C_0 A_0} \qquad (3-50)
$$

由此得桩顶的轴向变形 b_i 为

$$
b_i = \delta_c + \delta_k = \frac{P(l_0 + \xi h)}{AE} + \frac{P}{C_0 A_0} \qquad (3-51)
$$

令上式中 $b_i = 1$，所求得的 P 即为 ρ_1。其余的单桩桩顶刚度系数均为基桩受单位横轴向力（包括弯矩）作用的结果，可以由单桩 m 法求得。其结果为

$$
\left.\begin{array}{l}
\rho_1 = \dfrac{1}{\dfrac{l_0 + \xi h}{AE} + \dfrac{1}{C_0 A_0}} \\[4mm]
\rho_2 = \alpha^3 EI x_Q \\
\rho_3 = \alpha^2 EI x_m \\
\rho_4 = \alpha EI \varphi_m
\end{array}\right\} \qquad (3-52)
$$

式中：ξ——系数，对于打入桩和振动桩取 $\xi = 2/3$，钻、挖孔灌注桩取 $\xi = 1/2$，柱桩则取 $\xi = 1.0$；

A——桩身横截面面积；

E——桩身材料的受压弹性模量；

C_0——桩底平面处地基土的竖向地基系数，$C_0 = m_0 h$；

A_0——单桩桩底压力分布面积，即桩侧摩阻力以 $\varphi/4$ 扩散到桩底时的面积；

x_Q、x_m、φ_m——无量纲系数，均是 $\bar{h} = ah$ 及 $\bar{l}_0 = al_0$ 的函数，对于 $ah > 2.5$ 的摩擦桩、$ah \geqslant 3.5$ 的端承桩、$ah \geqslant 4$ 的嵌岩桩，系数值可查附表 17 附表 19。其余可在有关设计手册中查取。

单桩桩底压力分布面积 A_0 与桩承载性状有关，对于柱桩，A_0 为单桩的底面面积；对于摩擦桩，如图 3 - 46 所示，取下列两计算值的较小者

$$
\left\{\begin{array}{l}
A_0 = \pi \left(\dfrac{d}{2} + h \cdot \tan\dfrac{\varphi}{4} \right)^2 \\[3mm]
A_0 = \dfrac{\pi}{4} S^2
\end{array}\right. \qquad (3-53)
$$

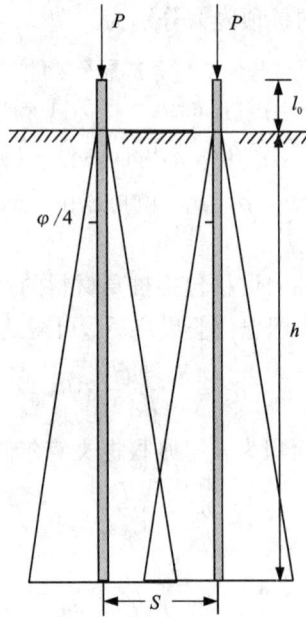

图 3 - 46 摩擦桩应力扩散示意图

式中: φ—— 桩周各土层内摩擦角的加权平均值;

d—— 桩的计算直径;

S—— 桩的中心距。

3.6.3 桩群刚度系数 γ_{AB}

桩群的刚度系数 γ_{AB}, 它表示承台变位和荷载之间的关系, 定义为当承台发生单位 B 种变位时, 所有桩顶(必要时包括承台侧面) 引起的 A 种反力之和。γ_{AB} 共有 9 个, 其具体意义及算式如下。

当承台产生单位横轴向位移($a_0 = 1$) 时, 所有桩顶对承台作用的竖轴向反力之和、横轴向反力之和、反弯矩之和为 γ_{ba}、γ_{aa}、$\gamma_{\beta a}$

$$
\left.
\begin{aligned}
\gamma_{ba} &= \sum_{i=1}^{n} (\rho_1 - \rho_2) \sin\alpha_i \cos\alpha_i \\
\gamma_{aa} &= \sum_{i=1}^{n} (\rho_1 \sin^2\alpha_i + \rho_2 \cos^2\alpha_i) \\
\gamma_{\beta a} &= \sum_{i=1}^{n} \left[(\rho_1 - \rho_2) x_i \sin\alpha_i \cos\alpha_i - \rho_3 \cos\alpha_i \right]
\end{aligned}
\right\}
\tag{3 - 54}
$$

式中: n—— 表示桩的根数。

承台产生单位竖向位移时($b_0 = 1$), 所有桩顶对承台作用的竖轴向反力之和、横轴向反力之和及反弯矩之和为 γ_{bb}、γ_{ab}、$\gamma_{\beta b}$

$$\left.\begin{array}{l} \gamma_{bb} = \displaystyle\sum_{i=1}^{n} (\rho_1 \cos^2\alpha_i + \rho_2 \sin^2\alpha_i) \\[2mm] \gamma_{ab} = \gamma_{ba} \\[2mm] \gamma_{\beta b} = \displaystyle\sum_{i=1}^{n} (\rho_1 \cos^2\alpha_i + \rho_2 \sin^2\alpha_i)x_i + \rho_3 \sin\alpha_i \end{array}\right\} \quad (3-55)$$

当承台绕坐标原点产生单位转角($\beta_0 = 1$)时,所有桩顶对承台作用的竖轴向反力之和、横轴向反力之和及反弯矩之和为 $\gamma_{b\beta}$、$\gamma_{a\beta}$、$\gamma_{\beta\beta}$

$$\left.\begin{array}{l} \gamma_{b\beta} = \gamma_{\beta b} \\[2mm] \gamma_{a\beta} = \gamma_{\beta a} \\[2mm] \gamma_{\beta\beta} = \displaystyle\sum_{i=1}^{n} \left[(\rho_1 \cos^2\alpha_i + \rho_2 \sin^2\alpha_i)x_i^2 + 2x_i\rho_3 \sin\alpha_i + \rho_4 \right] \end{array}\right\} \quad (3-56)$$

3.6.4　建立平衡方程及求解

1. 平衡方程

根据结构力学的位移法,沿承台底面取隔离体,如图 3-47 所示。承台上作用的荷载应当和各桩顶(需要时考虑承台侧面土抗力)的反力相平衡,可列出位移法的方程如下

$$\left.\begin{array}{ll} a_0\gamma_{ba} + b_0\gamma_{bb} + \beta_0\gamma_{b\beta} - N = 0 & (\textstyle\sum N = 0) \\[2mm] a_0\gamma_{aa} + b_0\gamma_{ab} + \beta_0\gamma_{a\beta} - H = 0 & (\textstyle\sum H = 0) \\[2mm] a_0\gamma_{\beta a} + b_0\gamma_{\beta b} + \beta_0\gamma_{\beta\beta} - M = 0 & (\textstyle\sum M = 0,\ \text{对 } O \text{ 点取矩}) \end{array}\right\} \quad (3-57)$$

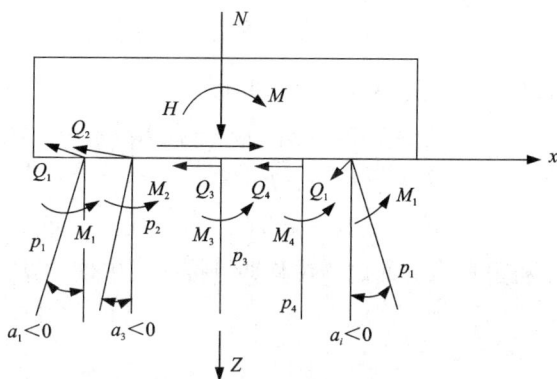

图 3-47　承台底隔离体

联立求解上式可得承台位移 a_0、b_0、β_0 的数值。这样,式(3-48)中右端各项均为已知,从而可算得第 i 根桩桩顶的轴向力 P_i、横轴向力 Q_i 及弯矩 M_i。然后,即可按单桩的 m 法计算多排桩桩身内力和位移。

2. 竖直对称多排桩的解

当桩柱布置不对称时,坐标原点 O 可任意选择;当桩柱布置对称时,将坐标原点选择在

对称轴上，此时有 $\gamma_{ab} = \gamma_{ba} = \gamma_{b\beta} = \gamma_{\beta b} = 0$，代入式（3-48）可简化计算。

如果是竖直桩，则以 $\alpha_i = 0$，代入前述方程，可直接求出 a_0、b_0 和 β_0：

$$b_0 = \frac{N}{\gamma_{bb}} = \frac{N}{\sum\limits_{i=1}^{n} \rho_1} \tag{3-58}$$

$$a_0 = \frac{\gamma_{bb}H - \gamma_{a\beta}M}{\gamma_{aa}\gamma_{\beta\beta} - \gamma_{a\beta}^2} = \frac{(\sum\limits_{i=1}^{n}\rho_4 + \sum\limits_{i=1}^{n}x_i^2\rho_1)H + \sum\limits_{i=1}^{n}\rho_3 M}{\sum\limits_{i=1}^{n}\rho_2(\sum\limits_{i=1}^{n}\rho_4 + \sum\limits_{i=1}^{n}x_i^2\rho_1) - (\sum\limits_{i=1}^{n}\rho_3)^2} \tag{3-59}$$

$$\beta_0 = \frac{\gamma_{aa}M - \gamma_{a\beta}H}{\gamma_{aa}\gamma_{\beta\beta} - \gamma_{a\beta}^2} = \frac{\sum\limits_{i=1}^{n}\rho_2 M + \sum\limits_{i=1}^{n}\rho_3 H}{\sum\limits_{i=1}^{n}\rho_2(\sum\limits_{i=1}^{n}\rho_4 + \sum\limits_{i=1}^{n}x_i^2\rho_1) - (\sum\limits_{i=1}^{n}\rho_3)^2} \tag{3-60}$$

3. 竖直对称多排等直径桩的解

当各桩直径相同时，则

$$b_0 = \frac{N}{n\rho_1} \tag{3-61}$$

$$a_0 = \frac{(n\rho_4 + \rho_1\sum\limits_{i=1}^{n}x_i^2)H + n\rho_3 M}{n\rho_2(n\rho_4 + \rho_1\sum\limits_{i=1}^{n}x_i^2) - n^2\rho_3^2} \tag{3-62}$$

$$\beta_0 = \frac{n\rho_2 M + n\rho_3 H}{n\rho_2(n\rho_4 + \rho_1\sum\limits_{i=1}^{n}x_i^2) - n^2\rho_3^2} \tag{3-63}$$

因为此时桩均为竖直且对称，式（3-48）可写成

$$\left. \begin{array}{l} P_i = \rho_1 b_i = \rho_1(b_0 + x_i\beta_0) \\ Q_i = \rho_2 a_0 - \rho_3\beta_0 \\ M_i = \rho_4\beta_0 - \rho_3 a_0 \end{array} \right\} \tag{3-64}$$

求得桩顶作用力后，桩身任意截面内与位移即可按前述单桩计算方法计算。

3.6.5　多排桩算例

某双排式钢筋混凝土钻孔灌注桩桥墩基础，如图 3-48 所示。

1. 设计资料

（1）地质及水文资料。

自一般冲刷线起，基桩所处的地层为：第一层为粗砂，地基比例系数 $m_1 = 110000 \ \text{kN/m}^4$，厚度为 $h_1 = 4.5 \ \text{m}$；其下为密实卵石地层，地基比例系数 $m_2 = 136000 \ \text{kN/m}^4$，地基土承载力基本容许值 $[f_{a0}] = 1000 \ \text{kPa}$。两层土桩侧摩阻力标准值均取为 $q_k = 400 \ \text{kPa}$，土的重度均取 $\gamma' = 10.0 \ \text{kN/m}^3$（已考虑浮力），土的加权内摩擦角 $\varphi = 40°$。

常水位高程 60.80 m，河床高程 59.2 m，一般冲刷线高程 55.6 m，局部冲刷线高程 53.1 m。

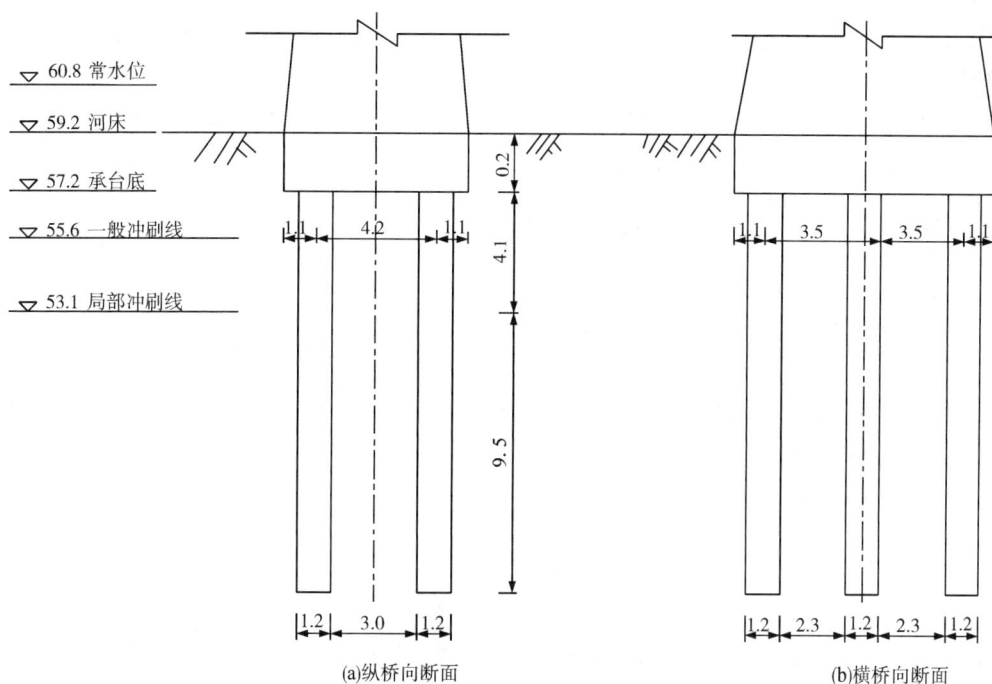

图 3 − 48　多排桩算例图(单位: m)

（2）荷载

上部为等跨 30 m 的钢筋混凝土预应力梁桥，荷载为纵桥向控制设计，桩基混凝土强度 C25，弹性模量 $E_c = 2.8 \times 10^4$ MPa。考虑作用效应的基本组合，作用于混凝土桥墩承台底面中心纵桥向的荷载如下：

恒载及一孔活载：$\sum N = 7523$ kN；$\sum H = 342.5$ kN；$\sum M = 4815.3$ kN · m。

（3）桩的布置

设计采用高桩承台摩擦桩基础，承台厚 2 m，底高程 57.200 m，采用 6 根直径 $d = 1.2$ m 钻孔灌注桩，对称竖直双排布桩，其排列见图 3 − 48。经初步计算，桩长 13.6 m 可满足承载能力要求。

2. 计算

（1）桩的计算宽度

$$b_1 = k \cdot k_f \cdot (d + 1)$$

已知：$k_f = 0.9$，$d = 1.2$ m，$L_1 = 3$ m，$h_1 = 3(d + 1) = 6.6$ m，$n = 2$，$b_2 = 0.6$。

桩间影响系数：$k = b_2 + \dfrac{1 - b_2}{0.6} \cdot \dfrac{L_1}{h_1} = 0.6 + \dfrac{1 - 0.6}{0.6} \times \dfrac{3}{3 \times (1.2 + 1)} = 0.903$

计算宽度：$b_1 = 0.903 \times 0.9 \times (1.2 + 1) = 1.788$ m

（2）桩的变形系数

$h_m = 2(d + 1) = 2(1.2 + 1) = 4.4$ m

局部冲刷线下，基桩 h_m 深度范围内存在两层土：第一层粗砂层，厚 4.5 − 2.5 = 2.0 m，其下为卵石层。

因为 $h_1/h = 2/4.4 > 0.2$

所以 $\gamma = 1 - 1.25 (1 - h_1/h_m)^2 = 0.628$

$m = \gamma m_1 + (1 - \gamma) m_2 = 0.628 \times 110000 + (1 - 0.628) \times 136000 = 119672 \text{ kN/m}^4$

$E = 0.8 E_c = 0.8 \times 2.8 \times 10^7 \text{ kN/m}^2$

$I = \dfrac{\pi d^4}{64} = \dfrac{\pi \times 1.2^4}{64} = 0.102 \text{ m}^4$

代入公式得

$$\alpha = \sqrt[5]{\frac{119672 \times 1.788}{0.8 \times 2.8 \times 10^7 \times 0.102}} = 0.623 \text{ m}^{-1}$$

桩在局部冲刷线以下深度 $h = 9.5 \text{ m}$，其计算长度则为：$\bar{h} = \alpha h = 0.623 \times 9.5 = 5.92$ 大于 2.5，故按弹性桩计算。

(3) 计算桩顶刚度系数 ρ_1

已知：$l_0 = 4.1 \text{ m}$, $h = 9.5 \text{ m}$, $\xi = \dfrac{1}{2}$, $A = \dfrac{\pi d^2}{4} = 1.130 \text{ m}^2$;

$C_0 = m_0 h = 119672 \times 9.5 \approx 1.14 \times 10^6 \text{ kN/m}^3$。

A_0 为考虑桩身自地面以 $\varphi/4$ 角扩散至桩底平面处的面积，此面积大于相邻桩底面中心距为直径所得的面积，则 A_0 采用相邻桩底面中心距为直径所得的面积，因此：

$$A_0 = \begin{cases} \pi \left(\dfrac{d}{2} + h\tan\dfrac{\bar{\varphi}}{4}\right)^2 = \pi \left(\dfrac{1.2}{2} + 9.5 \times \tan\dfrac{40^0}{4}\right)^2 = 16.253 \text{ m}^2 \\[2mm] \dfrac{\pi}{4} s^2 = \dfrac{\pi}{4} \times 4.2^2 = 13.847 \text{ m}^2 \end{cases}$$

故取：$A_0 = 13.847 \text{ m}^2$

将上述数据代入式(3 - 52)得

$$\rho_1 = \frac{1}{\dfrac{l_0 + \xi h}{AE} + \dfrac{1}{C_0 A_0}} = \left[\frac{4.1 + \dfrac{1}{2} \times 9.5}{1.13 \times 0.8 \times 2.8 \times 10^7} + \frac{1}{1.14 \times 10^6 \times 13.847}\right]^{-1} = 2.421 \times 10^6$$

$$= 1.60 EI$$

(4) 计算桩顶刚度系数 ρ_2、ρ_3、ρ_4

$$\bar{h} = \alpha h = 0.623 \times 9.5 = 5.92 > 4，取 4$$

$$\bar{l_0} = \alpha l_0 = 0.623 \times 4.1 = 2.55$$

查附表 17、附表 18、附表 19 得：$x_Q = 0.136335$, $x_M = 0.295645$, $\varphi_M = 0.8739725$，得

$$\rho_2 = \alpha^3 EI x_Q = 0.0330 EI$$

$$\rho_3 = \alpha^2 EI x_M = 0.115 EI$$

$$\rho_4 = \alpha EI \varphi_M = 0.544 EI$$

(5) 计算承台底面(原)点 O 处位移 a_0、b_0、β_0

$$n\rho_4 + \rho_1 \sum_{i=1}^{n} x_i^2 = 6 \times 0.544 EI + 1.60 EI \times 6 \times 2.1^2 = 45.6 EI$$

$$n\rho_2 = 6 \times 0.0330 EI = 0.198 EI$$

$$n\rho_3 = 6 \times 0.115EI = 0.69EI$$

$$n^2\rho_3^2 = 36 \times 0.115^2(EI)^2 = 0.476(EI)^2$$

代入得

$$b_0 = \frac{N}{n\rho_1} = \frac{7523}{6 \times 1.60EI} = \frac{783.645}{EI}$$

$$a_0 = \frac{(n\rho_4 + \rho_1 \sum_{i=1}^{n} x_i^2)H + n\rho_3 M}{n\rho_2(n\rho_4 + \rho_1 \sum_{i=1}^{n} x_i^2) - n^2\rho_3^2} = \frac{2214.54}{EI}$$

$$\beta_0 = \frac{n\rho_2 M + n\rho_3 H}{n\rho_2(n\rho_4 + \rho_1 \sum_{i=1}^{n} x_i^2) - n^2\rho_3^2} = \frac{139.11}{EI}$$

（6）计算作用在每根桩顶的作用力 P_i、Q_i、M_i

竖向力：

$$P_i = \rho_1(b_0 + x_i\beta_0) = 1.60EI\left(\frac{783.645}{EI} \pm 2.1 \times \frac{139.107}{EI}\right) = \begin{cases} 1721.23 \text{ kN} \\ 786.432 \text{ kN} \end{cases}$$

水平力：

$$Q_i = \rho_2 a_0 - \rho_3\beta_0 = 0.033EI \cdot \frac{2214.54}{EI} - 0.115EI \cdot \frac{139.107}{EI} = 57.08 \text{ kN}$$

弯矩：

$$M_i = \rho_4\beta_0 - \rho_3 a_0 = 0.544EI \cdot \frac{139.107}{EI} - 0.115EI \cdot \frac{2214.54}{EI} = -178.998 \text{ kN} \cdot \text{m}$$

校核：

$$\sum_{i=1}^{n} nP_i = 3 \times (1721.23 + 786.432) = 7522.99 \text{ kN} \approx 7523 \text{ kN}$$

$$nQ_i = 6 \times 57.08 = 342.48 \text{ kN} \approx \sum H = 342.50 \text{ kN}$$

$$\sum_{i=1}^{n} x_i P_i + nM_i = 3 \times (1721.23 - 786.432) \times 2.1 + 6 \times (-178.998)$$

$$= 4815.24 \text{ kN} \cdot \text{m} \approx \sum M = 4815.30 \text{ kN} \cdot \text{m}$$

（7）计算局部冲刷线处桩身弯矩 M_0、水平力 Q_0 及轴向力 P_0

$$M_0 = M_i + Q_i l_0 = -178.998 + 57.08 \times 4.1 = 55.03 \text{ kN} \cdot \text{m}$$

$$Q_0 = 57.08 \text{ kN}$$

$$P_0 = 1721.23 + 1.2 \times 1.13 \times 4.1 \times 15 = 1804.624 \text{ kN}$$

接下来按 3.5 节单排桩算例中内力、配筋的算法进行计算和验算。

3.7　群桩的承载力与变形

3.7.1　群桩基础的工作性状及其特点

群桩基础的竖向分析主要取决于荷载的传递特征，不同受力条件下的基桩有着不同的荷载传递特征，这也就决定了不同类型基桩的群桩基础呈现出不同的工作性状与特点。

1. 端承型群桩基础

端承型群桩基础通过承台分配到各基桩桩顶的荷载，绝大部分或全部由桩身直接传递到桩底，由桩底岩层(或坚硬土层)支承。桩底压力分布面积较小，各桩的压力叠加较小，群桩基础中的各基桩的工作状态近同于独立单桩，其破坏模式近乎刺入破坏，如图3－49(a)所示。因此，一般认为，端承型群桩基础承载力等于各单桩承载力之和，其沉降量等于单桩沉降量。

2. 摩擦型群桩基础

摩擦型群桩基础基桩侧摩阻力引起的土中附加应力通过桩周土体的扩散作用，使桩底处的压力分布范围比桩身截面积大得多。在桩间距较小的情况下，基桩的变形相互影响，其破坏模式呈整体破坏，如图3－49(b)所示。

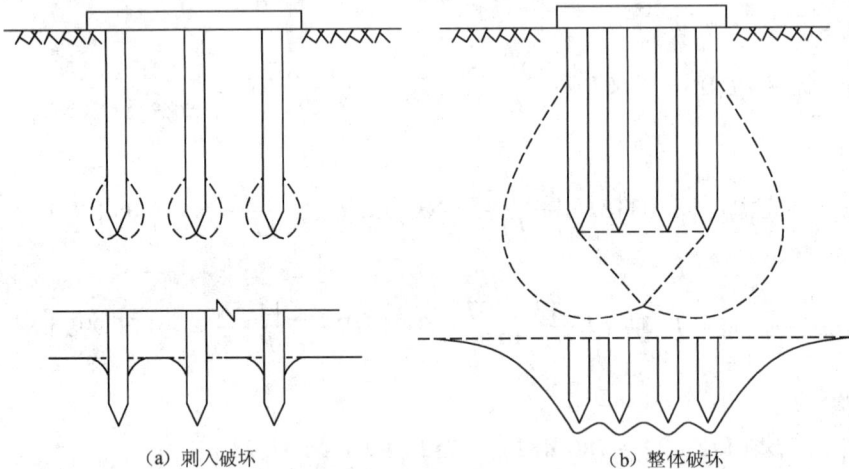

(a) 刺入破坏　　　　　　　　　　　(b) 整体破坏

图3－49　群桩破坏模式

摩擦型群桩基础受竖向荷载后，由于承台、桩、土的相互作用使其桩侧阻力、桩端阻力、沉降等性状发生变化而与单桩明显不同，这种群桩不同于单桩的工作性状所产生的效应称其为群桩效应，它主要表现在对桩基承载力和沉降的影响上。

影响群桩基础承载力和沉降的因素很复杂，与桩距、桩数、桩长、土的性质、群桩的平面布置形式、承台尺寸大小等多因素有关，其中桩距是主要影响因素，其次是桩数。通常认为当桩的中心距超过6倍的桩径时，可不考虑群桩效应。

3.7.2　群桩基础承载力验算

现行桥梁基础规范规定：9根桩及9根以上的多排摩擦桩群桩基础在桩端平面内桩距小于6倍桩径时，群桩作为整体基础验算桩端平面处土的承载力。

将群桩基础视为相当于 $cdef$ 范围内的实体基础，桩侧外力认为以 $\varphi/4$ 角向下扩散，如图3－50所示，可按下式验算桩底平面处土层的承载力：

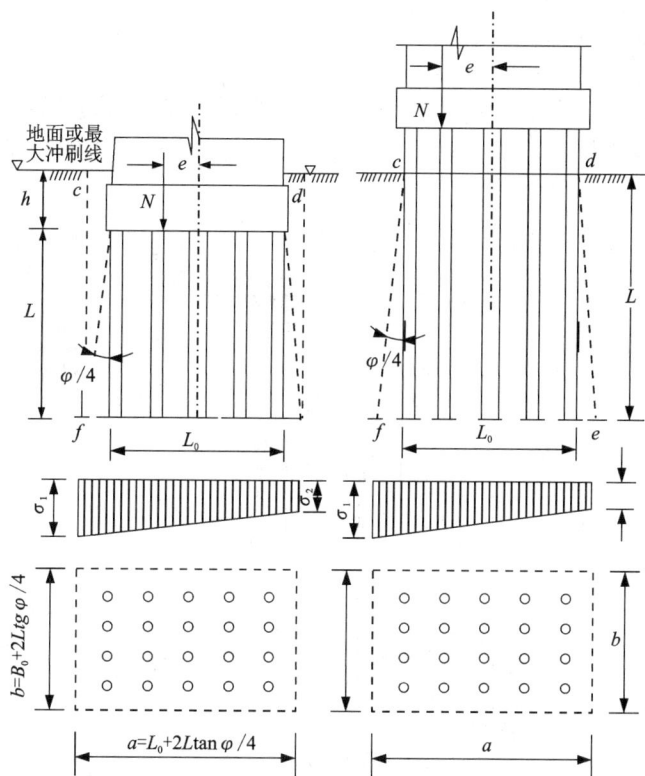

图 3 − 50　摩擦群桩应力分布

$$\sigma_{max} = \bar{\gamma} l + \gamma h - \frac{BL\gamma h}{A} + \frac{N}{A}\left(1 + \frac{eA}{W}\right) \leq \gamma_R [f_a] \qquad (3-65)$$

式中：σ_{max}—— 桩底平面处的最大压应力（kPa）；

　　　$\bar{\gamma}$—— 桩底以上土的平均容重（kN/m³）；

　　　l—— 低桩承台基础为承台底面到桩端的距离；高桩承台基础为局部冲刷线以下的桩长（m）；

　　　γ—— 承台底面以上土的容重（kN/m³）；

　　　L、R—— 承台的长度、宽度（m）；

　　　N—— 作用效应的短期组合，作用于承台底面合力的竖直分力（kN）；

　　　e—— 作用于承台底面合力的竖直分力对桩底平面重心轴的偏心距（m）；

　　　A—— 假想的实体基础在桩端平面处的计算面积，即 $a \cdot b$（m²）；

　　　a、b—— 假想的实体基础在桩端平面处的长和宽，$a(b) = L_0(B_0) + 2l\tan\varphi/4$（m）；

　　　L_0、B_0—— 外排桩在纵桥向和横桥向的外边缘间的距离（m）；

　　　W—— 假想的实体基础在桩端平面处的截面模量（m³）；

　　　h—— 承台底面到地面（或局部冲刷线）的距离（m）；

　　　$[f_a]$—— 桩端平面处的容许承载力，或承载力设计值，应经过埋深（$h + l$）修正；

　　　γ_R—— 抗力系数。

持力层下有软弱土层时，还应验算软弱下卧层的承载力。

3.7.3　群桩基础沉降验算

当桩基为端承桩或桩端平面内桩距大于 6 倍桩径时，桩基总沉降量可取单桩沉降量。其他情况下作为整体基础考虑，如图 3 – 51 所示，采用分层总和法计算群桩沉降量，并应计入桩身沉降量。

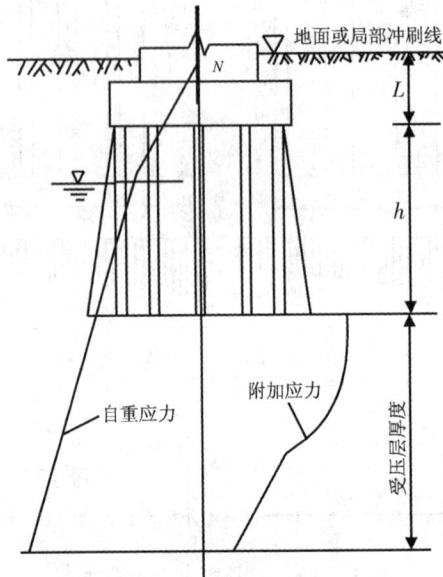

图 3 – 51　群桩地基变形计算

墩台基础的沉降应满足下列要求：

（1）相邻墩台间不均匀沉降差值（不包括施工中的沉降），不应使桥面形成大于 0.2% 的附加纵坡（折角）。

（2）超静定结构桥梁墩台间不均匀沉降差值，还应满足结构的受力要求。

3.8　承台的设计与计算

承台是一种板式结构，它将各桩基连接成整体。其应有足够的强度和刚度，以便把上部结构的荷载传递给各桩，并将各单桩连接成整体。

承台设计包括承台材料、形状、高度、底面标高和平面尺寸的确定以及强度验算，并要符合构造要求。

承台按承载能力极限状态下的基本组合设计，一般应进行局部受压、抗冲剪、抗弯和抗剪验算。

3.8.1　桩顶处的局部受压验算

桩顶作用于承台混凝土的压力，如不考虑桩身与承台混凝土间的黏着力，局部承压时，按下式计算

$$\gamma_0 N_d \leqslant 0.9\beta A_1 f_{cd} \tag{3-66}$$

式中：γ_0——结构重要性系数；

　　　N_d——承台内一根基桩承受的最大轴向力计算值(kN)；

　　　β——局部承压强度提高系数，$\beta = \sqrt{\dfrac{A_b}{A_1}}$；

　　　A_1——承台内桩基桩顶横截面面积(m^2)；

　　　A_b——承台内计算底面积(m^2)，计算方法详见《公路圬工桥涵设计规范》(JTG D61—2005)；

　　　f_{cd}——混凝土轴心抗压强度设计值(kN/m^2)。

如验算结果不符合上式要求，应在承台内桩的顶面以上设置 1 至 2 层钢筋网，钢筋网的边长应大于桩径的 2.5 倍，钢筋直径不宜小于 12 mm，网孔为 100 mm × 100 mm。

3.8.2　桩对承台的冲剪验算

1. 柱或墩台向下冲切承台

柱或墩台向下冲切的破坏锥体采用自柱或墩台边缘至相应桩顶边缘连接构成的锥体；桩顶位于承台顶面以下一倍有效高度 h_0 处。锥体斜面与水平面夹角，不应小于 45°，当小于 45° 时，取 45°。

$$\gamma_0 F_{1d} \leqslant 0.6 f_{td} h_0 [2\alpha_{px}(b_y + a_y) + 2\alpha_{py}(b_x + a_x)] \tag{3-67}$$

$$a_{px} = \frac{1.2}{\lambda_x + 0.2}$$

$$a_{py} = \frac{1.2}{\lambda_y + 0.2}$$

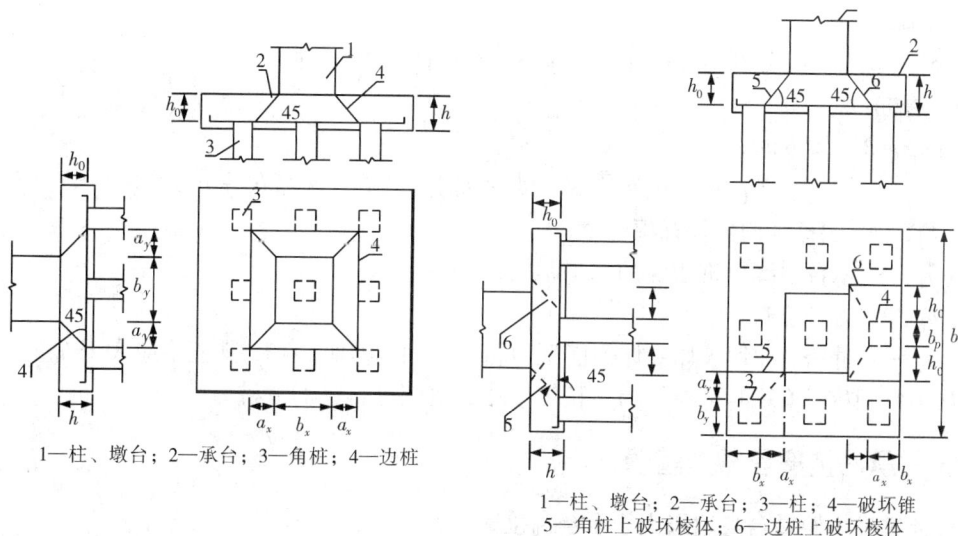

1—柱、墩台；2—承台；3—角桩；4—边桩

1—柱、墩台；2—承台；3—柱；4—破坏锥
5—角桩上破坏棱体；6—边桩上破坏棱体

图 3 - 52　承台冲切破坏棱体

式中: F_{1d}——作用于破坏棱体上的冲切力设计值,可取柱或墩台的竖向力设计值减去锥体范围内桩的反力设计值;

γ_0——桥梁结构重要性系数;

b_x、b_y——桩或墩台作用面积的边长;

a_x、a_y——冲跨,冲切破坏锥体侧面顶边与底边间的水平距离,即柱或墩台到桩边缘的水平距离,其值不应大于 h_0;

λ_x、λ_y——冲跨比,$\lambda_x = a_x/h_0$,$\lambda_y = a_y/h_0$,当 $a_x < 0.2h_0$ 或 $a_y < 0.2h_0$ 时,取 $a_x = 0.2h_0$ 或 $a_y = 0.2h_0$;

a_{px}、a_{py}——分别与冲跨比 λ_x、λ_y 对应的冲切承载力系数;

f_{td}——混凝土轴心抗拉强度设计值。

2. 柱或墩台向下冲切破坏锥体以外的角桩和边桩向上冲切承台

柱或墩台向下的冲切破坏锥体以外的角桩和边桩,其向上冲切承台的冲切承载力按下列规定计算:

1)角桩

$$\lambda_0 F_{1d} \leqslant 0.6 f_{td} h_0 \left[2a'_{px}(b_y + a_y/2) + 2a'_{py}(b_x + a_x/2) \right] \tag{3-68}$$

$$a'_{px} = \frac{0.8}{\lambda_x + 0.2}$$

$$a'_{py} = \frac{0.8}{\lambda_y + 0.2}$$

式中: F_{1d}——角桩竖向力设计值;

b_x、b_y——承台边缘至桩内边缘的水平距离;

a_x、a_y——冲跨,冲切破坏锥体侧面顶边与底边间的水平距离,其值不应大于 h_0;

λ_x、λ_y——冲跨比,$\lambda_x = a_x/h_0$,$\lambda_y = a_y/h_0$,当 $a_x < 0.2h_0$ 或 $a_y < 0.2h_0$ 时,取 $a_x = 0.2h_0$ 或 $a_y = 0.2h_0$;

a'_{px}、a'_{py}——分别与冲跨比 λ_x、λ_y 对应的冲切承载力系数。

2)边桩

当 $b_p + 2h_0 \leqslant b$ 时,

$$\gamma_0 F_{1d} \leqslant 0.6 f_{td} h_0 \left[2a'_{py}(b_p + h_0) + 0.667 \times (2b_x + a_x) \right] \tag{3-69}$$

式中: F_{1d}——边桩竖向力设计值;

b_x——承台边缘至桩边缘的水平距离;

b_p——方桩边长;

a_x——冲跨,冲切破坏锥体侧面顶边与底边间的水平距离,其值不应大于 h_0。

如果是圆桩,检算时可换算为边长等于 0.8 倍圆桩直径的方桩。

3.8.3　承台抗弯承载力验算

1. 外排桩中距墩台身边缘大于承台高度时

当承台下面外排桩中距墩台身边缘大于承台高度时,其正截面(垂直于 x 轴和 y 轴的竖向截面)抗弯承载力可作为悬臂梁,按"梁式体系"计算。

1)承台截面计算宽度

（1）当桩中距不大于 3 倍桩边或桩直径时，取承台全宽；

（2）当桩中距大于 3 倍桩边长或直径时，

$$b_s = 2a + 3D(n-1) \tag{3-70}$$

式中：b_s——承台截面计算宽度；

　　　a——平行于计算截面的边桩中心距离承台边缘距离；

　　　D——桩边长或桩直径；

　　　n——平行于计算截面的桩根数。

2）承台计算截面弯矩设计值

$$M_{xcd} = \sum N_{id} y_{ci} \tag{3-71}$$

$$M_{ycd} = \sum N_{id} x_{ci} \tag{3-72}$$

式中：M_{xcd}、M_{ycd}——计算截面外侧各桩竖向力产生的绕 x 轴和 y 轴在计算截面处的弯矩组合设计值；

　　　N_{id}——计算截面外侧第 i 排桩竖向力设计值，取该排桩根数乘以该排桩中最大单桩竖向设计值；

　　　x_{ci}、x_{ci}——垂直于 y 轴和 x 轴方向，自第 i 排桩中心线至计算截面距离。

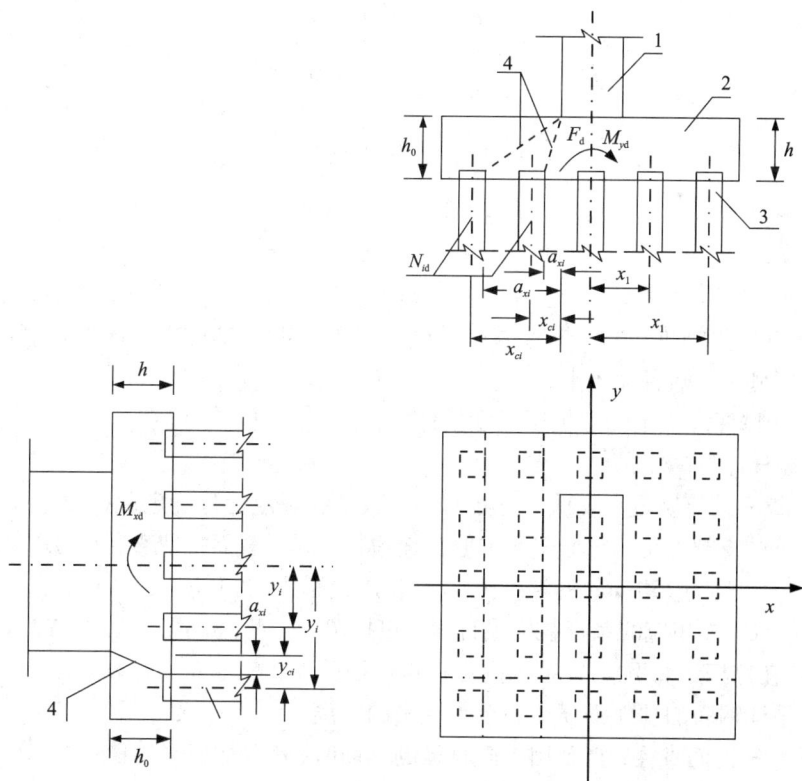

图 3－53　桩基承台计算

1—墩身；2—承台；3—桩；4—剪切破坏斜截面

2. 外排桩中距墩台身边缘小于等于承台高度时

当外排桩中心距墩台柱边缘等于或小于承台高度时，承台属短悬臂结构，可按"撑杆 – 系杆体系"计算撑杆的抗压承载力和系杆的抗拉承载力，如图 3 – 54 所示。

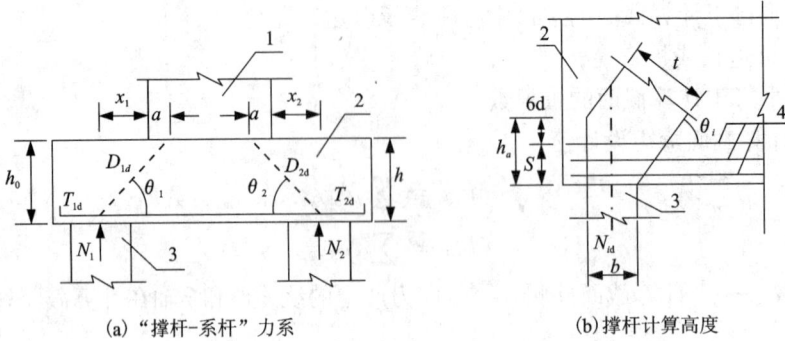

(a)"撑杆-系杆"力系　　　　　　(b)撑杆计算高度

图 3 – 54　承台按"撑杆 – 系杆体系"计算

1— 墩身；2— 承台；3— 桩；4— 系杆钢筋

撑杆抗压承载力可按下式计算：

$$\gamma_0 D_{id} \leqslant t b_s f_{cd,s} \tag{3-73}$$

$$f_{cd,s} = \frac{f_{cu,k}}{1.43 + 304\varepsilon_1} \leqslant 0.48 f_{cu,k} \tag{3-74}$$

$$\varepsilon_1 = \left(\frac{T_{id}}{A_s E_s} + 0.002\right) \cot^2\theta_i \tag{3-75}$$

$$t = b\sin\theta_i + h_a\cos\theta_i \tag{3-76}$$

$$h_a = s + 6d \tag{3-77}$$

式中：D_{id}——撑杆压力设计值，包括 $D_{1d} = N_{1d}/\sin\theta_1$，$D_{2d} = N_{2d}/\sin\theta_2$，其中 N_{1d} 和 N_{2d} 分别为承台悬臂下面"1"排桩和"2"排桩内该排桩的根数乘以该排桩中最大单桩竖向力设计值，式中 D_{id} 取 D_{1d} 和 D_{2d} 两者较大者；

　　$f_{cd,s}$——撑杆混凝土轴心抗压强度设计值；

　　t——撑杆计算高度；

　　b_s——撑杆计算宽度，按承台正截面计算宽度的规定计算确定；

　　b——桩的支撑宽度，方形截面桩取截面边长，圆形截面桩取直径的 0.8 倍；

　　$f_{cu,k}$——边长为 150 mm 的混凝土立方体抗压强度标准值；

　　T_{id}——与撑杆相应的系杆拉力设计值，包括 $T_{1d} = N_{1d}/\tan\theta_1$，$T_{2d} = N_{2d}/\tan\theta_2$；

　　A_s——在撑杆计算宽度 b_s 范围内系杆钢筋截面面积；

　　s——系杆钢筋的顶面钢筋中心至承台底的距离；

　　d——系杆钢筋直径，当采用不同直径的钢筋时，d 取加权平均值；

　　θ_i——撑杆压力线与系杆拉力线的夹角，包括：$\theta_1 = \arctan\dfrac{h_0}{a + x_1}$、$\theta_2 = \arctan\dfrac{h_0}{a + x_2}$，

其中，h_0 为承台有效刚度；a 为撑杆压力线在承台顶面的作用点至墩台边缘的距离，取 $a = 0.15h_0$；x_1 和 x_2 为桩中心至墩台边缘的距离。

系杆抗拉承载力计算：

$$\gamma_0 T_{id} \leqslant f_{sd} A_s \qquad (3-78)$$

式中：T_{id}—— 系杆拉力设计值，取 T_{1d} 与 T_{2d} 两者较大者；

f_{sd}—— 系杆钢筋抗拉强度设计值。

3.8.4 承台斜截面抗剪承载力验算

承台斜截面抗剪承载力计算应符合下列规定：

$$\gamma_0 V_d \leqslant \frac{0.9 \times 10^{-4}(2+0.6P)\sqrt{f_{cu,k}}}{m} b_s h_0 \qquad (3-79)$$

式中：V_d—— 承台悬臂下面桩的竖向力设计值产生的计算斜截面以外各排桩最大剪力设计值的总和（kN）；每排桩的竖向设计值，取其中一根最大值乘以该排桩根数；

$f_{cu,k}$—— 边长为 150 mm 的混凝土立方体抗压强度标准值（MPa）；

P—— 斜截面内纵向受拉钢筋的配筋百分率，$P = 100\rho$，$\rho = A_s/bh_0$，当 $P > 2.5$ 时，取 $P = 2.5$，其中 A_s 为承台截面计算宽度内纵向受拉钢筋截面面积；

m—— 剪跨比，$m = a_{xi}/h_0$ 或 $m = a_{yi}/h_0$，当 $m < 0.5$ 时，取 $m = 0.5$；

b_s—— 承台计算宽度（mm）；

h_0—— 承台有效高度（mm）。

当承台的同方向可作出多个斜截面破坏面时，应分别对每个斜截面进行抗剪承载力验算。注意：该公式两边的量纲不统一，计算时应严格按照符号说明中各变量的单位量纲代入数据。

3.9 桩基础设计内容及步骤

设计桩基础时，首先应该搜集必要的资料，包括上部结构型式与使用要求、荷载的性质与大小、地质和水文资料以及材料供应和施工条件等。据此拟定出设计方案（包括选择桩基类型、桩长、桩径、桩数、桩的布置、承台位置与尺寸等），然后进行基桩和承台以及桩基础整体的强度、稳定、变形验算，经过计算、比较、修改，以保证承台、基桩和地基在强度、变形及稳定性方面满足安全和使用上的要求，并同时考虑技术和经济上的可能性与合理性，最后确定较理想的设计方案。

3.9.1 计算承台底面中心点处荷载 N、H、M

为了保证结构的可靠性，需要确定同时作用在结构上的各种作用，以及各种作用同时出现标准值的概率大小。因此，当结构承受两种或两种以上的可变作用时，应考虑多种作用效应的相互叠加，即作用效应组合，并计入作用效应组合系数。全面而合理的作用效应组合是桥梁结构设计的关键，各种作用效应组合与预期中桥梁所能达到的极限状态有关。现行公路（铁路）桥涵设计基准期大都为 100 年，在设计计算时应考虑基准期内各种可能出现的作用效应组合，并分别按承载能力极限状态（基本组合和偶然组合）和正常使用极限状态（短期效应组合和长期效应组合）进行设计。各类组合效应设计值的计算可以参考《公路（铁路）桥涵设计通用规范》。基础工程设计时一般按下列要求进行效应组合并验算。

（1）基础结构自身承载力及稳定性应采用作用效应基本组合和偶然组合进行验算，例如基桩和承台结构的内力及配筋计算。

（2）进行地基竖向承载力或桩基竖向承载力验算时，传至基底或承台底面的作用效应应按正常使用极限状态的短期效应组合（可变作用频遇系数取1，且汽车荷载计入冲击系数）采用，同时应考虑作用效应的偶然组合（不计地震及结构重要性系数，作用效应的分项系数、频遇系数和准永久值系数取1）；

（3）计算基础沉降时，传至基础底面的作用效应应按正常使用极限状态下作用长期效应组合采用。该组合仅为直接施加于结构上的永久作用标准值（不计混凝土收缩及徐变作用、基础变位作用）和可变作用准永久值（仅指汽车荷载和人群荷载）引起的效应。

在进行作用效应组合时，应考虑可能出现的最不利荷载组合情况。所谓"最不利荷载组合"，就是指组合起来的荷载，应产生相应的最大力学效能。一般说来，不经过计算是较难判断哪一种荷载组合最为不利，必须用分析的方法，对各种可能的最不利荷载组合进行计算后，才能得到最后的结论。由于活载（车辆荷载）的排列位置在纵横方向都是可变的，它将影响各支座传递给墩台及基础的支座反力的分配数值，以及台后由车辆荷载引起的土侧压力大小等，因此车辆荷载的排列位置往往对确定最不利荷载组合起着支配作用，对于不同验算项目（强度、偏心距及稳定性等），可能各有其相应的最不利荷载组合，应分别进行验算。

此外，许多可变荷载其作用方向在水平投影面上常可以分解为纵桥向和横桥向，因此一般也需要按此两个方向进行地基与基础的计算，并考虑其最不利荷载组合，比较出最不利者来控制设计。桥梁的地基与基础大多数情况下为纵桥向控制设计，但对于有较大横桥向水平力（风力、船只撞击力和水压力等）作用时，也需进行横桥向计算，可能为横桥向控制设计。

3.9.2　桩基础类型的选择

选择桩基础类型时，应根据设计要求和现场的条件，并考虑各种类型桩基础具有的不同特点，综合分析、选择。

承台底面的标高应根据桩的受力情况、桩的刚度和地形、地质、水流、施工等条件确定。承台低，稳定性较好，但在水中施工难度较大，因此可用于季节性河流、冲刷小的河流或旱地上其他结构物的基础。当承台埋设于冻胀土层中时，为了避免由于土的冻胀引起桩基础损坏，承台底面应位于冻结线以下不少于0.25 m。对于常年有流水，冲刷较深，或水位较高，施工排水困难的情况，在受力条件允许时，应尽可能采用高桩承台。

桩型与施工方法应根据地质情况、上部结构要求、桩的使用功能和施工技术设备等条件来确定。

3.9.3　桩径、桩长拟定

桩径与桩长的设计，应综合考虑荷载的大小、土层性质与桩周土阻力状况、桩基类型与结构特点、桩的长径比以及施工设备与技术条件等因素后确定，力争做到既满足使用要求，又造价经济，最有效地利用和发挥地基土和桩身材料的承载性能。

设计时，首先拟定尺寸，然后通过基桩计算和验算，视所拟定的尺寸是否经济合理，再行最后确定。

1. 桩径拟定

桩的类型选定后，桩的横截面(桩径)可根据各类桩的特点与常用尺寸选择确定。

2. 桩长拟定

确定桩长的关键在于选择桩端持力层，因为桩端持力层对于桩的承载力和沉降有着重要影响。设计时，可先根据地质条件选择适宜的桩端持力层初步确定桩长，并应考虑施工的可行性(如钻孔灌注桩钻机钻进的最大深度等)。

如果先确定了桩数和布桩形式，桩长也可以根据所需的基桩承载力按下式估算：

$$[R_a] \geqslant \mu \frac{N}{n} \tag{3-80}$$

式中：n—— 桩的根数；

N—— 作用在承台底面上的竖向荷载，按产生最大竖向力的短期组合估算(kN)；

$[R_a]$—— 单桩容许承载力或单桩承载力设计值(kN)；

μ—— 考虑偏心荷载时各桩受力不均而适当增加桩数的经验系数，可取 $\mu = 1.1 \sim 1.2$。

将桩底置于岩层或坚硬的土层上，可以得到较大的承载力和较小的沉降量。如在施工条件容许的深度内没有坚硬土层存在，应尽可能选择压缩性较低、强度较高的土层作为持力层，要避免使桩底坐落在软土层上或离软弱下卧层的距离太近，以免桩基础发生过大的沉降。

对于摩擦桩，有时桩底持力层可能有多种选择，此时确定桩长与桩数两者相互牵连，遇此情况，可通过试算比较，选择较合理的桩长。摩擦桩的桩长不应拟定太短，一般不应小于 4 m。因为桩长过短达不到设置桩基把荷载传递到深层或减小基础下沉量的目的，且必然增加很多桩数，扩大了承台尺寸，也影响施工的进度。此外，为保证发挥摩擦桩桩底土层支承力，桩底端部应尽可能达到该土层的桩端阻力的临界深度。

3.9.4　确定基桩根数及其平面布置

1. 桩的根数估算

基础所需桩的根数可根据承台底面上的竖向荷载和单桩容许承载力按下式估算：

$$n \geqslant \mu \frac{N}{[R_a]} \tag{3-81}$$

式中：各符号意义同式(3-80)。

桩数的确定与承台尺寸、桩长及桩的间距的确定相关联，确定时应综合考虑。

2. 桩间距的确定

桩的中距应符合以下要求：

(1) 摩擦桩。锤击、静压沉桩，在桩端处的中距不应小于桩径(或边长)的 3 倍，对于软土地基宜适当增大；振动沉入砂土内的桩，在桩端处的中距不应小于桩径(或边长)的 4 倍。桩在承台底面处的中距不应小于桩径(或边长)的 1.5 倍。

钻(挖)孔桩中距不应小于桩径的 2.5 倍。

(2) 端承桩。支承或嵌固在基岩中的钻(挖)孔桩中距，不应小于桩径的 2.0 倍。

(3) 扩底灌注桩。钻(挖)孔扩底灌注桩中距不应小于 1.5 倍扩底直径或扩底直径加 1.0 m，取较大者。

3. 桩的平面布置

群桩的布置可采用对称形、梅花形或环形。为使各桩受力均匀，充分发挥每根桩的承载能力，设计布置时，应尽可能使桩群横截面的重心与荷载合力作用点重合或接近，通常桥墩桩基础中的基桩采取对称布置，而桥台多排桩桩基础视受力情况在纵桥向采用非对称布置。

边桩（或角桩）外侧与承台边缘的距离，对于直径（或边长）小于或等于 1.0 m 的桩，不应小于 0.5 倍桩径（或边长），并不应小于 250 mm；对于直径大于 1.0 m 的桩，不应小于 0.3 倍桩径（或边长），并不应小于 500 mm。

3.9.5 桩基础设计计算与验算内容

1. 单桩轴向承载力验算

应分别按桩身材料强度和岩土的阻力计算单桩承载力容许值，并对以最不利荷载组合计算出的受轴向力最大的一根桩基进行验算。满足要求：

$$P_{max} + G \leqslant [R_a] \tag{3-82}$$

式中：P_{max}——作用于桩顶上最大轴向力（kN）；

    G——桩重（kN），桩身自重与置换土重（当自重计入浮力时，置换土重也计入浮力）的差值；

    $[R_a]$——单桩轴向承载力容许值（kN），应取按土的阻力和材料强度算得结果中的较小值。

2. 单桩横向承载力验算

当有水平静载试验资料时，可直接验算桩的水平承载力容许值是否满足底面处水平力的要求。无水平静载试验资料时，均应验算桩身截面强度。

3. 桩身截面配筋与强度检算

根据单（多）排桩基桩内力计算结果，确定桩身最大弯矩 M_{max} 数值和位置，并计算该截面的轴力 N，按照圆形偏心受压构件（当截面均匀布置钢筋时）验算基桩的配筋和承载力，并进行抗裂验算。

4. 单桩水平位移及墩台顶水平位移验算

基桩在地面或最大冲刷线处的水平位移不超过 6 mm。

在荷载作用下，墩台水平位移值的大小，除了与墩台本身材料受力变位有关外，还取决于桩柱的水平位移及转角，因此墩台顶水平位移验算还包括对单桩水平位移的检验。墩台顶的水平位移 Δ 按下式计算：

$$\Delta = a_0 + \beta_0 \cdot l_1 + \frac{H' l_2^3}{3EI} + \frac{M' l_2^2}{2EI} \leqslant 0.5\sqrt{L} \tag{3-83}$$

式中：EI——桥墩墩柱纵桥向的抗弯刚度；

    l_1——自墩顶到承台底面的高度（m）；

    l_2——从墩顶到墩底高度（m）；

    H'、M'——正常使用极限状态短期效应组合下墩顶受到的水平力和力矩（kN）。

5. 群桩基础承载力和沉降量的验算

现行桥梁基础规范规定：9 根桩及 9 根以上的多排摩擦桩群桩基础在桩端平面内桩距小于 6 倍桩径时，群桩作为整体基础验算桩端平面处土的承载力。持力层下有软弱土层时，还应验算软弱下卧层的承载力。

桩基沉降量验算包括总沉降量和相邻墩台沉降差。

6. 承台强度验算

承台作为构件,一般应进行局部受压、抗冲切、抗弯和抗剪强度验算。

3.9.6　桩基础设计流程

桩基础设计是一个系统工程工作,包含着方案设计与施工图设计。为取得良好的技术与经济效果,宜拟定多个方案进行比选,优选最佳方案。

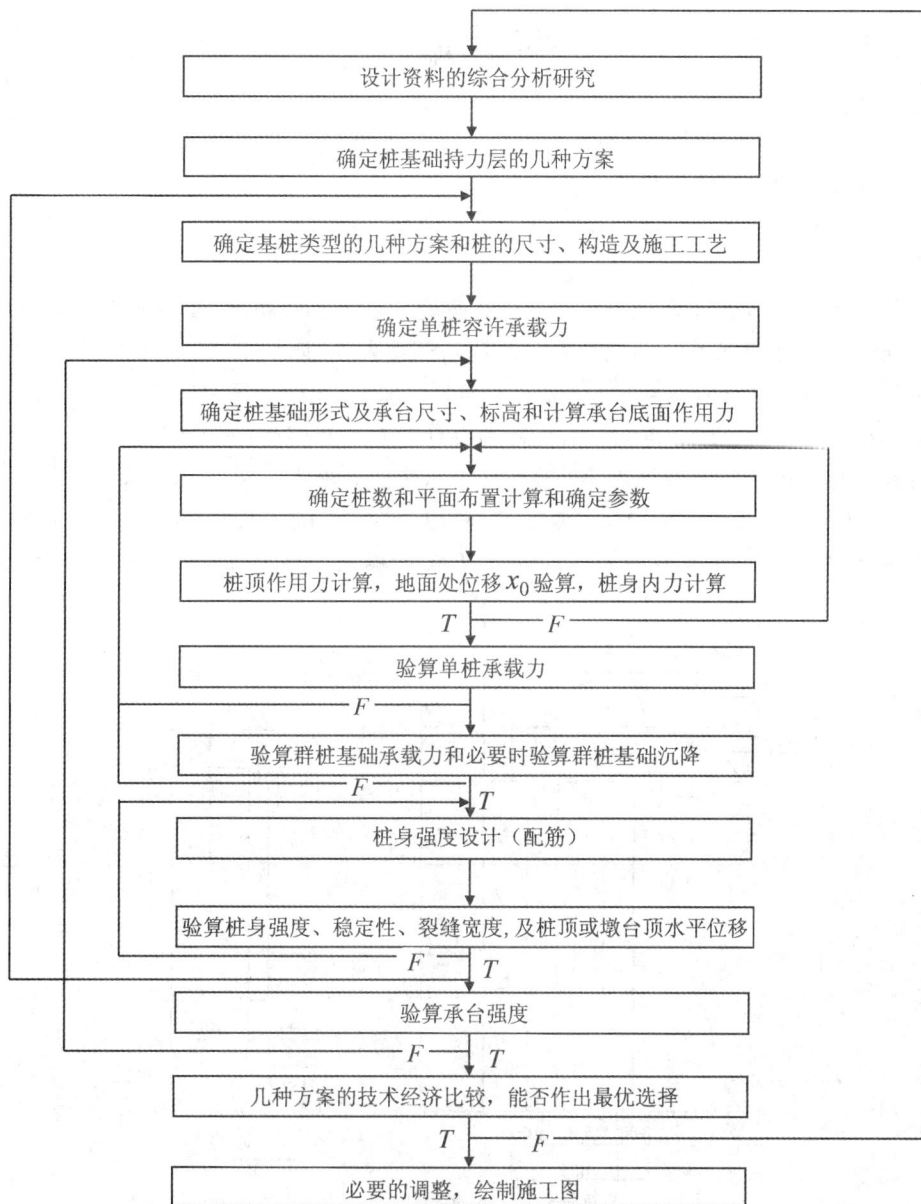

图 3 - 55　桩基础设计流程示意框图

重点与难点

重点：

(1) 桩基础的构造；(2) 单桩轴向承载容许承载力计算；(3) 单、多排桩基桩内力与位移计算；(4) 承台的设计计算

难点：

(1) m 法计算基桩内力；(2) 多排桩基础的荷载分配

思考与练习

1. 桩的类型有哪些?柱桩和摩擦桩受力情况有何不同?

2. 桩的单桩轴向承载力容许值如何确定?

3. 桩的负摩阻力产生原因是什么?对桩的受力有何影响?其后果及减小负摩阻力的措施有哪些?

4. 简单说明 m 法的基本原理和假设要点，与现有其他方法相比，m 法的优点是什么?

5. 用 m 法对对单排桩基础的设计和计算包括哪些内容?计算步骤怎么样?

6. 桩基础的设计包括哪些内容?通常验算哪些内容?怎样进行这些验算?

7. 多排桩各桩受力分配计算时，采用的主要计算参数有哪些?

8. 某桥墩为多排钻孔灌注桩基础，承台及桩基尺寸如图 3 – 56 所示，纵桥向作用于承台底面荷载(基本组合)为：$N = 7234.4$ kN、$H = 298.8$ kN、$M = 325.3$ kN·m。一般冲刷线以下土层分布如下：自一般冲刷线起，第一层为软塑黏土，厚度 $h_1 = 5.5$ m，容重 $\gamma_1' =$

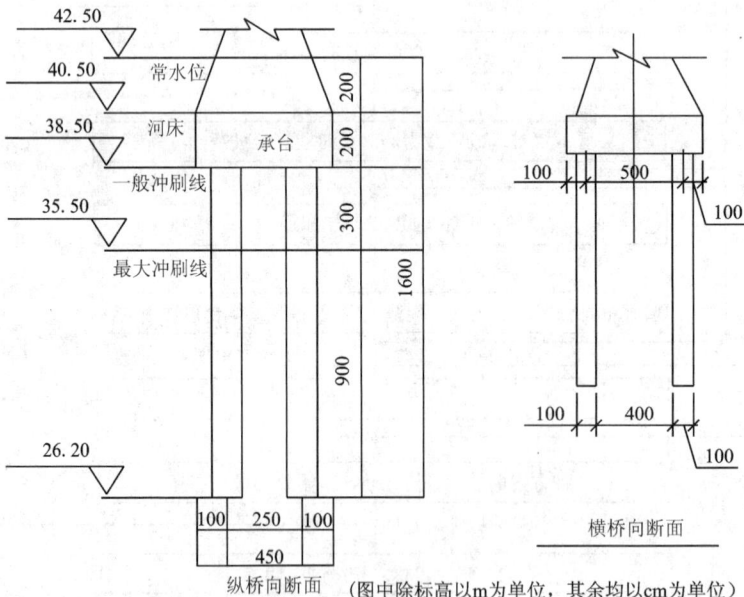

纵桥向断面　　(图中除标高以m为单位，其余均以cm为单位)

横桥向断面

图 3 – 56

8.5 kN/m^3(已考虑浮力)，地基比例系数 m_1 = 6000 kN/m^4，内摩擦角 φ = 20°，黏聚力 c = 10 kPa，桩侧摩阻力标准值 q_{k1} = 40 kPa；其下均为密实粗砂，容重 $\gamma_2{}'$ = 10.5 kN/m^3(已考虑浮力)，地基比例系数 m_2 = 15000 kN/m^4，内摩擦角 φ = 40°，黏聚力 c = 0，桩侧摩阻力标准值 q_{k2} = 100 kPa，地基土承载力基本容许值[f_{a0}] = 400 kPa。计算基桩内力并进行配筋计算。

第 4 章

基坑工程

随着城市建设的发展，地下空间在世界各大城市得到了开发利用，如高层建筑地下室、地下停车场、地下商城、地下民防工事以及多种地下民用和工业设施等。在我国，地铁及高层建筑的兴建，产生了大量的基坑（深基坑）工程。

基坑（foundation pit）是指为进行建（构）筑物基础与地下室的施工所开挖的地面以下基础空间。基坑按开挖深度分为深基坑（开挖深度 $H \geqslant 5$ m）和浅基坑（$H < 5$ m）；按开挖方式分为放坡开挖、支护开挖两大类；按基坑侧壁安全等级分为一、二、三等级。

为保证基坑施工、主体地下结构的安全和周围环境不受损害而采取的支护结构、降水和土方开挖与回填，包括勘察、设计、施工、监测和检测等，称为基坑工程。基坑工程主要包括围护结构的设置和土方开挖两个方面。围护结构通常是一种临时结构，安全储备较小，具有比较大的风险，但围护结构的正确、合理设置对整个工程是至关重要的。本章将着重阐述，基坑工程中围护结构涉及的相关知识。

4.1 围护结构形式及适用范围

4.1.1 围护结构

基坑支护是为保证地下结构施工及基坑周边环境的安全，对基坑侧壁及周边环境采用的支挡、加固与保护措施。基坑支护体系一般包括两部分：挡土体系与止水降水体系。基坑支护体系一般要承受土压力与水压力，起到挡土与挡水的作用。一般情况下支护结构和止水帷幕共同形成止水体系，但尚有以下两种止水体系：一种是止水帷幕自成止水体系；另一种是支护结构本身也起止水帷幕的作用。

随着基坑支护结构研究与实践的不断深入，迄今为止基坑工程实践已形成多种成熟的支护结构类型，每种类型都有自身的适用条件、工程经济性等方面的特点。因此要综合考虑每个工程规模周边环境工程水文地质条件等因素，合理选用适合实际工程项目的支护结构形式。

工程中常用的基坑支护结构有：排桩支护；桩撑、桩锚、排桩悬臂；地下连续墙支护；地连墙 + 支撑；水泥挡土墙；土钉墙（喷锚支护）；逆作拱墙；原状土放坡；上述两种或者两种以上方式的合理组合等（表 4 - 1）。设计时应根据每种支护结构形式的特点进行选型。

表 4 – 1　支护结构的选型

结构形式	适用条件
排桩、地下连续墙	适用于基坑侧壁安全等级为一、二、三级 悬臂式结构在软土场地中不宜大于 5 m 地下水位高于基坑底面时，宜采用降水、排桩加截水帷幕或地下连续墙
水泥土墙	适用于基坑侧壁安全等级为二、三级 水泥土桩施工范围内地基土承载力不宜大于 150 kPa 基坑深度不宜大于 6 m
土钉墙	基坑侧壁安全等级宜为二、三级的非软土场地 基坑深度不宜大于 12 m 地下水位高于基坑底面时应采取降水或截水措施
逆作拱墙	基坑侧壁安全等级宜为二、三级 淤泥和淤泥质土场地不宜采用 拱墙轴线的矢跨比不宜小于 1/84，基坑深度不宜大于 12 m 地下水位高于基坑底面时应采取降水或截水措施
放坡	基坑侧壁安全等级宜为三级 施工现场满足放坡条件 可独立或与上述其他结构结合使用 当地下水位高于坡脚时，应采取降水措施

注：1. 当基坑不同部位的周边环境条件、土层性状、基坑深度等不同时，可在不同部位分别采用不同的支护形式。

2. 支护结构可采用上、下部以不同结构类型组合的形式。

基坑在开挖过程中，用于撑护、围护、加固基坑周边的土体，抵抗外部荷载，阻止地下水流失，并使基坑周边的土体、水体及建筑物保持相对稳定的结构的构件等统称为围护结构。

基坑围护结构的形式按施工工艺的不同主要有以下几种。

1. 放坡开挖及土钉墙

放坡是指为了防止土壁塌方，确保施工安全，当挖方超过一定深度或填方超过一定高度时，其边沿应放出的足够的边坡。土方边坡用边坡坡度和坡度系数表示，工程中常用 1:K 表示放坡坡度。K 称为放坡系数。放坡系数指放坡宽度 b 与挖土深度 H 的比值，即 $K = b/H$。放坡开挖的示意图如图 4 – 1 所示。

土钉墙是一种原位土体加筋技术，将基坑边坡通过由钢筋制成的土钉进行加固，边坡表面铺设一道钢筋网后再喷射一层砼面层，是和土方边坡相结合的边坡加固型支护施工方法。其构造为设置在坡体中的加筋杆件（即土钉或锚杆）与其周围土体牢固黏结形成的复合体，以及面层所构成的类似重力挡土墙的支护结构。

放坡开挖分为有支护和无支护两种方式，土钉墙虽然在情况特殊时采用直立开挖，但在一般情况下也会设置一定的开挖坡度，故从施工原理上也属于放坡开挖有支护的一种，示意图如图 4 – 2 所示。

放坡开挖设计原则是通过选择安全合理的开挖坡率和支护参数，使开挖后的土体依靠自身或土钉加固后，能保持施工期的稳定。

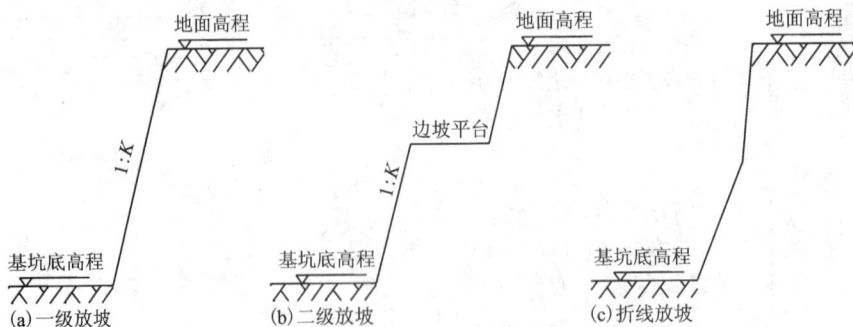

图 4 - 1　放坡开挖(无支护)示意图

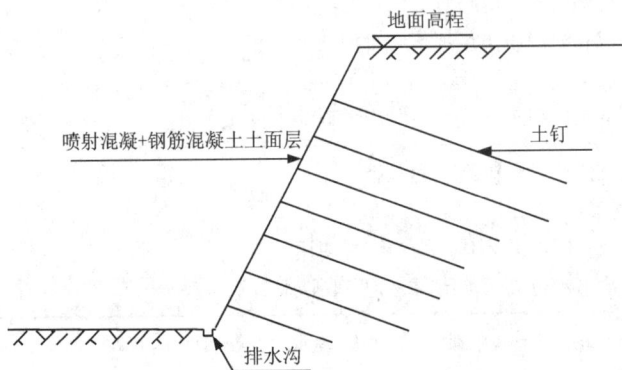

图 4 - 2　土钉墙放坡开挖示意图

2. 有支护开挖

由于基坑敞开式施工,因此放坡开挖具有施工简便、工期短、造价较经济等优点。同时由于无需支撑体系,其也为主体结构施工提供了宽敞的作业空间。

有支护开挖主要适用于土质较好的浅基础,要求基坑周围没有重要的建筑,并需要有足够的施工场地。适用于基坑开挖深度一般在5 m以内的情况,配合土钉墙与矮挡墙,在地质较好的无水基坑也有高度达到10 m的案例。

3. 水泥土重力式挡墙

水泥土重力式挡土墙是指利用水泥作为固化剂,通过特制的搅拌机械,在基坑周边就地将原状土和固化剂强制搅拌,利用固化剂和土体之间所产生的一系列物理化学反应,使土体硬结成具有整体性、水稳定性和一定强度的柱状加固挡墙,其截面一般采用互相搭接的格栅形式,如图4 - 3所示。

水泥土挡土重力式挡土墙适用对环境保护要求不高、开挖深度一般不大于7 m的基坑,除了具有放坡开挖中施工作业空间开阔的优点外,更具有挡土和截水的双重作用,无需支撑和拉锚,同时具有良好的土层适用范围,对于地下水位较高和淤泥质软土地质的浅基础具有明显优势。缺点是位移相对较大,红线宽度较大,当基坑周围存在重要建筑物时,应慎重使用。

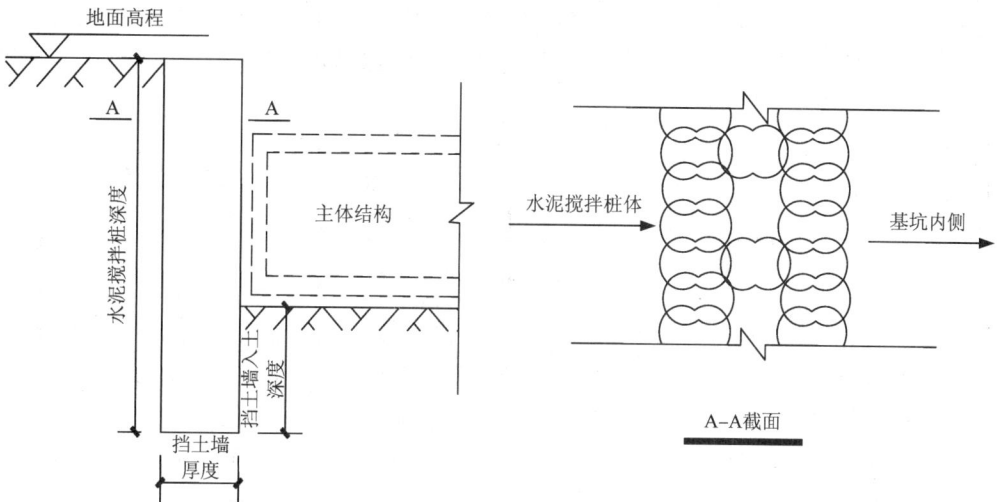

图 4 - 3　　水泥土重力式挡墙围护示意图

4. 内撑式支护结构

内撑式支护结构由支护体系和支撑体系两部分组成。支护体系指用支护结构对外挡住边坡土体、防止地下水渗漏，一般支护体系常采用钢筋混凝土排桩墙和地下连续墙。

支撑体系一般由竖向支撑结构和水平支撑结构两部分结合组成或斜支撑单独组成。竖向支撑结构受力一般类似于框架结构中的柱子即柱式受力，主要起到维持水平支撑的纵向稳定，加强支撑体系的空间刚度和承受水平支撑传来的竖向荷载的作用，要求具有较好的自身刚度和较小的竖向位移。水平支撑结构受力则类似于框架结构中的梁，即梁式受力，主要是平衡支护墙外侧的水平作用力，要求传力直接、平面刚度好且分布均匀。而斜支撑则起到了两者的作用。竖向支撑结构和水平支撑结构结合组成的支撑体系根据不同开挖深度又可采用单层水平支撑、双层水平支撑及多层水平支撑；当基坑平面面积很大，而开挖深度不大时，宜采用单层斜支撑。常用的支撑体系如图 4 - 4 所示。

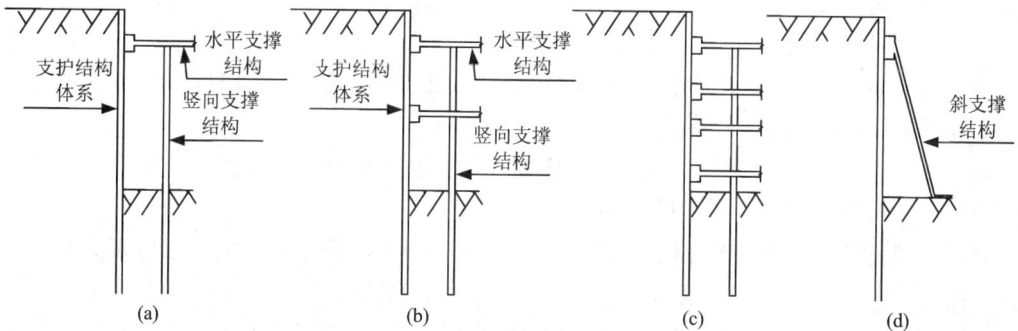

图 4 - 4　　常用的支撑体系类型

支撑常采用钢筋混凝土支撑和钢管（或型钢）支撑两种形式。钢筋混凝土支撑体系具有刚度大、整体性好的特点，而且可采取灵活的平面布置形式适应基坑工程的各项要求。支撑布置形式目前常有的有对撑式、网格式、桁架式、角撑式、环梁式及环板式等，如图4-5所示。

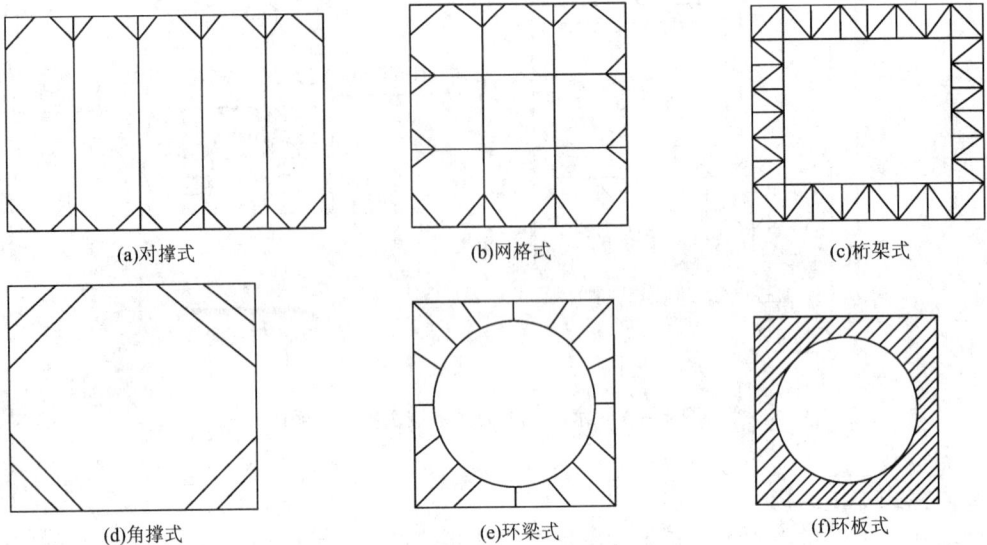

(a)对撑式　　(b)网格式　　(c)桁架式

(d)角撑式　　(e)环梁式　　(f)环板式

图4-5　常见的支撑型式

长条形基坑（如地铁基坑）常采用对撑式支撑；长短边均较大的矩形基坑可采用网格式或桁架支撑；长短边均较小的基坑可采用角撑式支撑；当基坑平面接近圆形或方形时，可采用环梁式或环板式支撑。

钢管支撑的优点是钢管可以回收，且加预应力方便。钢支撑架设和拆除速度快，架设完毕后不需要等待强度即可直接开挖下层土方，而且支撑材料可重复循环使用，对节省基坑工程造价和加快工期具有显著优势，适用于开挖深度一般、平面形状规则、狭长形的基坑工程。钢支撑几乎成为地铁车站基坑工程首选的支撑体系。但钢支撑节点有构造和安装复杂及目前常用的钢支撑材料截面承载力较为有限等缺点，这导致其不适用于以下几种情况：

（1）基坑尺寸不规则，不利于钢支撑平面布置。

（2）基坑面积巨大，单个方向钢支撑长度过长，拼接节点多，易积累形成较大的施工偏差，传力可靠性难以保证。

（3）对周边环境控制要求严格的深大基坑。由于基坑面积大且开挖深度深，钢支撑的刚度相对较小，不利于基坑变形和保护周边的环境。

根据上述钢筋混凝土支撑和钢支撑的不同特点，在一定条件下基坑工程可以充分利用两种材料的特性，采用混凝土与钢组合的支撑形式，在确保基坑工程安全的前提下，实现较为合理的经济和工期目标。混凝土与钢组合支撑体系常用的形式有两种：一种是同层支撑平面内混凝土和钢组合支撑；另一种是混凝土支撑平面与钢支撑平面的分层组合。采用混凝土和钢组合支撑时，应注意第一道支撑与其下各道支撑平面上下统一，以便与竖向支撑系统共同作用以及基坑土方的开挖施工。

5.悬臂式支护结构

悬臂式支护结构有地下连续墙、钢板桩、钢筋混凝土桩等。它在基坑开挖时完全依靠插入坑底足够深度的支护结构，利用其悬臂作用来挡住壁后的土体，如图4－6所示。悬臂结构对开挖深度非常敏感，容易产生较大的变形，对相邻建筑物易产生不良影响。悬臂式结构适用于土质良好、开挖深度较浅的基坑工程。

6.拉锚式支护结构

拉锚式支护结构由支护结构体系和锚固体系两部分组成。支护结构体系与内支撑支护结构相同，常采用钢筋混凝土排桩墙和地下连续墙两种。锚固体系分为锚杆式和地面拉锚式两种，如图4－7所示。随着基坑深度不同，锚杆式也可分为单层锚杆、双层锚杆和多层锚杆。地面拉锚式支护结构需要足够多的场地设置锚杆或其他锚固物。锚固式需要地基土能够给锚杆提供较大的锚固力，所以很少使用。

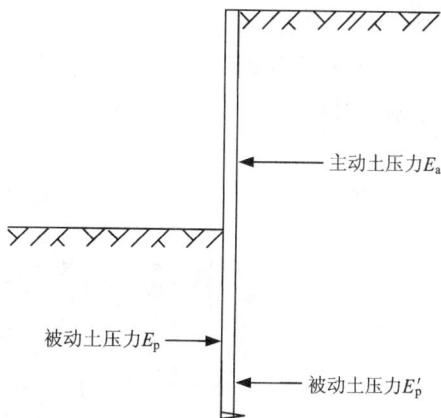

图 4 - 6　悬臂式支护结构

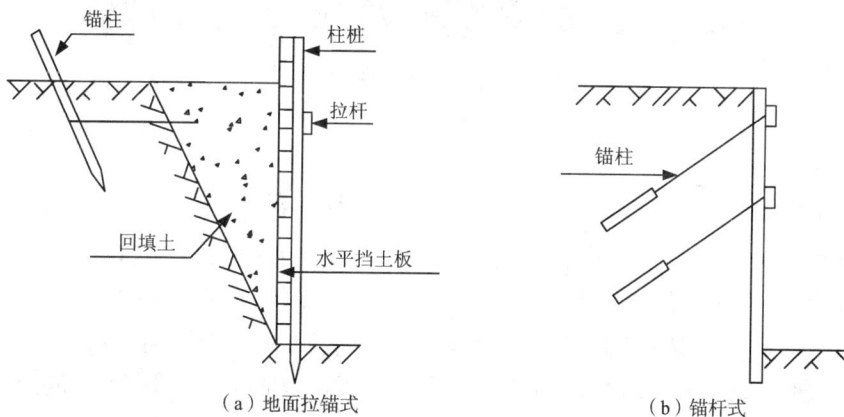

图 4 - 7　拉锚式支护结构

拉锚支护技术在基坑工程领域经过了多年的应用和发展，已经形成了多种成熟的、可供选择的形式。如预应力锚杆和非预应力锚杆、单孔单一锚固和单孔复合锚固等。锚杆的具体选型需要根据工程水文地质条件、周边环境情况以及基坑工程的规模及开挖深度等特点综合确定。

4.1.2　常用支挡体系

1.地下连续墙

地下连续墙是地面上采用一种挖槽机械，沿着深开挖工程的周边轴线，在泥浆护壁条件下，开挖出一条狭长的深槽，清槽后，在槽内吊放钢筋笼，然后用导管法灌筑水下混凝土，筑成一个单元槽段,如此逐段进行施工,在地下筑成一道连续的钢筋混凝土墙壁,作为截水、防渗、承重、挡水结构。本法特点是:施工振动小,墙体刚度大,整体性好,施工速度快,可省土石方,也可用于密集建筑群中建造深基坑支护及进行逆作法施工,也可用于各种地质条件下,包括砂性土层、粒径 50 mm 以下的砂砾层中施工等。适用于建造建筑物的地下室、地下商场、停车场、地下油库、挡土墙、高层建筑的深基础、逆作法施工围护结构,工业建筑的深池、坑、竖井等。地下连续墙施工图例如图 4 - 8 所示。

图 4 - 8 地下连续墙施工图

2. 钻孔灌注桩

钻孔灌注桩围护结构为桩列式挡土墙,根据目前我国常用的施工工艺,钻孔灌注桩围护墙多为间隔排列式,由于不具备挡水功能,仅适用于地下水位深、土质较好地区。在地下水位较浅的地区,则常辅以旋喷桩或水泥土搅拌桩作为止水帷幕。咬合桩是利用相互咬合的素混凝土桩(B 桩)与钢筋混凝土桩(A 桩)交错布置的形式,施工时先灌注 B 桩,并采用超缓混凝土,利用 B 桩缓凝时间,在相邻两根 B 桩之间压套管切割成孔,浇筑钢筋混凝土 A 桩,形成强度较大且自身具备止水作用的排桩墙体,它是近几年在我国发展较快的一项新技术,如图 4 - 9 所示。

3. SMW 工法桩

SMW 工法连续墙于 1976 年在日本问世,SMW 工法多以三轴型钻掘搅拌机在现场向一定深度进行钻掘,同时在钻头处喷出水泥系强化剂而与地基土反复混合搅拌,在各施工单元之间则重叠搭接施工,然后在水泥土混合体未结硬前插入 H 型钢或钢板作为其应力补强材,至水泥结硬,便形成一道具有一定强度和刚度的、连续完整的、无接缝的地下墙体,如图 4 - 10 所示。

SWM 工法支护结构的主要特点:

(1)施工不扰动邻近土体,不会产生邻近地面沉降、房屋倾斜、道路裂损及地下设施移位等危害。

(2)它可比传统的连续墙具有更可靠的止水性,其渗透系数 K 可达 10^{-7} cm/s。

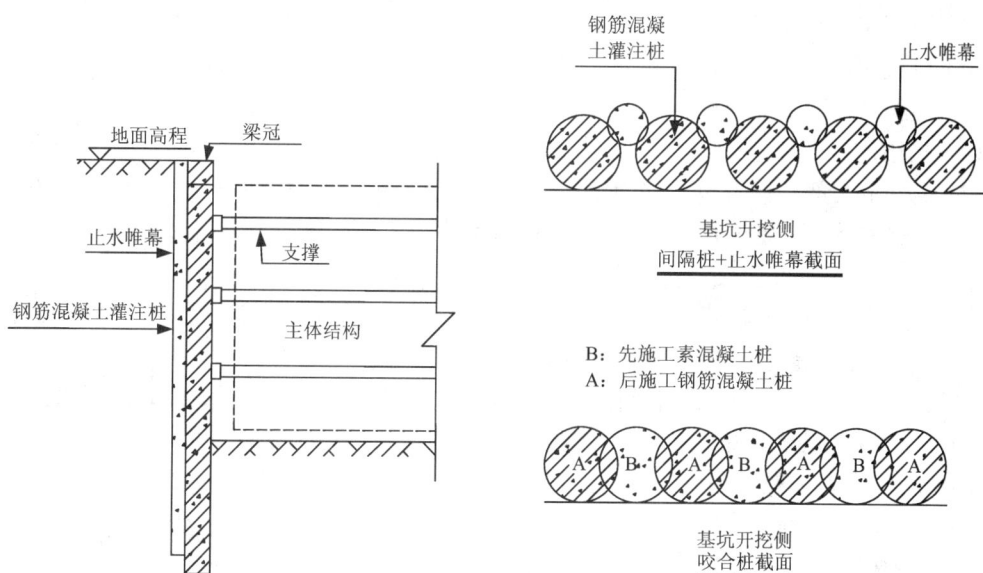

图 4 - 9　混凝土灌注桩围护示意图

（3）适用范围广，它可在黏性土、粉土、砂土、砂砾土等岩土层应用。

（4）可配合多道支撑应用于较深的基坑。

（5）内插的型钢可拔出重复使用，经济性好。

图 4 - 10　SMW 工法桩施工图

4.2　基坑稳定分析

　　基坑失事主要是由失稳导致，失稳的形式主要有局部失稳和整体失稳。导致失稳的原因可能是土的抗剪强度不足、支护结构的强度不足或渗流破坏。为保证施工安全进行，基坑稳定性分析显然是基坑支护设计的重要环节之一，主要包括：

（1）边坡整体稳定性。

（2）倾覆及滑移稳定性。

（3）基坑底抗隆起稳定性。

（4）抗渗流稳定性。

对于边坡稳定性、倾覆及滑移稳定性问题的解决办法，土力学课程中已详细介绍，如条分法、毕肖普法等，这里主要讨论基坑底部土体的抗隆起稳定性、抗渗流稳定性。

4.2.1 基坑底抗隆起稳定性验算

工程实际情况是不可能出现纯黏性土（$\varphi = 0$）或纯砂性土（$c = 0$），因此在这里将同时考虑土的抗剪强度指标 c、φ 对抗隆起稳定性的影响。参照普朗德尔和太沙基的地基承载力公式，并将挡土地面的平面作为求极限承载力的基准面，其滑移线形状如图4 – 11所示。采用式（4 – 1）进行抗隆起安全系数的验算，以求得支护结构的入土深度。

$$K_S = \frac{\gamma_2 d N_q + c N_c}{\gamma_1 (h + d) + q} \qquad (4 - 1)$$

采用普朗德尔公式计算时，N_q、N_c 分别为

$$N_q = e^{\pi \tan\varphi} \cdot \tan^2(45° + \varphi/2)$$
$$N_c = (N_q - 1)\cot\varphi \qquad (4 - 2)$$

采用沙基公式计算时，N_q、N_c 分别为

$$N_q = \frac{e^{(3\pi/2 - \varphi)\tan\varphi}}{2\cos^2(45° + \varphi/2)} \qquad N_c = (N_q - 1)\cot\varphi \qquad (4 - 3)$$

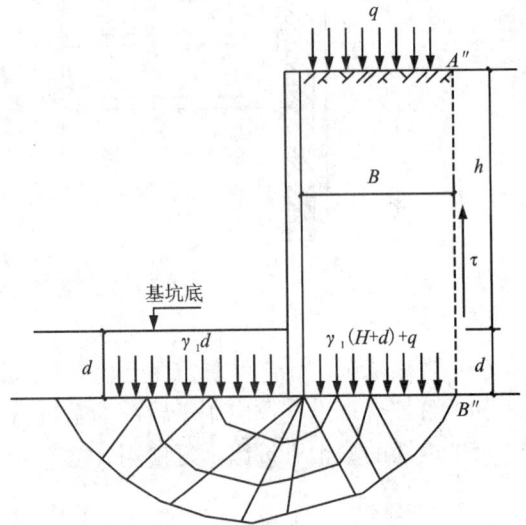

图 4 – 11 抗隆起分析示意图

式中：d——墙体入土深度（m）；

H——基坑开挖深度（m）；

γ_1、γ_2——墙体外侧及坑底土体重度（kN/m³）；

q——地面超载（kPa）；

N_c、N_q——地基承载力系数；

c、φ——土的黏聚力和内摩擦角（°）。

当采用普朗德尔公式时，$K_s \geq 1.10$；采用太沙基公式计算时，$K_s \geq 1.15$。

4.2.2 基坑底抗渗流稳定性验算

1. 流沙（或流土）稳定性验算

在向上的渗流力作用下，粒间有效应力为零，土颗粒群发生悬浮、移动的现象称为流沙或流土。

当基坑内外存在水头差，而挡墙两侧又均为透水层时，基坑外的地下水会绕过挡墙下端向基坑内渗流，如图4 – 12所示。试验证明，流沙（或流土）首先发生在离坑壁为挡土结构嵌入深度

一半的范围内($\frac{h_d}{2}$)，为避免这种现象发生，地下水渗流的流土稳定性应符合式(4-4)规定

$$K_{se} = \gamma'/j \qquad (4-4)$$

式中：K_{se}—— 流土稳定性安全系数；安全等级为一、二、三级的支护结构，K_{se}分别不应小于 1.6、1.5、1.4；

　　　　γ'—— 土的有效重度。

　　为简化计算，近似地按紧贴挡土结构的最短路线来计算最大渗流力

$$j = i\gamma_w = \frac{h'}{h' + 2h_d}\gamma_w \qquad (4-5)$$

式中：i—— 水力梯度；

　　　　γ_w—— 水的重度；

　　　　h'—— 基坑内外地下水位的水头差；

　　　　h_d—— 挡土结构的入土深度。

2. 突涌稳定性验算

　　当坑底上部为不透水层，坑底下部某深度处有承压水层时，如图 4-13 所示，应按式(4-6)进行承压水对基坑底土产生突涌的验算

$$\frac{\gamma(t + \Delta t)}{P_w} \geqslant 1.1 \qquad (4-6)$$

式中：γ—— 不透水层以上的土的天然重度；

　　　　$t + \Delta t$—— 不透水层顶面距基坑底面的深度；

　　　　P_w—— 含水层压力。

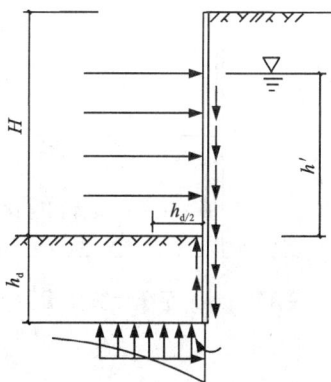

图 4-12　流土(或流沙)稳定性验算　　　　　图 4-13　突涌稳定性验算

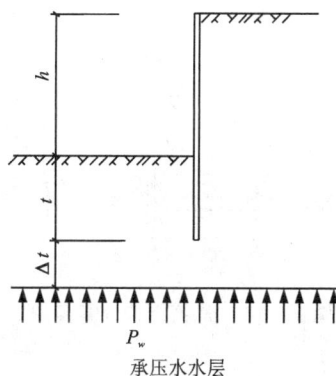

4.3　围护结构设计

4.3.1　悬臂式桩墙结构设计

　　悬臂式桩墙是指采用排桩或挡土墙作为挡土结构，悬臂式围护结构没有支撑，其依靠足

够的入土深度和结构的抗弯能力来维持整体稳定和结构的安全。它对结构的开挖深度很敏感，容易产生较大的变形，因此适用于土质较好、开挖深度较浅的基坑工程。

悬臂式桩墙设计计算方法常采用极限平衡法、布鲁姆(Blum)和弹性抗力法等简化计算。这里只介绍极限平衡法。

在这里我们可采用三角形分布土压力模式，对悬臂式结构进行计算，如图 4－14 所示。取单位水平长度(如地下连续墙)或某一单元体(如排桩墙中的单根桩)，当单位宽度桩墙两侧所受的净土压力相等时，桩墙处于平衡状态(稳定状态)，相应的桩墙入土深度即为其保证稳定的最小入土深度，可根据静力平衡条件求出，具体步骤如下：

(1) 通过试算确定支护桩埋入深度 d_1。先假设埋入深度为 d_1，然后将净主动土压力 abf 和净被动土压力 fcd 对 f 点取力矩，要求由 fcd 产生的抵抗力矩大于由 acd 所产生的倾覆力矩的 2 倍，即抗倾覆安全系数 $K \geqslant 2$(钢板桩这样取，对于其他挡土墙可适当降低)。

(2) 将通过试算求得的 d_1 增加 15% 作为实际嵌固深度 d，即 $d = 1.15d_1$，以确保桩墙的稳定性。

(3) 求桩身剪力为零的点 g 处的入土深度 d_2。通过试算求出 g 点，该点净主动土压力 abf 应等于净被动土压力 fcd。

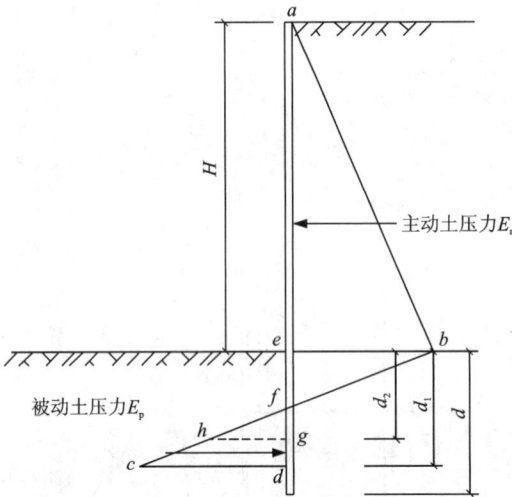

图 4－14　悬臂结构计算简图

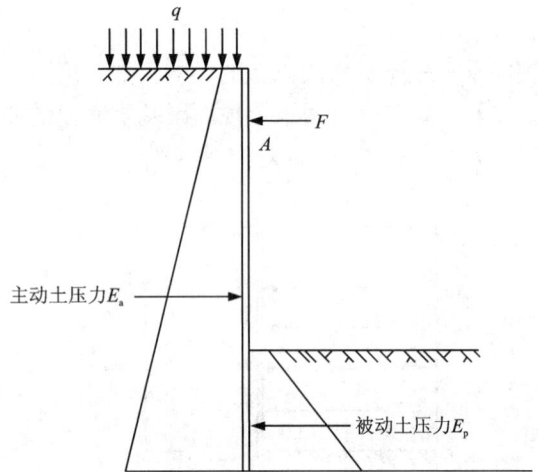

图 4－15　静力平衡计算简图

(4) 计算最大弯矩 M_{max}，此值应等于土压力 dbf 和 fgh 绕 g 点的力矩的差值。

(5) 选择支护桩截面，根据求得的桩身最大弯矩和桩板材料的允许应力(钢板桩)计算支护桩的配筋(钢板桩选择最小横截面面积，确定板桩型号)。

4.3.2　单支点桩墙结构设计

单支点桩墙结构是上端有支撑(或锚系)的围护结构，它与上端自由的悬臂式桩墙结构是不同的。支撑的存在使得支点处无水平位移，从而形成了一个铰接的简支点。由于埋入土中的部分深度不同，围护结构将发生不同的变形，受到不同分布情况土压力的作用，故单支点桩墙结构设计与桩墙入土深度有关,接下来将按单支点浅桩和单支点深桩进行计算与设计。

1. 单支点浅桩

当结构下端入土深度较浅时,桩(墙)前侧的被动土压力全部发挥,结构底端可能有少许向前位移的情况。计算模型可进行以下简化:上端可视为简支,下端为弹性支座。如图 4 - 15 所示,结构左右侧所受土压力分别为主动土压力和被动土压力,按最小深度 d_{min} 和单位水平长度所需支撑力 F(或锚固力)来考虑,前后的被动和主动土压力对支点的力矩相等,结构处于极限平衡状态。所以对支点 A 取矩,由 $M_A = 0$, $\sum X = 0$,则有

$$M_{E_a} - M_{E_p} = 0 \tag{4 - 7}$$

$$E_a - F - E_p = 0 \tag{4 - 8}$$

式中:M_{E_a}——支护结构左侧主动土压力合力对 A 点的力矩(kN·m);

　　　M_{E_p}——支护结构右侧被动土压力合力对 A 点的力矩(kN·m);

　　　E_a——支护结构左侧主动土压力合力(kN/m);

　　　E_p——支护结构右 侧被动土压力合力(kN/m)。

2. 单支点深桩

当结构下端入土深度较深时,桩(墙)前后都会出现被动土压力,即在坑底会出现反弯点,存在负弯矩。此时支护结构在土中处于嵌固作用状态,其支护结构入土部分位移较小,稳定性好,比较安全可靠,支护结构所受土压力分布、弯矩图、变形图如图 4 - 16 所示。计算时可将结构看作上端简支而下端嵌固的超静定梁,工程上常采用等值梁法。

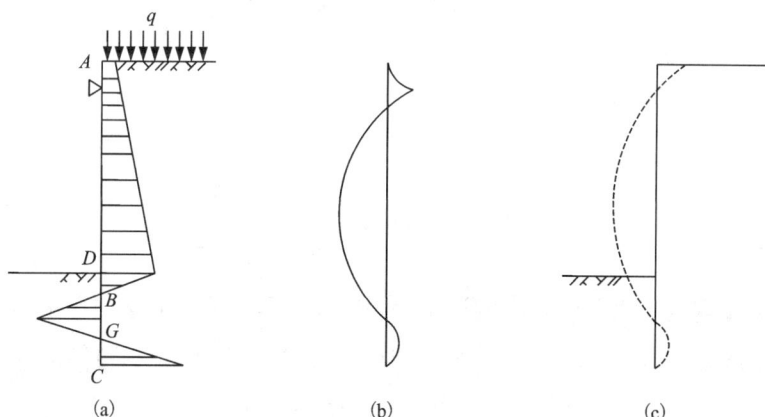

图 4 - 16　桩身土压力(a)、弯矩分布(b) 和变形(c) 图

等值梁法又称假想铰法,基本原理如图 4 - 17 所示:一端简支一端固定的梁[图 4 - 17(a)],弯矩为零的 b 点即反弯点。将 b 点作为假想铰的位置即 b 点简支[图 4 - 17(b)],这样可将梁分为左右两部分,左边简支梁[图 4 - 17(c)],右边为超静定梁,简支梁 ab 弯矩和原 ab 段弯矩一样,即等值,由此,称简支梁 ab 称之为原 ab 段的等值梁。

运用等值梁法的计算步骤如下:

为了计算方便,在土压力分布图上将大小相等的压力加在曲线两侧,增加的压力与原来的主动土压力和被动土压力分别合成,合成后的计算简图如图 4 - 18 所示。

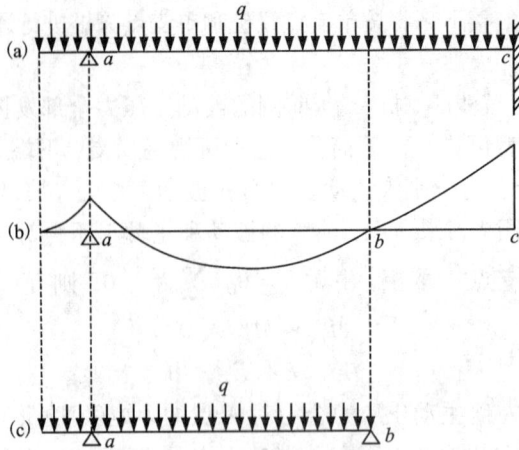

图 4 – 17　等值梁法基本原理

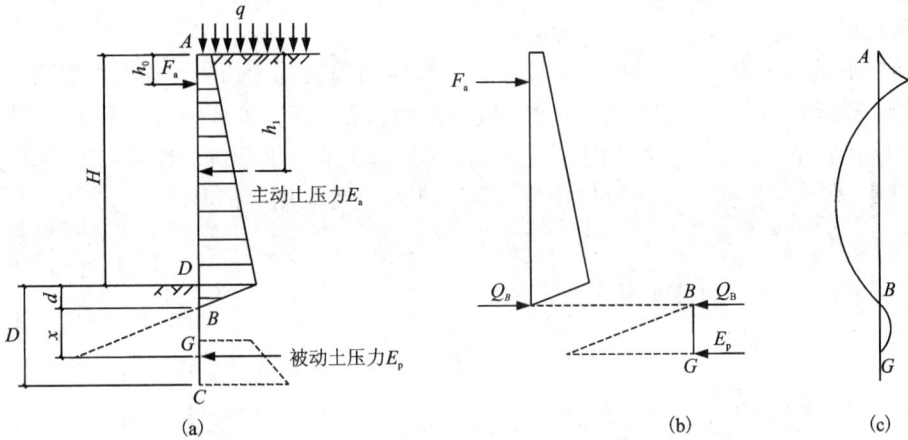

图 4 – 18　等值梁法计算简图

（1）计算反弯点至基坑底距离 d。实测结果表明净土压力为零的点与弯矩为零的点位置很接近，因此可以假定反弯点为净土压力零点（即计算简图中 B 点），由 $\sum M_B = 0$ 有

$$F_a(H + d - h_0) - E_a(H + d - h_1) = 0 \qquad (4 - 9)$$

（2）计算支撑反力 F_a 及 B 点的剪力 Q_B。由等值梁 AB，平衡方程 $\sum M_A = 0$ 有

$$Q_B(H + d - h_0) - E_a(h_1 - h_0) = 0 \qquad (4 - 10)$$

（3）求桩 BG 段入土深度 X。根据平衡方程 $\sum M_G = 0$ 有

$$Q_B x - \frac{1}{6}x^2[K_p\gamma(d + x) - K_a\gamma(H + d + x)] = 0 \qquad (4 - 11)$$

式中：K_p、K_a 分别是主动土压力系数和被动土压力系数。

联合上式求解，可得：

$$X = \sqrt{\frac{6Q_B}{\gamma(K_p - K_a)}} \qquad (4 - 12)$$

显然由式(4 – 12)求得桩 BG 段入土深度 X 后,可知桩的最小入土深度 $D_{min} = (d + X)$,如果土质较差,应乘以扩大系数 1.1 ~ 1.2,即

$$D = (1.1 \sim 1.2)(d + X) \tag{4 – 13}$$

(4)由等值梁求最大弯矩 M_{max}。

4.3.3　多支点桩墙结构设计

当基坑土质较差、开挖深度较深时,单支点桩墙结构已不能满足基坑支挡的强度和稳定性要求,可以采用多支点桩墙结构。多支点的支锚层数及位置,根据土层分布及性质、基坑深度、支护结构刚度和材料强度及施工要求等因素确定。

目前多支点桩墙的计算方法采用分段等值梁法、连续梁法、1/2 荷载分割法、弹性支点法及有限元法等。现将其中主要的几种方法介绍如下。

1. 连续梁法

对于内支撑型多支点支护结构可看作刚性支撑(支点处无位移)的连续梁,如图 4 – 19 所示,应按以下各施工阶段的情况分别计算。下面以三道支撑基坑为例,说明其设计计算步骤:

(1)在设置支撑 A 以前的开挖阶段[图 4 – 19(a)],可将挡土墙作为一端嵌固在土中的悬臂桩来计算。

(2)在设置支撑 B 以前的开挖阶段[图 4 – 19(b)],挡墙是两个支点的静定梁,两个支点分别是 A 及净土压力为零的一点。

(3)在设置支撑 C 以前的开挖阶段(图 4 – 19c)],挡墙是具有 3 个支点的连续梁,3 个支点分别为 A、B 及净土压力零点。

(4)在浇筑底板以前的开挖阶段[图 4 – 19(d)],挡墙是具有 4 个支点的 3 跨连续梁。

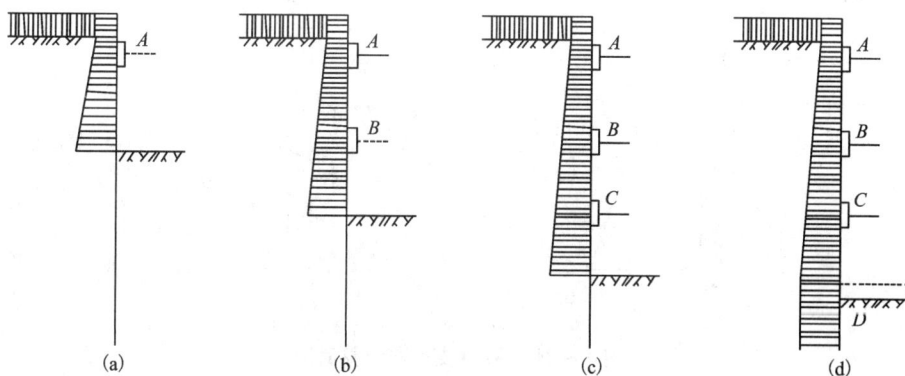

图 4 – 19　各施工阶段的计算简图

2.1/2 荷载分割法

当计算作用在设有支撑的挡墙墙后主动土压力,采用太沙基 – 佩克假定的包络图时,支撑或锚杆的内力及其墙中的弯矩的计算,可以按以下经验方法进行,如图 4 – 20 所示。

(1)每到支撑或拉锚所受的力等于相邻两个半跨的土压力荷载值。

(2)假设土压力强度用 q 表示,对于连续梁计算,最大支座弯矩(三跨以上)为 $M = \dfrac{ql^2}{10}$,

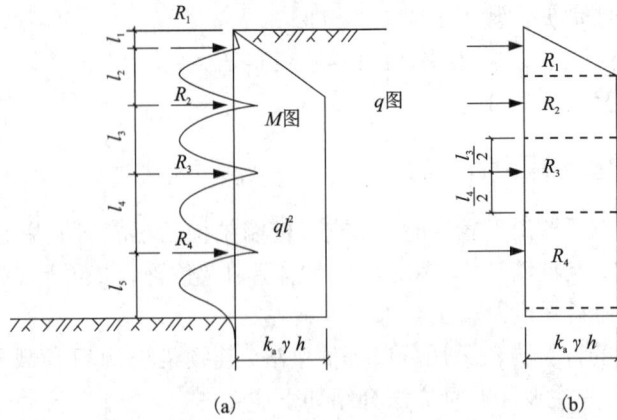

图 4 – 20   1/2 荷载分割法

最大跨度弯矩 $M = \dfrac{ql^2}{20}$。

3. 弹性支点法

弹性支点法，又称为弹性抗力法、地基反力法。其计算方法如下：

（1）墙后的荷载既可直接按朗肯土压力理论计算，即三角形分布土压力模式，如图 4 – 21(a) 所示；也可以按矩形分布的经验土压力模式计算，如图 4 – 21(b) 所示，工程上我们常用后者。

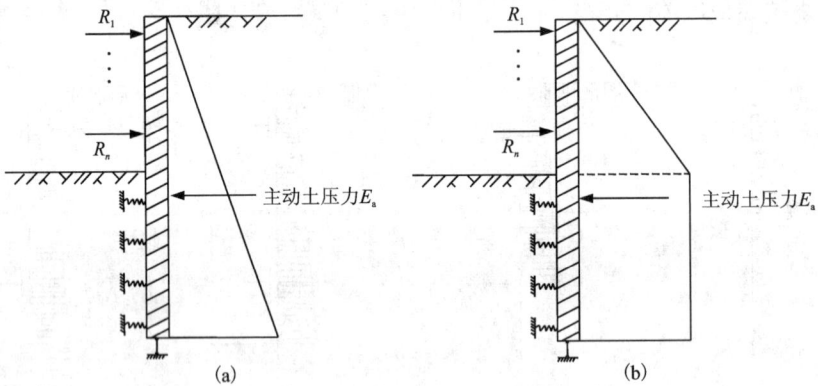

图 4 – 21   弹性支点法计算简图

（2）基坑开挖面以下的支护结构受到的土压力用弹簧模拟

$$\sigma_x = K_s y \qquad\qquad (4-14)$$

式中：K_s——地基土的水平基床系数（kN/m^3）；

$\quad\quad y$——土体的水平变形（m）。

（3）支锚点按刚度系数为 K_z 的弹簧进行模拟。以 m 法为例，基坑支护结构的基本挠曲微分方程为

$$EI\frac{d^4y}{dz^4} + mzby - e_ab_s = 0 \qquad (4-15)$$

式中：EI—— 支护结构的抗弯刚度($kN \cdot m^2$)；

y—— 支护结构的水平挠度变形(m)；

z—— 竖向坐标(m)；

e_a—— 主动侧土压力强度(kPa)；

m—— 地基土的水平抗力系数 k_s 的比例系数(kN/m^4)；

b—— 支护结构计算宽度(m)；

b_s—— 主动侧荷载作用宽度(m)。

求解式即可获得支护结构的内力和变形，通常可用杆系有限元法求解。首先将支护结果进行离散，支护结构采用梁单元、支撑或锚杆采用弹性支撑单元，外荷载为支护结构后侧的主动土压力和水压力，其中水压力既可以单独计算(即采用水土分算模式)，也可与土压力合并计算(即水土合算模式)，但两者采用的土体抗剪强度指标不同。

4.3.4 土钉支护结构设计

土钉支护结构是由天然土体通过土钉原位加固，并与喷射砼面板相结合，形成一个类似重力挡墙结构，以此来抵抗土压力，从而保持开挖面稳定的支护结构。土钉支护结构是通过钻孔、插筋、注浆来设置的，一般称砂浆锚杆，也可以直接打入角钢、粗钢筋形成土钉。

土钉支护结构设计应满足规定的强度、稳定性、变形和耐久性等要求。设计必须自始至终与施工及现场检测相结合，施工中出现的情况及检测数据，应及时反馈并修改设计，指导下一步施工。土钉支护结构设计内容包括：土钉支护结构参数的确定、土钉抗拉力计算及土钉墙内外稳定性计算等。

1. 土钉支护结构参数确定

土钉墙支护结构参数包括土钉的长度、直径、间距、倾角及支护面层的厚度等。

1) 土钉长度

沿支护高度不同的土钉内力相差较大，一般为中部大、上部和下部小。因此，中部土钉起的作用大。但顶部土钉对限制支护结构水平位移非常重要，而底部土钉对抵抗基础滑动、倾斜或失稳有重要作用，另外当支护结构临近极限状态时，底部土钉的作用会明显加强。因此将上下土钉取成等长，或顶部土钉取的稍长，底部土钉取的稍短是合适的。

对于非饱和土，土钉长度 L 与开挖深度 H 之比取 L/H 等于 $0.6 \sim 1.2$；密实砂土及硬性黏土取小值。为减少变形，顶部土钉长度宜适当增加。非饱和土底部土钉长度可适当减小，但不宜小于 $0.5H$。对于饱和软土，由于土体抗剪能力很低，设计时取 L/H 值大于 1 为宜。

2) 土钉间距

土钉间距的大小影响土体的整体作用效果，目前尚不能给出有足够理论依据的定量指标。土钉的水平间距和垂直间距一般宜为 $1.2 \sim 2.0$ m。垂直间距依土层及计算确定，且与开挖深度相对应。上下插筋交错排列，遇局部软弱土层间距可小于 1.0 m。

3) 土钉筋材尺寸

土钉中采用的杆体材料有钢筋、角钢、钢管等，其常用尺寸如下：

当采用钢筋时，一般直径 18 mm ~ 32 mm、Ⅱ 级及以上螺纹钢筋；当采用角钢时，一般为∟ 5 mm × 50 mm × 50 mm 角钢;当采用钢管时,一般为 $\phi50$ mm 钢管。

4)土钉倾角

土钉与水平线的倾角称为土钉倾角,一般在 0° ~ 20° 之间,其值取决于注浆钻孔工艺与土体分层特点等多种因素。研究表明,倾角越小,支护的变形越小,但注浆质量较难控制;倾角越大,支护的变形越大,但有利于土钉插入下层较好的土层,注浆质量也易于保证。

5)注浆材料

用水泥砂浆或素混凝土泥浆。水泥采用不低于 42.5 号的普通硅酸盐水泥,水灰比宜为 (1:0.40) ~ (1:0.50);

6)支护面层

临时性土钉支护的面层通常用 50 ~ 150 mm 厚的钢筋网喷射混凝土,混凝土强度等级不低于 C20。钢筋网常用直径 6 mm ~ 8 mm 的 Ⅰ 级钢筋焊成 150 ~ 250 mm 的方格网片。

永久性土钉墙支护厚度为 150 ~ 250 mm,可设两层钢筋网,分两层喷成。

2. 土钉抗力设计

1)单根土钉的抗拔承载力应符合下式规定

$$\frac{R_{k,j}}{N_{k,j}} \geqslant K_t \qquad (4-16)$$

式中:K_t—— 土钉抗拔安全系数;安全等级为二级、三级的土钉墙,K_t 分别不应小于 1.6、1.4;

$N_{k,j}$—— 第 j 层土钉的轴向拉力标准值(kN);

$R_{k,j}$—— 第 j 层土钉的极限抗拔承载力标准值(kN)。

2)单根土钉的轴向拉力标准值可按下式计算

$$N_{k,j} = \frac{1}{\cos\alpha_j}\xi\eta_j P_{ak,j} S_{xj} S_{zj} \qquad (4-17)$$

式中:$N_{k,j}$—— 第 j 层土钉的轴向拉力标准值(kN);

α_j—— 第 j 层土钉的倾角(°);

ξ—— 墙面倾斜时的主动土压力折减系数;

η_j—— 第 j 层土钉轴向拉力调整系数,可按式(4-19)计算;

$P_{ak,j}$—— 第 j 层土钉处的主动土压力强度标准值(kPa);

S_{xj}—— 土钉的水平间距(m);

S_{zj}—— 土钉的垂直间距(m)。

3)坡面倾斜时的主动土压力折减系数可按下式计算

$$\xi = \tan(\frac{\beta - \varphi_m}{2})\left[\frac{1}{\tan(\frac{\beta + \varphi_m}{2})} - \frac{1}{\tan\beta}\right]/\tan^2(45° - \frac{\varphi_m}{2}) \qquad (4-18)$$

式中:ξ—— 主动土压力折减系数;

β—— 土钉墙坡面与水平面的夹角(°);

φ_m—— 基坑底面以上各土层按土层厚度加权的等效内摩擦角平均值(°)。

4)土钉轴向拉力调整系数可按下列公式计算

$$\eta_j = \eta_a - (\eta_a - \eta_b)\frac{z_j}{h} \qquad (4-19)$$

$$\eta_{a} = \frac{\sum_{i=1}^{n} (h - \eta_{b}z_{j}) \Delta E_{aj}}{\sum_{i=1}^{n} (h - z_{j}) \Delta E_{aj}} \tag{4-20}$$

式中：η_{j}——土钉轴向拉力调整系数；

z_{j}——第 j 层土钉至基坑顶面的垂直距离(m)；

h——基坑深度(m)；

ΔE_{aj}——作用在以 S_{xj}、S_{zj} 为边长的面积内主动土压力标准值(kN)；

η_{a}——计算系数；

η_{b}——经验系数，可取 $0.6 \sim 1.0$；

n——土钉层数。

5）单根土钉的极限抗拔承载力应按下列规定确定

（1）单根土钉的极限抗拔承载力应通过抗拔试验确定。

（2）单根土钉的极限抗拔承载力标准值可按下式估算，但应通过抗拔试验进行验证：

$$R_{k,j} = \pi d_{j} \sum_{sik}^{q} l_{i} \tag{4-21}$$

式中：$R_{k,j}$——第 j 层土钉的极限抗拔承载力标准值(kN)；

d_{j}——第 j 层土钉的锚固体直径(m)；对成孔注浆土钉，按成孔直径计算，对打入钢管土钉，按钢管直径计算；

q_{sik}——第 j 层土钉在第 i 层土的极限黏结强度标准值(kPa)；应由土钉抗拔试验确定，无试验数据时，可根据工程经验并结合表 4-2 取值；

l_{i}——第 j 层土钉在滑动面外第 i 土层中的长度(m)；计算单根土钉极限抗拔承载力时，取图 4-22 所示的直线滑动面，直线滑动面与水平面的夹角取 $\frac{\beta + \varphi_{m}}{2}$。

表 4-2　土钉的极限黏结强度标准值

土的名称	土的状态	q_{sik}/kPa	
		成孔注浆土钉	打入钢管土钉
素填土		15 ~ 30	20 ~ 35
淤泥质土		10 ~ 20	15 ~ 25
黏性土	$0.75 < I_{L} \leqslant 1$	20 ~ 30	20 ~ 40
	$0.25 < I_{L} \leqslant 0.75$	30 ~ 45	40 ~ 55
	$0 < I_{L} \leqslant 0.25$	45 ~ 60	55 ~ 70
	$I_{L} \leqslant 0$	60 ~ 70	70 ~ 80
粉土		40 ~ 80	50 ~ 90
砂土	松散	35 ~ 50	50 ~ 65
	稍松	50 ~ 65	65 ~ 80
	中密	65 ~ 80	80 ~ 100
	密实	80 ~ 100	100 ~ 120

（3）对安全等级为三级的土钉墙，可按式（4-21）确定单根土钉的极限抗拔承载力。

（4）当上述土钉极限抗拔承载力标准值大于 $f_{yk}A_s$ 时，应取 $R_{k,j} = f_{yk}A_s$。

6）土钉杆体的受拉承载力应符合下列规定：

$$N_j \leqslant f_y A_s \qquad (4-22)$$

式中：N_j—— 第 j 层土钉的轴向拉力设计值（kN）；

f_y—— 土钉杆体的抗拉强度设计值（kPa）；

A_s—— 土钉杆体的截面面积（m²）；

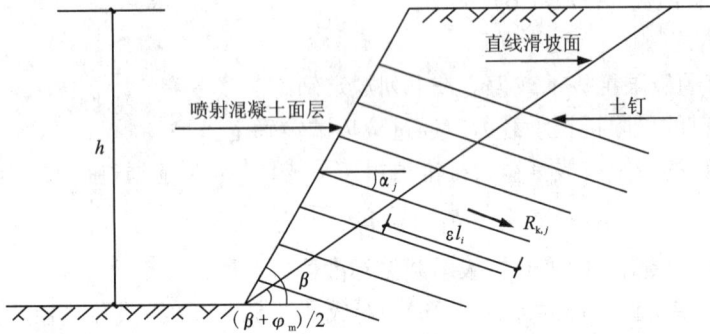

图 4 - 22　土钉抗拔承载力计算简图

3. 土钉墙支护内部稳定

土钉支护的内部稳定性分别采用圆弧破裂面条分法。如图 4 - 23，在土条 j 上作用有土体自重 W_j，地表荷载 Q_j，土钉抗拉力 R_k。其中 R_k 取其以下较小者。

（1）按土钉筋材料的强度，得

$$R_k = 1.1\pi d^2 f_{yk}/4 \qquad (4-23)$$

式中：d—— 土钉筋材料直径（m）；

f_{yk}—— 土钉筋材料的抗拉强度标准值（kPa）。

（2）按破坏面外土钉体抗拔出能力，知。

$$R_k = \pi d_0 l_a q_{sik} \qquad (4-24)$$

式中：d_0—— 土钉孔径；

l_a—— 破坏面外的土钉锚固长度；

q_{sik}—— 土钉与土体之间的界面黏结强度（kPa）。由试验确定，无实测资料时可按表 4 - 2 取得。

（3）按破坏面内土钉体抗拔出能力，有

$$R_k = \pi d_0 (l - l_a) q_{sik} + R_1 \qquad (4-25)$$

式中：R_1—— 土钉端部与混凝土面层连接处的极限抗拔力。

土钉支护内部稳定性安全系数为

$$F_s = \frac{\sum\left[(W_j + Q_j)\cos\alpha_j\tan\varphi_i + \left(\dfrac{R_m}{S_{hm}}\right)\sin\beta_m\tan\varphi_i + C_i\left(\dfrac{\Delta_j}{\cos\alpha_j}\right) + \left(\dfrac{R_m}{S_{hm}}\right)\cos\beta_m\right]}{\sum\left[(W_j + Q_j)\sin\alpha_j\right]} \qquad (4-26)$$

式中：α_j——土条 j 地面中点切线与水平之间的夹角(°)；

φ_i——土条 j 底面所处第 i 层土的内摩擦角(°)；

β_m——第 m 排土钉轴线与该处破坏面切线之间的夹角(°)；

Δ_j——土条 j 的宽度(m)；

S_{hm}——第 m 排土钉的水平间距(m)；

C_i——土条 j 底面所处第 i 层土的黏聚力(KPa)；

R_m——破坏面上第 m 排土钉的最大抗力，按其中较小者取用；

F_s——内部稳定性安全系数，$H \leqslant 6$ m 时，$F_s \geqslant 1.2$；$H = 6 \sim 12$ m 时，$F_s \geqslant 1.3$；$H \geqslant 12$ m 时，$F_s \geqslant 1.4$。

4. 土钉墙外部稳定性

土钉与原位土体组成类似重力式挡土墙的土钉墙，其外部整体性分析包括抗滑动稳定、抗倾覆稳定及基坑隆起分析等三方面，计算分析简图如图 4 - 24。

1）抗滑动稳定性验算

抗滑动安全系数抗滑动安全系数 K_h 应满足

$$K_h = \frac{F_t}{E_{ax}} \geqslant 1.2 \tag{4-27}$$

式中：E_{ax}——作用于土钉墙后主动土压力水平分量(kN)；

F_t——土钉墙底面上产生的抗滑力，由下式给出

$$F_t = (W + q_0 B)\tan\varphi + cB \tag{4-28}$$

其中 W 为墙体自重(kN)；B 为土钉墙计算宽度(m)，通常可按下式确定

$$B = (11/12)L\cos\alpha \tag{4-29}$$

其中 α 为土钉与水平面之间的夹角。

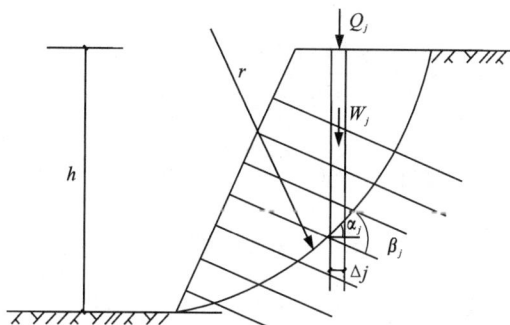

图 4 - 23　内部稳定性分析计算简图

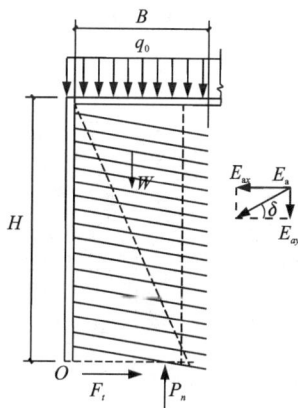

图 4 - 24　外部稳定性分析简图

2）按抗倾覆稳定性验算

抗倾覆安全系数 K_q 应满足

$$K_q = \frac{M_R}{M_S} = \frac{\frac{1}{2}B(W + q_0) + E_{ay}B}{E_{ax}Z_{Ea}} \geqslant 1.3 \tag{4-30}$$

式中：E_{ay}——作用于土钉墙后主动土压力垂直分量(kN)；

$\quad\quad Z_{Ea}$——土钉墙后的主动土压力作用点离墙底的垂直距离(m)。

重点：(1) 各围护结构主要特点及适用条件；(2) 基坑稳定验算；(3) 单支点深桩墙结构入土深度计算。

难点：(1) 单支点深桩墙结构设计；(2) 土钉支护结构设计。

1. 基坑围护结构的形式按施工工艺的不同分为哪几种？

2. 请简述 SMW 工法支护结构的主要特点？

3. 基坑稳定性分析主要包括哪些内容？

4. 什么原因导致基坑出现流沙现象或流土现象？

5. 在什么情况下要进行抗承压水头稳定性验算？

6. 什么叫等值梁法，请简要描述步骤？

7. 土钉支护结构设计内容包括哪些？

8. 有一基坑开挖深度 $h = 8$ m，采用排桩加一水平支撑的支护结构，支护入土深度 $d = 7.0$ m，土体容重为 $\gamma = 19.0$ kN/m³，内摩擦角 $\varphi = 15°$，黏聚力 $C = 10$ kPa。地面荷载 $q_0 = 20$ kPa。桩长范围内无地下水，试验算该基坑抗隆起稳定性。

9. 某基坑工程开挖深度 10 m，如果采用单支点支护结构，地质资料和地面荷载如图 4 – 25 所示。适用等值梁计算桩墙的最小入土深度 D_{min}、水平支撑反力 F_a 和最大弯矩 M_{max}。

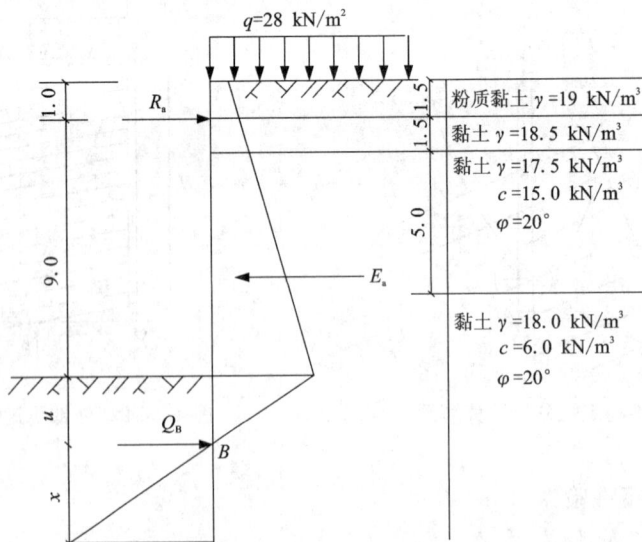

图 4 – 25   地质资料及土压力分布

第 5 章

沉井基础及地下连续墙

5.1　概述

沉井基础是指以沉井作为基础结构,将上部荷载传至地基的一种深基础。沉井是一个无底无盖的井筒,一般由刃脚、井壁、隔墙等部分组成。在沉井内挖土使其下沉,达到设计标高后,进行混凝土封底、填心、修建顶盖,构成沉井基础,如图 5 – 1 所示。

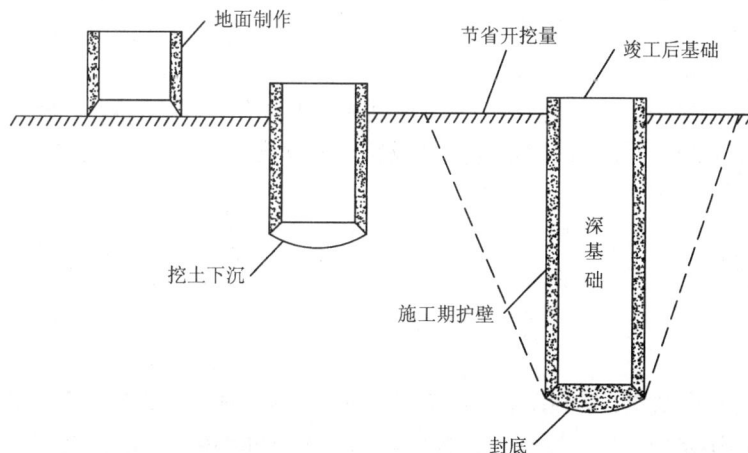

图 5 – 1　沉井基础示意图

沉井基础的优点是:埋深可以很大,整体性强、稳定性好,有较大的承载面积,能够承受较大的垂直荷载和水平荷载,且在施工时具有占地面积小、挖土量少(与放坡大开挖相比)、对邻近建筑物等环境影响比较小等优点。沉井基础的缺点是:施工工期较长;粉、细砂类土在井内抽水易发生流沙现象,造成沉井倾斜;沉井下沉过程中,大的孤石、树干或井底岩层表面倾斜过大,均会给施工带来一定的困难。

根据"经济合理、施工上可能、沉井基础的优缺点"等,在下列情况下,一般可以考虑采用沉井基础:

(1)上部荷载较大,表层地基土承载力不足,扩大基础开挖工作量大,以及支撑困难,而在一定深度下有较好的持力层,且与其他基础方案相比较为合理。

(2) 在山区河流中,虽土质较好,但冲刷大,或河中有较大卵石不便桩基础施工。

(3) 岩层表面较平坦且覆盖层薄,但河水较深,采用扩大基础施工围岩有困难。

5.2 沉井的类型和构造

5.2.1 沉井的分类

1. 沉井按施工方法分类

1) 一般沉井

一般沉井是指直接在基础设计位置上制造,然后挖土,依靠沉井自重下沉的沉井;若基础位于水中,则先在水中筑岛,再在岛上筑井下沉。

2) 浮运沉井

浮运沉井先在岸边制造,再浮运就位下沉的。通常在深水地区(如水深大于 10 m)人工筑岛困难或不经济,或有航运要求,当水流流速不大时,可采用浮运沉井。

2. 沉井按建筑材料分类

1) 混凝土沉井

混凝土沉井的特点是抗压强度高,抗拉强度低,因此这种沉井宜做成圆形,并适用于下沉深度不大(4 ~ 7 m)的松软土层。

2) 钢筋混凝土沉井

这种沉井的抗压、抗拉强度较高,下沉深度大(可达数十米以上),可做成重型或薄壁就地制造下沉的沉井,也可做成薄壁浮运沉井及钢丝网水泥沉井等,在工程中应用最广。

3) 竹筋混凝土沉井

沉井承受拉力主要在下沉阶段,我国南方盛产竹材,可就地取材,采用耐久性差但抗拉力好的竹筋代替部分钢筋,做成竹筋混凝土沉井。如南昌赣江大桥、白沙沱长江大桥等都采用了竹筋混凝土沉井。

4) 钢沉井

钢沉井是由钢材制作,其强度高、重量轻、易于拼装、适于制造空心浮运沉井,但用钢量大,国内较少采用。此外,根据工程条件也可以选用木沉井和砌石圬工沉井等。

3. 沉井按形状分类

1) 按沉井的平面形状分类

按沉井的平面形状可分为圆形、矩形和圆端型三种基本类型,根据井孔的布置方式,又可分为单孔、双孔、多孔沉井和多排孔沉井等(图 5 - 2)。

圆形沉井:沉井下沉过程中易于控制方向;在侧压力作用下,井壁仅受轴向应力作用,即使在侧压力分布不均匀时,弯曲应力也不大,能充分利用混凝土抗压强度大的特点,多用于斜交桥或水流方向不定的桥墩基础。

矩形沉井:制造方便,受力有利,能充分利用地基承载能力,与上部矩形墩台斜配良好;矩形沉井在侧压力作用下,井壁受较大的挠曲力矩;在流水中阻水系数较大,冲刷严重。

圆端形沉井:控制下沉、受力条件、阻水冲刷等均较矩形井有利,但施工较为复杂。

对平面尺寸较大的沉井,可在沉井中设隔墙,构成双孔、多孔或多排孔沉井,以改善井

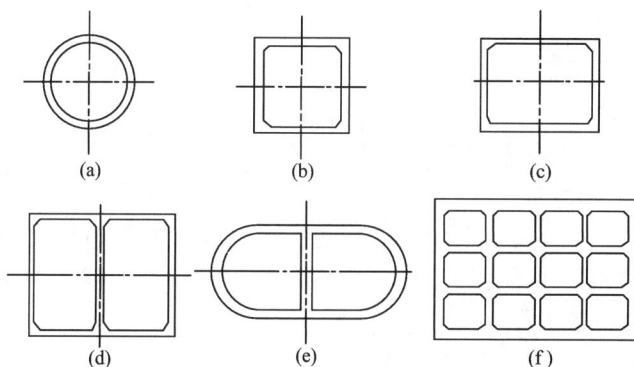

图 5 - 2　沉井的平面形状

(a) 圆形单孔沉井；(b) 正方形单孔沉井；(c) 矩形单孔沉井

(d) 矩形双孔沉井；(e) 圆端形双孔沉井；(f) 矩形多孔沉井

壁受力条件及均匀取土下沉。

(2) 按沉井的立面形状可分为柱形、阶梯形和锥形沉井(图 5 - 3)。柱形沉井受周围土体约束较平衡，下沉过程中不易发生倾斜，井壁接长较简单，模板可重复利用，但井壁侧阻力较大，当土体密实，下沉较大时，易出现下部悬空，造成井壁拉裂，所以一般用于入土不深或土质较松软的情况。阶梯形沉井和锥形沉井可以减小土与井壁的摩阻力，井壁抗侧压力性能较为合理，但施工较复杂，消耗模板多，沉井下沉过程中易发生倾斜，多用于较密实的土，沉井下沉深度大，且要求沉井自重不太大的情况下。通常锥形沉井坡度为 1/20 ~ 1/50，阶梯形井壁的台阶宽为 100 ~ 200 mm，最底下一层台阶高度 $h_1 = (1/3 ~ 1/4)H$。

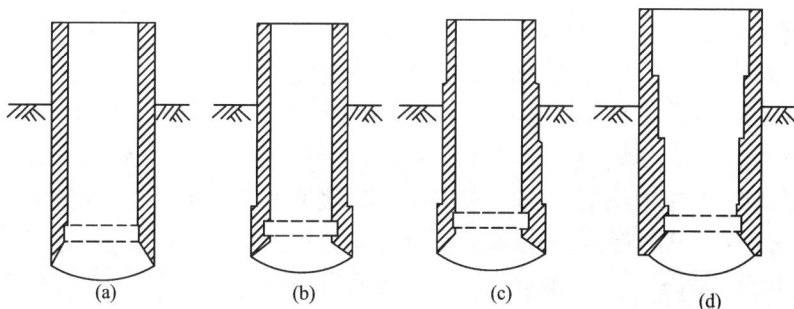

图 5 - 3　沉井剖面图

(a) 直壁柱形；(b) 外壁单阶形；(c) 外壁多阶形；(d) 内壁多阶形

除此之外，沉井可按数量和相互影响情况，分为单井和群井。单井沉井之间间距较大，功能独立，互不影响；群井沉井数量较多，之间的间距较小，功能相互影响。沉井深度超过 30 m，可称为大深度沉井。

5.2.2　沉井基础的构造

1. 沉井的轮廓尺寸

作为基础的沉井,其形状常取决于结构物底部的形状。为保证下沉的稳定性,矩形沉井的纵、横向刚度相差不宜太大,沉井的长短边之比不宜大于3。若结构物的长宽比较接近,可采用方形或圆形沉井。沉井顶面尺寸为结构物底部尺寸加上襟边宽度。襟边宽度不宜小于0.2 m,且大于沉井全高的1/50,浮运沉井则不应小于0.4 m。如沉井顶面需设置围堰,其襟边宽度根据围堰构造还需加大。

沉井的入土深度须根据上部结构、水文地质条件及各土层的承载力等确定。若沉井入土深度较大,应分节制造和下沉,每节高度不宜大于5 m。当底节沉井在松土层中下沉时,还不应大于沉井宽度的0.8倍。若底节沉井高度过高,沉井过重,将给制模、筑岛时岛面处理、下沉前抽除垫木等施工带来困难。

2. 沉井的一般构造

沉井一般由井壁(侧壁)、刃脚、内隔墙、井孔、凹槽、封底和顶盖板组成,各部分作用如下所述。

1) 井壁

井壁是沉井的主要部分,应有足够的厚度与强度,以承受在下沉过程中各种不利荷载组合(水土压力)所产生的内力,混凝土强度等级宜大于C20。同时,井壁要有足够厚度,提供充足重量,以使沉井能在自重作用下顺利下沉到设计高程。

设计时通常先假设井壁厚度,再进行强度验算。一般厚度为0.7 ~ 1.2 m,甚至达1.5 ~ 2.0 m,最薄不宜小于0.4 m(钢筋混凝土薄壁沉井及钢模薄壁浮运沉井可不受此限制)。

2) 刃脚

井壁最下端一般做成刀刃状的刃脚,其主要功用是减少下沉阻力。刃脚应具有足够的强度(刃脚混凝土强度等级宜大于C20),以免在下沉过程中损坏。刃脚斜面与水平面夹角应大于45°(一般为45° ~ 60°)。为防止损坏,刃脚底面应用型钢(角钢或槽钢)加强,刃脚斜面高度视井壁厚度、便于抽除踏面下的垫木以及封底状况综合确定,如图5 – 4所示。此外,刃脚的样式应该根据沉井下沉时所穿越土层的软硬程度和单位长度上的反力大小决定,沉井重、土质软时,踏面宽,反之踏面窄一些。

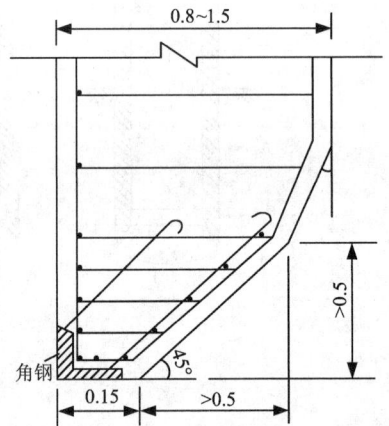

图5 – 4　刃脚构造图
(尺寸单位: m)

3) 内隔墙

根据使用和结构上的需要,在沉井井筒内设置内隔墙。因为内隔墙不承受土压力,厚度相对沉井的外壁要薄一些,一般为0.5 ~ 1.0 m。内隔墙的主要两个作用如下:

(1) 增加沉井在下沉过程中的刚度,减小井壁受力(弯拉)的计算跨度。

(2) 把整个沉井分割成多个施工井孔(取土井),使挖土和下沉可以较均衡地进行,也便于沉井偏斜时纠偏。

4) 井孔

沉井内设置的内隔墙或纵横隔墙或横纵框架间形成的格子空间称作井孔,是挖土、排土的工作场所和通道,平面尺寸应满足工艺要求,最小边长一般不小于 3 m,且一般不超过 5 ~ 6 m,其布置应简单、对称,以便对称挖土,保证沉井下沉均匀。

5) 射水管

当沉井下沉深度大,穿过的土质较好,估计下沉困难时,可在井壁中预埋射水管组。射水管应均匀布置,以便通过控制水压和水量来调整下沉方向,一般水压不小于 600 kPa。

6) 封底及顶板

当沉井下沉到设计高程,经过技术检验并对井底清理整平后,即可封底,以防止地下水渗入井内。为了使封底混凝土和底板与井壁间有更好的连接,以传递基底反力,使沉井成为空间结构受力体系,常于刃脚上方、井壁内侧预留凹槽,以便在该处浇筑钢筋混凝土底板和井内结构。凹槽的高度应根据底板厚度决定,主要为传递底板反力而采取的构造措施。凹槽底面一般距刃脚踏面 2.5 m 左右,槽高 1.0 m,凹入深度为 150 ~ 250 mm。封底混凝土顶面应高出凹槽 0.5 m,以保证封底工作顺利进行。封底混凝土强度等级一般不低于 C15,井孔内填充的混凝土强度等级不低于 C10。

沉井封底后,若条件允许可在孔井内不填任何东西,使孔井空心,或者只填一些沙石。顶板厚度一般为 1.5 ~ 2.0 m,钢筋配置由计算确定。

3. 浮运沉井构造

浮运沉井包括不带气筒和带钢气筒的两种。

1) 不带气筒的浮运沉井

不带气筒的浮运沉井适应于水深较浅、流速不大、河床较平和冲刷较小的自然条件。一般在岸边制造,通过滑道拖拉下水,浮运到蹲位,再接高下沉到河床。这种沉井可用钢、木、钢筋混凝土、钢丝网及水泥等材料或其组合结构。

2) 带钢气筒的浮运沉井

带钢气筒的浮运沉井适用于水深急流的巨型沉井。钢气筒是沉井内部的防水结构,它依据压缩空气排开气筒内的水,提供浮式沉井在接高过程中所需的浮力,同时在悬浮下沉中可以通过给气筒充气或放气及不同气筒的气压调节,使沉井可以上浮、下沉及调正偏斜,落入河床后如偏移过大,还可以将气筒全部充气,使沉井重新浮起,重新定位下沉。

4. 组合式沉井

当采用低桩承台而围水挖基浇筑承台有困难时,或沉井刃脚遇到倾斜较大的岩层或在沉井范围内地基土软硬不均匀而水深较大时,可采用在沉井下设置桩基的混合式基础,或称组合式沉井。施工时按设计尺寸做成沉井,下沉到预定高程后,浇筑封底混凝土和承台,在井内其上预留孔位钻孔灌注成桩。这种混合式沉井既有围水挡土作用,又可作为钻孔桩的护筒,还可作为桩基础的承台。

5.3　沉井的设计与计算内容

沉井既是结构物的基础,又是施工过程中挡土、挡水的结构物。因此,沉井的设计与计算一般包括两部分内容,即沉井作为整体深基础计算和施工过程中沉井结构强度计算。

沉井设计及计算前，必须掌握如下资料：

（1）上部或下部结构尺寸要求和设计荷载。

（2）水位和地质资料。

（3）拟采用的施工方法。

5.3.1 沉井作为整体基础设计与计算

沉井作为整体基础设计，主要是根据上部结构特点、荷载大小及水文条件和地质情况，结合沉井的构造要求施工方法，拟定出沉井埋深、高度和分节及平面形状与尺寸，井孔大小及布置，井壁厚度和尺寸，封底混凝土和顶板厚度等，然后进行沉井基础的计算。

沉井基础埋置深度在局部冲刷线以下仅数米时，可按浅基础设计计算规定，不考虑沉井周围土体对沉井的约束作用，并按浅基础设计计算；当沉井埋置较深时，则需要考虑基础井壁外侧土体横向弹性抗力的影响，按刚性桩计算内力和土抗力，同时应考虑井壁外侧接触面的摩擦阻力，进行地基基础的承载力、变形和稳定性分析验算。

5.3.2 沉井施工过程中结构强度计算

施工及运营过程的不同阶段，沉井荷载大小不尽相同。沉井结构强度必须满足各阶段最不利情况荷载作用的要求。沉井各部分设计时，必须了解和确定不同阶段最不利荷载作用状态，拟定出相应的计算图示，然后计算截面应力，进行配筋设计，以及结构抗力分析与验算，以保证沉井结构在施工各阶段中的强度和稳定。沉井结构在施工过程中主要进行下列验算：

（1）沉井自重下沉验算。

（2）第一节（底节）沉井的竖向挠曲验算，包括排水挖土下沉和不排水挖土下沉。

（3）沉井刃脚受力验算。

（4）井壁受力计算。

（5）混凝土封底及盖板的计算。

5.4 地下连续墙

5.4.1 地下连续墙的概念

地下连续墙技术起源于欧洲，是根据钻井中膨润土泥浆护壁以及水下浇灌混凝土的施工技术而建立和发展起来的一种方法。这种方法最初应用于意大利和法国，在1950年后，意大利首先采用了排式地下连续墙，之后这项技术传入法国、德国、日本等国家，目前这项技术已经得到了广泛应用。

地下连续墙（简称地下墙）具有以下优点：结构刚度大，整体性、防渗性和耐久性好；施工时基本上无噪音、无振动，施工速度快，建造深度大，能适应较复杂的地质条件，可以作为地下主体结构的一部分，节省挡土结构的造价。地下连续墙的施工过程如图5-5所示。

地下连续墙在工程应用中，主要包括以下四种类型：

（1）作为地下工程基坑的挡土防渗墙，它是施工用的临时结构。

（2）在开挖期作为基坑施工的挡土防渗结构，以后与主体结构侧墙以某种形式结合，作

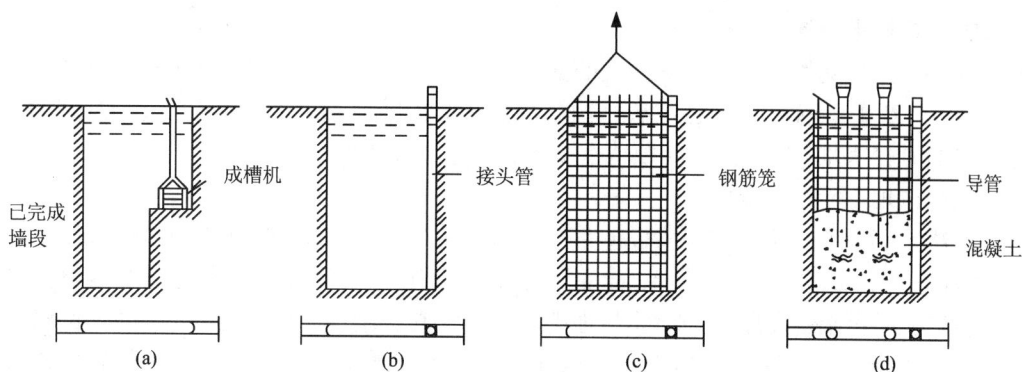

图 5 - 5　地下连续墙施工工序图

（a）成槽；（b）放入接头管；（c）放入钢筋笼；（d）浇筑混凝土

为主体结构侧墙的一部分。

（3）在开挖期作为挡土防渗结构，以后单独作为主体结构侧墙使用。

（4）作为建筑物的承重基础、地下防渗墙、隔振墙等。

5.4.2　地下连续墙的类型

地下连续墙按其填筑材料分为土质墙、混凝土墙、钢筋混凝土墙（有现浇和预制两种）和组合墙（是预制和现浇混凝土墙的组合）等；按成墙方式可分为桩式、壁板式、桩壁组合式。目前我国用的较多的是现浇钢筋混凝土壁板式地下连续墙，多用为防渗挡土结构并常作为主体结构的一部分，这时按其支护方式，又有以下四种类型。

1. 自力式地下连续墙挡土结构

在开挖修建过程中不需要设置锚杆或支撑系统，其最大的自立高度与墙体厚度和土质条件有关。一般在开挖深度较小（4 ~ 5 m）的情况下应用。在开挖深度较大又难以采用支撑或锚杆支护的工程，可采用"T"形或"I"形断面以提高自立高度。

2. 锚定式地下墙挡土结构

一般锚定方式采用斜拉锚杆（图 5 - 6），锚杆层数及位置取决于墙体支点、墙后滑动棱体的条件及地质情况。在软弱土层或地下水位较高处，也可在地下墙顶附近设置拉杆和锚定块体或墙。

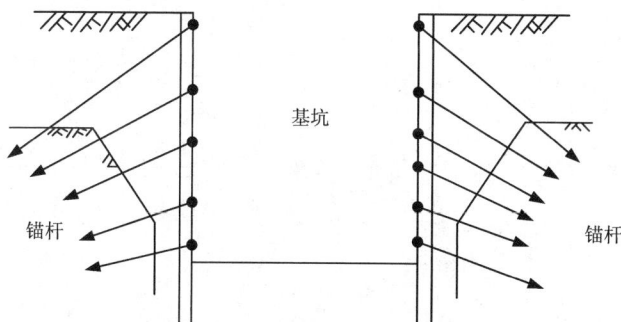

图 5 - 6　斜拉式锚杆地下连续墙示意图

3. 支撑式地下墙挡土结构

支撑式挡土的支撑结构与板桩挡土的支撑结构相似，常采用 H 型钢管等构件支撑地下连续，目前也广泛采用钢筋混凝土支撑，因其取材有时较方便，且水平位移较少，稳定性好；缺点是拆除的时较困难，以及开挖时须待混凝土强度达到要求时才可进行。

4. 逆筑法地下墙挡土结构

逆筑法是利用地下主体结构梁板体系作为挡土结构的支撑，逐层进行开挖，逐层进行梁板柱体系的施工，形成地下墙挡土结构的一种方法。其施工流程是：先沿建筑物地下室轴线（地下连续墙也是结构承重墙）或周围（地下墙只作为支护结构）施工地下连续墙；同时在建筑内部的有关位置浇筑或打下中间支撑柱，作为施工期间底板封底前承受上部结构自重和施工荷载的支撑；然后施工地面一层的梁板楼面结构，作为地下连续墙刚度很大的支撑；再逐层向下开挖土方和浇筑各层地下结构直至底板封底。

重点与难点

重点：沉井基础的类型与构造

难点：沉井基础的计算

思考与练习

---

1. 沉井基础有什么特点？

2. 沉井基础一般用在什么条件下？

3. 沉井基础的设计与计算包括哪些内容？

4. 沉井构造包括哪些，分别有什么特点？

5. 地下连续墙有什么优缺点？

第 6 章

特殊土地基上的基础工程

　　特殊土是在形成的过程中由于受到地理环境、气候条件、地质成因、次生变化等因素的影响，导致土体具有一些特殊的成分、结构和性质，此类具有特殊工程性质的土类称为特殊土。特殊土分为很多种类，其中大部分都具有区域性特征，又可称之为区域性特殊土。

　　我国地域辽阔，存在着多种类型的土体。由于不同的地理环境、沉积历史、气候条件、物质成分等原因，某些地区的土类，具有与一般土类不同的特殊性质。例如云南、广西一带区域有膨胀土，西北和华北的部分地区有湿陷性黄土，东北和青藏高原区域有多年冻土等。当其作为建筑物地基时，如果不注意这些特殊土体的特性，就很有可能引发工程事故。因此，充分了解和认识特殊土地基的特性以及其变化规律，有助于我们正确地处理好特殊土地基上的基础工程问题。

6.1　湿陷性黄土地基

6.1.1　概述

　　黄土(常见黄土如图6-1所示)是一种第四纪沉积物，广泛分布于北美、欧洲和亚洲，具有以下几方面特征：

图 6-1　常见的黄土

（1）颜色以黄色、黄褐色为主，有时呈灰黄色。

（2）颗粒组成以 0.005 ~ 0.05 mm 的粉粒为主，其含量在 60% 以上，一般不含大于 0.25 mm 的颗粒。

（3）一般有肉眼可见的大空隙，且孔隙比较大，一般在 0.8 ~ 1.2。

（4）富含碳酸钙等盐类。

（5）垂直节理发育。

黄土在一定的压力作用下受水浸湿，土体结构迅速破坏而发生显著附加下沉的性质，叫做黄土的湿陷性。这里"一定的压力"是指土的自重压力或者土的自重压力与附加压力的总和。所谓"土体结构迅速破坏"，并不是一般性的土颗粒间的空隙压缩，而是土的结构（即多孔性结构）发生了改变，土颗粒产生滑动、滚动或者跃动而导致了土体颗粒的重新排列。这种结构破坏，一般迅速而强烈。所谓的"显著附加下沉"是指远远大于它的正常压密或者塑性变形值。湿陷性黄土在我国占黄土地区总面积的 60% 以上，占地面积约为 40 万 km^2，并且多出现在地表浅层，例如晚更新世（Q_3）、全新世（Q_4）新黄土以及新堆积黄土是湿陷性黄土的主要土层，主要分布地区在黄河中游的山西、陕西、河南、青海、宁夏等地区，另外在山东以及辽宁等局部地区也有湿陷性黄土分布。

湿陷性黄土作为建筑物地基时，如果在设计和施工过程中没有对其湿陷性给予充分考虑，该类地基一旦遭遇水的浸润，就会产生湿陷，使得建筑物地基与基础产生很大的变形，影响建筑物的正常使用和安全可靠性。因此，对湿陷性黄土地基的基础工程，应当充分考虑黄土湿陷性带来的影响，采取有效的措施加以防范。

6.1.2　湿陷性黄土的颗粒组成及工程特性

湿陷性黄土是具有特殊性质的土，具有土质均匀、结构疏松、孔隙发育良好等特点。在浸水前，强度较高、压缩性较小。在水和压力的共同作用下，土体结构会迅速破坏，并伴随产生较大的附加下沉，同时强度也会迅速降低。综上所述，在湿陷性黄土场地基上开展工程活动，应考虑到筑物的重要性、地基浸水可能性的大小以及使用期间对不均匀沉降的限制程度，在地基处理的基础上采取综合防治措施，阻止由于地基湿陷而导致建筑危害的发生。

在我国，湿陷性黄土的颗粒大小以粉土颗粒为主，占总重量的 50% ~ 70%，而其中 0.05 ~ 0.01 mm 的粗粉土颗粒占总重的 40% 左右，小于 0.005 mm 的黏土颗粒占总重的 15% 左右，大于 0.1 mm 的细砂颗粒占总重的 5% 以内，基本上无大于 0.25 mm 的中砂颗粒。

6.1.3　黄土湿陷性的原因及影响因素

构成黄土的结构体系的是骨架颗粒，它的形态和连接形式影响结构体系的胶结程度，它的排列方式决定着结构体系的稳定性。湿陷性黄土一般都形成粒状架空点接触或半胶结形式，湿陷程度与骨架颗粒的强度、排列紧密情况、接触面积和胶结物的性质和分布情况有关。

黄土在形成时是极松散的，靠颗粒的摩擦和少量水分的作用下略有连接，但水分逐渐蒸发后，体积有所收缩，胶体、盐分、结合水集中在较细颗粒周围，形成一定的胶结连接。经过多次的反复湿润干燥过程，盐分积累增多，部分胶体陈化，因此逐渐加强胶结而形成较松散的结构形式。季节性的短期降雨把松散的粉粒黏结起来，而长期的干旱气候又使土中水分不断蒸发，于是少量的水分连同溶于其中的盐分便集中在粗粉粒的接触点处，可溶盐类逐渐浓缩沉淀而形成为胶结物。随着含水量的减少，土粒彼此靠近，颗粒间的分子引力以及结合水和毛细水的连接力也逐渐增大，这些因素都增强了土粒之间抵抗滑移的能力，阻止了土体的自重压密，形成了以粗粉粒为主体骨架的多空隙结构。当黄土受水浸湿时，结合水膜增厚楔入颗粒之间，于是结合水连接消失，盐类溶于水中，骨架强度随着降低，土体在上覆土层的自重压力或在自重压力与附加压力共同作用下，其结构迅速破坏，土粒向大孔滑移，粒间孔隙减小，从而导致大量的附加沉陷。这就是黄土湿陷现象的内在过程。

黄土的湿陷性主要有以下几方面的影响因素：

（1）颗粒组成。湿陷性黄土的颗粒以粉粒（0.05 ~ 0.1 mm）为主，占 60% 以上；其次为砂粒（大于 0.1 mm），占 8% ~ 26%。随着砂粒的增加，粉粒减少，湿陷性增强。

（2）比重。比重越大，湿陷性越弱。

（3）干重度。干重度越小，湿陷性越大。干重度超过 15 kN/m³ 时，具有较小的湿陷性。

（4）天然孔隙比。天然孔隙比是影响黄土湿陷性的主要指标，当其他条件相同时，黄土的天然孔隙比越大，则湿陷性越强，反之亦然。

（5）天然含水量。黄土的天然含水量与湿陷性和承载力的关系均十分密切。天然含水量低时，湿陷性强烈，但土的承载力却很高，随含水量的增加，湿陷性减弱。

（6）饱和度。饱和度和湿陷系数成反比直线关系。饱和度越小，土的湿陷系数越大，表明实现强烈；随着饱和度的增加，湿陷系数减小。

（7）液限。当液限在 30% 以上时，黄土具有较小的湿陷性，且多为非自重湿陷性黄土；当液限低于 30% 时，则湿陷性较为强烈。

（8）含盐量及酸碱度。黄土的湿陷性还与碳酸钙、石膏以及易溶盐（氯化物、硫酸盐和重碳酸盐等）的含量和状态以及土的酸碱度（pH）等有关。一般来说，黄土中碳酸钙的含量越小并以碎屑分布时，石膏及易溶盐含量越大，pH 值越大，则黄土的湿陷性越强。

（9）压力的影响。随着压力的增加，黄土的湿陷性具有增大的趋势，然而当压力超过某一个数值之后，随着压力的增加，湿陷性反而减小。

6.1.4　黄土湿陷性的特征指标

黄土的湿陷变形由三个特征指标来评判，分别是：湿陷系数、湿陷起始压力和湿陷起始含水率。下面分别介绍这三个指标的具体含义。

1. 湿陷性系数

湿陷性系数 σ_s 的定义是单位厚度的上层，在规定压力条件下浸水所产生的湿陷量，它体现了土样所代表黄土层的湿陷程度。

湿陷系数 σ_s 可以通过室内浸水压缩试验的方法来进行测定。将具有天然含水量和结构的黄土试样装入侧限压缩仪内，逐级加压，达到规定试验压力，土样压缩稳定后浸水，使得含水量接近饱和，土样又迅速下沉再次达到稳定，得到浸水后土样高度（图 6 - 2），并且由下式求得土的湿陷性系数 σ_s。

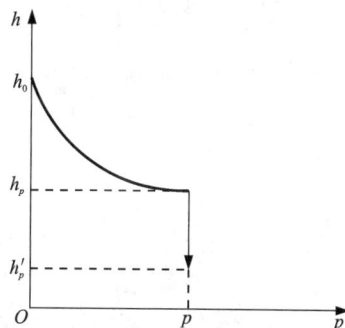

图 6 - 2　在压力 p 作用下浸水压缩曲线

$$\sigma_s = \frac{h_p - h'_p}{h_0} \tag{6-1}$$

式中：h_p——保持天然湿度和结构的土壤式样，加压至一定压力时，下沉稳定后的高度；

h_0——土壤试样的原始高度；

h'_p——对在压力 p 作用下的土样进行浸水，到达湿陷稳定后的试样高度。

根据《湿陷性黄土地区建筑规范》（GBJ 25—90），全国各地以 $\sigma_s = 15$ mm 作为湿陷性黄土的界线值，当 $\sigma_s \leqslant 15$ mm 时为非湿陷性黄土，否则为湿陷性黄土。根据湿陷系数值又可将湿陷黄土的湿陷程度划分为以下三种：当 $\sigma_s < 30$ mm 时，湿陷性轻微；当 30 mm $\leqslant \sigma_s < 70$ mm 时，湿陷性中等；当 $\sigma_s \geqslant 70$ mm 时，湿陷性强烈。

2. 湿陷起始压力

湿陷起始压力是指湿陷性黄土在某一压力作用下浸水后开始出现湿陷时的压力，如果作用在湿陷性黄土地基上的压力小于这个湿陷起始压力，地基即使浸水也不会发生湿陷。实际中，取相对应于在判定黄土湿陷性时湿陷系数的界限值（一般取 0.015）的压力，实质上湿陷起始压力相当于黄土受水浸湿后的残余结构强度。

湿陷性黄土的湿陷起始压力与土的成因、堆积年代、地理位置、地貌特征和气候条件等有关，因此，各地黄土的湿陷起始压力各有不同。同一地区，一般随天然含水率、黏粒含量和埋藏深度的增大而增大，随孔隙比的减小而增大。

对于自重湿陷性黄土，不需要确定湿陷起始现其实压力值，因此，所谓的湿陷起始压力是针对非自重湿陷性黄土而言的。

3. 湿陷起始含水率

湿陷起始含水率是指湿陷性黄土在一定压力作用下受水浸湿开始出现湿陷时的最低含水率，它与土的性质和作用压力有关。对同一种土，起始含水率并非是一个恒定的值，一般随压力的增大而减小。但对于特定的湿陷性黄土，在特定的压力下，其湿陷起始含水率是一个定值。

湿陷起始含水率与土的结构强度、黏性、受水浸湿时强度降低的程度以及土的应力状态等有关，作用在土上的压力越大，湿陷起始含水率越小。

确定湿陷起始含水率的标准与确定湿陷起始压力的标准相似，以土样在某一压力作用下的湿陷系数等于 0.015 时的相应含水率作为湿陷起始含水率。

6.1.5　湿陷性类型和等级的划分

依据《湿陷性黄土地区建筑规范》（GBJ 25—90）用计算的自重湿陷量 Δzs 来对场地湿陷类型进行判定，Δzs 按照下式进行计算

$$\Delta zs = \beta_0 \sum_{i=1}^n \delta_{zsi} h_i \tag{6-2}$$

式中：β_0——根据建筑经验，各地区土质的修正系数。陇西地区可取 1.5，陇东、陕北等地区可取 1.2，关中地区可取 0.7，其他地区（河南、河北、山西等）可取 0.5；

δ_{zsi}——第 i 层土样在压力值等于上覆土的饱和（$s_\gamma > 85\%$）自重应力时，测定的自重湿陷系数（当饱和自重应力大于 300 kPa 时，仍选用 300 kPa）；

h_i——地基中第 i 层土的厚度；

N—— 总厚度内的土层数。

当 $zs'(\Delta zs) \leqslant 70$ mm 时，定义为非自重湿陷性场地，否则为自重湿陷性场地。运用式（6 - 2）进行计算过程中，土层总厚度从基底开始算起，到全部湿陷性黄土层地面为止，其中 δ_{zs} 的土层（属于非自重湿陷性黄土层）不累计在内。地基内各土层湿陷下沉稳定后所发生湿陷量的总和 Δs，可以根据下式进行计算

$$\Delta s = \beta \sum_{i=1}^{n} \delta_{si} h_i \qquad (6 - 3)$$

式中：δ_{si}—— 第 i 层土的湿陷系数；

　　　h_i—— 第 i 层土的厚度（cm）；

　　　β—— 考虑地基土浸水机率、侧向挤出条件等因素的修正系数，地面以下至 6.5 m 深度内取 1.5；6.5 m 深度以下，非自重湿陷性黄土地基 $\beta = 0$，自重湿陷性黄土地基可以按照式（6 - 2）进行计算。依据地基下各土层累计的计算自重湿陷量 Δzs 和总湿陷量 Δs 的大小以及表 6 - 1 可以对地基的湿陷等级进行划分。

表 6 - 1　湿陷性黄土地基的湿陷等级（mm）

湿陷类型 Δzs Δs	非自重湿陷性场地	自重湿陷性场地	
	$\Delta zs < 70$ mm	70 mm $\leqslant \Delta zs < 300$ mm	$\Delta zs \geqslant 350$ mm
$\Delta s < 300$ mm	I（轻微）	II（中等）	—
300 mm $\leqslant \Delta s < 600$ mm	II（中等）	II（中等）或 III（严重）	III（严重）
$\Delta s \geqslant 600$ mm	—	III（严重）	IV（很严重）

注：Δzs 为计算自重湿陷量，Δs 为总湿陷量；当 300 mm $\leqslant \Delta s < 500$ mm，70 mm $\leqslant \Delta zs < 300$ mm 时，定为 II 级；当 500 mm $\leqslant \Delta s < 600$ mm，300 mm $< \Delta zs \leqslant 350$ mm 时，定为 III 级。

6.1.6　湿陷性黄土地基的处理

为了改善地基土的性质和结构，减少其渗水性、压缩性，并控制其湿陷的发生，应部分或全部消除其湿陷性。在明确地基湿陷性黄土层的厚度以及湿陷性的类型、等级之后，应该结合建筑物的工程性质、施工条件和材料来源等，采取必要的措施，对地基进行处理，使其满足建筑物的安全使用要求。湿陷性黄土的地基处理方法主要有：垫层法、重锤表层夯实及强夯法、挤密桩法、桩基础法、化学加固法以及预浸水法。

1. 垫层法

垫层法是先将基础下的湿陷性黄土一部分或全部挖除，然后用素土或灰土分层夯实做成垫层，以便消除地基的部分或全部湿陷量，同时可减小地基的压缩变形，提高地基承载力。垫层法可分为局部垫层和整片垫层。当仅要求消除基底下 1～3 m 湿陷性黄土的湿陷量时，宜采用局部或整片土垫层进行处理；当同时要求提高垫层土的承载力或增强水稳性时，宜采用局部或整片灰土垫层进行处理。

2. 重锤表层夯实及强夯法

重锤表层夯实及强夯法适用于处理饱和度不大于 60% 的湿陷性黄土地基。一般采用

2.5～3.0 t的重锤，落距4.0～4.5 m，可消除基底以下1.2～1.8 m黄土层的湿陷性。在夯实层的范围内，土的物理、力学性质获得显著改善，平均干密度明显增大，压缩性降低，湿陷性消除，透水性减弱，承载力提高。非自重湿陷性黄土地基，其湿陷起始压力较大，当用重锤处理部分湿陷性黄土层后，可减少甚至消除黄土地基的湿陷变形。因此在非自重湿陷性黄土场地采用重锤表层夯实及强夯法的优越性较明显。

3. 挤密桩法

挤密桩法适用于处理地下水位以上的湿陷性黄土地基，施工时，先按设计方案在基础平面位置布置桩孔并成孔，然后将备好的素土（粉质黏土或粉土）或灰土在最优含水量下分层填入桩孔内，并分层夯（捣）实至设计标高止。通过成孔或桩体夯实过程中的横向挤压作用，使桩间土得以挤密，从而形成复合地基。值得注意的是，不得用粗颗粒的砂、石或其他透水性材料填入桩孔内。

4. 桩基础

桩基础既不是天然地基，也不是人工地基，属于基础范畴，是将上部荷载传递给桩侧和桩底端以下的土（岩）层，采用挖、钻孔等非挤土方法而成的桩。在成孔过程中将土排出孔外，桩孔周围土的性质并无改善。但设置在湿陷性黄土场地上的桩基础，桩周土受水浸湿后，桩侧阻力大幅度减小，甚至消失，当桩周土产生自重湿陷时，桩侧的正摩阻力迅速转化为负摩阻力。因此，在湿陷性黄土场地上，不允许采用摩擦型桩，设计桩基础除桩身强度必须满足要求外，还应根据场地工程地质条件，采用穿透湿陷性黄土层的端承型桩（包括端承桩和摩擦端承桩）。其桩底端以下的受力层：在非自重湿陷性黄土场地，则必须是压缩性较低的非湿陷性土（岩）层；在自重湿陷性黄土场地，必须是可靠的持力层。这样，当桩周的土受水浸湿，桩侧的正摩阻力一旦转化为负摩阻力时，便可由端承型桩的下部非湿陷性土（岩）层所承受，并可满足设计要求，以保证建筑物的安全与正常使用。

5. 化学加固法

在我国，湿陷性黄土地区地基处理应用很多，取得实践经验的化学加固法包括硅化加固法和碱液加固法，其加固机理如下：

硅化加固湿陷性黄土的物理化学过程，一方面基于浓度不大的、黏滞度很小的硅酸钠溶液顺利地渗入黄土孔隙中，另一方面，溶液与土的相互凝结，土起着凝结剂的作用。

碱液加固法在我国始于20世纪60年代，其原理是利用氢氧化钠溶液加固湿陷性黄土地基，其加固原理为：氢氧化钠溶液注入黄土后，首先与土中可溶性和交换性碱土金属阳离子发生置换反应，反应结果使土颗粒表面生成碱土金属氢氧化物。

6. 预浸水法

预浸水法是在修建建筑物前预先对湿陷性黄土场地大面积浸水，使土体在饱和自重应力作用下，发生湿陷，产生压密，以消除全部黄土层的自重湿陷性和深部土层的外荷湿陷性。预浸水法一般适用于湿陷性黄土厚度大、湿陷性强烈的自重湿陷性黄土场地。由于浸水时场地周围地表下沉开裂，并容易造成"跑水"穿洞，影响建筑物的安全，所以较为适用于空旷的新建地区。

6.2　膨胀土地基

6.2.1　概述

　　按照我国《膨胀土地区建筑技术规范》(GBJ 112—87) 中的规定,膨胀土地基是指土的黏粒成分中含有较多的强亲水性矿物,同时具有显著的吸水膨胀性以及失水收缩性两种特征的黏性土。膨胀土的膨胀 — 收缩 — 再膨胀的周期性变形特征非常显著,并且给工程带来巨大的危害,因而在施工过程中将其区分出来,作为特殊土对待。膨胀土作为建筑物地基时,如果没有经过处理,或者处理不得当,则会由于膨胀土层的厚度不同、含水率变化、土的不均匀等原因,造成不均匀的胀缩变形,导致建筑物的破坏、开裂,如不及时修复,危害很大。另外,膨胀土裂隙发育,呈半坚硬状态,易给人以良好地基的假象。

　　膨胀土主要分布在北美西部、亚洲南部、澳洲及非洲等半干旱地区。在我国分布很广泛,据现有的资料,云南、湖北、安徽、四川、河南、山东、广西等20多个省、自治区均有膨胀土分布。目前膨胀土的工程问题已经成为世界性的研究课题。自 1965 年在美国召开首届国际膨胀土学术会议以来,每 4 年都定期召开会议。我国对膨胀土的工程问题给予了高度的重视,自 1973 年开始有组织地在全国范围内开展了大规模的研究工作,总结出了在勘察、设计、施工和维护等方面的成套经验,并已编制出《膨胀土规范》。

6.2.2　膨胀土的物理、力学特性

　　膨胀土中黏粒矿物成分主要由亲水性矿物组成,同时具有吸水显著膨胀软化和失水收缩硬裂的特征,且湿胀和干缩可往复转化。自然界中分布的膨胀土,主要是岩石风化的产物,经流水动力搬运与分选,在重力作用下沉积而生成的膨胀土。膨胀土在自然状态下,孔隙比 e 一般为 0.6 ~ 1.1,压缩性较低,有红褐、黄、白等色。过去对这种土的特性不是很了解,工程技术人员常误认为其土性坚硬、强度高、压缩性小,可作为良好的天然地基。实践证明,这种土对工程建设潜伏着严重的破坏性,一旦发生工程事故,治理难度很大。裂隙发育是膨胀土的一个重要特征,常见的裂隙有竖向、斜交和水平三种。竖向裂隙常出露地表,裂隙宽度随深度的增加而逐渐减小,裂隙间常填充有灰绿色或灰白色黏土。

　　膨胀土的矿物成分包括碎屑矿物和黏土矿物两类。碎屑矿物主要为石英、长石和云母,其次是方解石和硬石膏等轻矿物;黏土矿物主要为蒙脱石和伊利石,其次为高岭石等多种矿物组成的复合矿物,其中蒙脱石的含量对膨胀土的特性的影响最为重要,当蒙脱石在土中的有效含量超过 5% 时,便会对工程性质产生影响,若含量达到20% ~ 30%,土的胀缩特性和强度特性则基本上由蒙脱石的特性决定。

　　膨胀土的物理、力学特性主要有:

　　(1) 黏粒含量高,往往达到 20%。

　　(2) 天然含水率接近塑限,饱和度一般大于85%。

　　(3) 塑性指数大于 17,多在 22 ~ 35 之间。

　　(4) 液性指数小,在天然状态呈硬塑状态。

　　(5) 缩限一般小于 11%。

　　(6) 土的压缩性小,多属低压缩性土。

（7）体积值在浸水前后相差较大。

6.2.3　影响膨胀土地基胀缩性的主要因素

膨胀土具有胀、缩特性的机理很复杂，属于当前国内外岩土界正在研究中的非饱和土理论与实践问题。膨胀土之所以具有显著的胀缩性，可归因于膨胀土的内在机制与外界因素两个方面。

影响膨胀土胀缩性的内在机制，主要是指矿物成分及微观结构两方面。实验证明，膨胀土含有大量的活性黏土矿物，如蒙脱石和伊利石，尤其是蒙脱石，表面积大，含水量低时对水有极大的吸力，土中蒙脱石含量多少直接决定着土胀缩性的大小。除了矿物成分因素外，这些矿物成分在空间上的联结状态也影响其胀缩性。经过对大量不同地点的膨胀土进行扫描分析得知，面／面连接的叠聚体是膨胀土的一种普遍结构形式，这种结构比团粒结构具有更大的吸水膨胀和失水收缩的能力。

影响膨胀土胀缩性的最大外界因素是水对膨胀土的作用，或者更确切地说，水分迁移是控制土胀缩性的关键外界因素。因为只有土中存在着可能产生水分迁移的梯度和进行水分迁移的途径，才有可能引起土的膨胀和收缩。尽管某一种黏性土具有潜在的较高的膨胀势，但如果它的含水量保持不变，则不会产生体积的变化；相反，含水量的轻微变化，哪怕变量值只有 1% ~ 2%，也足以引起有害的膨胀或收缩。土中水分迁移的方式与各种环境因素诸如气候条件、地下水位、地形特征、地面覆盖以及地质构造、土的种类等条件有关。

6.2.4　膨胀土地基的胀缩性指标

膨胀土地基的胀缩性指标主要有自由膨胀率 δ_{ef}、膨胀率 δ_{ep}、膨胀力 P_e、线缩率 δ_{sr} 以及收缩系数 λ_s 等几个方面。

1. 自由膨胀率 δ_{ef}

将人工制备的土样磨细烘干，经无颈漏斗注入量杯中测量其体积，然后将其倒入盛水的量筒中，经充分吸水膨胀稳定后，再次测量其体积。增加的体积与原体积的比值称为自由膨胀率 δ_{ef}，其计算公式如下

$$\delta_{ef} = \frac{V_w - V_o}{V_0} \tag{6-4}$$

式中：V_0——干土样的原体积，即量土杯体积（mL）；

　　　V_w——土样浸水膨胀稳定后的体积（mL），由量筒可度量出。

2. 膨胀率 δ_{ep} 与膨胀力 P_e

膨胀率表示的是原状土在测试压缩过程中，在受到一定的压力作用下，当浸水膨胀稳定时，土样增加的高度与原土样的高度之比，公式为

$$\delta_{ep} = \frac{h_w - h_o}{h_0} \tag{6-5}$$

式中：h_0——干土样的原始高度（mm）；

　　　h_w——土样浸水膨胀稳定后的高度（mm）。

以压力 p 为横坐标，各级压力下的膨胀率 δ_{ep} 为纵坐标，将试验经过绘制成为 $p - \delta_{ep}$ 关系曲线。该曲线与横坐标的交点 p_e 称为该试样的膨胀力，膨胀力表示的是原状土样在体积不变

时，由于浸水膨胀所产生的最大内力值。

3. 线缩率 δ_{sr} 与收缩系数 λ_s

膨胀土失水收缩，其收缩性可以用线性收缩率与收缩系数来表示。收缩率 δ_{sr} 是指土的竖向收缩变形量与其原始高度的比值，公式为

$$\delta_{sri} = \frac{h_o - h_i}{h_o} \times 100\% \qquad (6-6)$$

式中：h_o—— 干土样的原始高度（mm）；

h_i—— 含水量为 w_i 时的土样高度（mm）。

利用收缩曲线直线收缩段可求得收缩系数 λ_s，其定义为：原状土在直线收缩阶段内，当含水量减少 1% 时所对应的收缩率的变化值，计算公式为

$$\lambda_s = \frac{\Delta\delta_{sr}}{\Delta w} \qquad (6-7)$$

式中：Δw—— 收缩过程中，直线变化阶段两点含水量之差（%）；

$\Delta\delta_{sr}$—— 变化两点含水量之差所对应的竖向线缩率差值（%）。

6.2.5　膨胀土的判别及等级划分

1. 膨胀土的判别

根据我国十余年来在实践中总结出来的经验，判别膨胀土的主要依据是工程地质特征与自由膨胀率 δ_{ef}。因此《膨胀土规范》中规定，凡是有下列几种工程地质特征的场地，且自由膨胀率 δ_{ef} 不小于 40% 的土体，应判定为膨胀土地基：

（1）裂隙发育，常有光滑面和擦痕，有的裂隙中充填着灰白色或灰绿色黏土，在自然条件下呈坚硬或硬塑性状态。

（2）多出露于二级或二级以上阶地、山前和盆地边缘丘陵地带，地形平缓，无明显的陡坎。

（3）常见浅层塑性滑坡、地裂、新开挖坑（槽）壁易发生坍塌等。

（4）建筑物裂缝随气候变化而张开闭合。

2. 膨胀土地基的等级划分

对于平坦场地的膨胀土地基，在评价其胀缩性等级时，应根据地基的膨胀、收缩变形量对低层砖混房屋的影响程度进行划分，这是因为轻型结构的基底压力较小，胀缩变形量大，易引起结构破坏，所以我国《膨胀土规范》规定用 50 kPa 压力下（相应于一层砖石结构的基底压力）测定的土的膨胀率来计算地基分级变形量，并以此作为划分胀缩等级的标准，表 6-2 给出了胀缩土地基的胀、缩等级。

表 6-2　膨胀土地基的胀缩等级划分

地基分级变形量 s_e/mm	级别	破坏程度
$15 < s_e < 35$	I	轻微
$35 \le s_e < 70$	II	中等
$s_e \ge 70$	III	严重

注：地基分级变形量 s_e 按照式（6-8）进行计算，计算过程中采用 50 kPa 压力下的膨胀率。

以下还有两种划分标准以供参考，如表 6-3、表 6-4 所示。

表 6-3 美国膨胀土的等级标准

指标\\级别	塑性指数	缩限	膨胀总体变率	黏粒含量
极强	> 35	< 11	> 30	> 28
强	25 ~ 41	7 ~ 12	20 ~ 30	20 ~ 31
中	15 ~ 28	10 ~ 16	10 ~ 20	13 ~ 23
弱	< 18	> 15	< 10	< 15

表 6-4 原《公路路基设计规范》(JTJ 013-95) 标准

指标\\级别	黏粒含量 /%	自由膨胀率	膨胀总体变率
极强	> 50	> 90	> 4
强	35 ~ 50	65 ~ 90	2 ~ 4
中	< 35	40 ~ 60	0.7 ~ 2

6.2.6 膨胀土地基的变形量计算

膨胀土地基在不同条件下主要有上升变形、下降变形以及升降变形三种形态。在实际计算过程中，可以根据三种不同形态分别进行计算：

(1) 当距离地表 1 m 处的地基土的天然含水量等于或者接近最小值或地面有覆盖无蒸发可能时，以及建筑物在使用期间经常受水浸湿的地基，可以按照膨胀变形量 s_e 进行计算，公式如下

$$s_e = \psi_e \sum_{i=1}^{n} \delta_{epi} h_i \tag{6-8}$$

式中：ψ_e——根据当地经验确定计算膨胀变形量的经验系数，若无经验时，三层及其以下的建筑物可取 0.6；

δ_{epi}——基础地面以下第 i 土层在该图层平均自重应力与平均附加应力共同作用下的膨胀率，由室内试验确定(%)；

h_i——第 i 层土的计算厚度(mm)。

n——基础底面至计算深度内所划分的土层的数量，计算深度应该根据大气影响深度确定；当有浸水可能时，可以按照浸水深度进行计算。

(2) 当距离地表 1 m 处的地基土的天然含水量大于 1.2 倍的塑限含水量时，或者直接受高温作用的膨胀土地基可以按照收缩变形量 s_s 进行计算，公式如下

$$s_s = \psi_s \sum_{i=1}^{n} \lambda_{si} \Delta w_i h_i \tag{6-9}$$

式中：ψ_s——根据当地经验确定计算收缩变形量的经验系数，若无经验时，三层及其以下的

建筑物可取 0.8；

λ_{si}—— 第 i 层土的收缩系数，由室内实验确定；

h_i—— 第 i 层土的计算厚度（mm）；

Δw_i—— 地基收缩过程中，第 i 层土可能发生的含水量变化的平均值；

n—— 自然基础底面至计算深度内所划分的土层的数量，计算深度根据大气影响深度确定；在有热源的影响下，应该按照热源影响深度来确定。

在计算深度的过程中，各土层的含水量变化值由下式进行计算

$$\Delta w_i = \Delta w_1 - (\Delta w_1 - 0.01)\frac{z_{i-1}}{z_{n-1}} \qquad (6-10)$$

$$\Delta w_1 = \psi_w w_p \qquad (6-11)$$

式中：w_1、w_p—— 地表以下 1 m 处的天然含水量和塑限含水量；

ψ_w—— 土的湿度系数；

z_i—— 第 i 层土的深度（m）；

z_n—— 计算深度，可按照大气影响深度取值（m）。

（3）在其他情况下，可以按照地基土的胀缩变形量 s 进行计算，计算公式如下

$$s = \psi \sum_{i=1}^{n} (\delta_{epi} + \lambda_{si}\Delta w_i)h_i \qquad (6-12)$$

式中：ψ—— 计算胀缩变形量的经验系数，可取值 0.7。

6.2.7 膨胀土地基对建筑物的危害及主要的工程措施

1. 膨胀土地基对建筑物的危害

膨胀土这种显著的吸水膨胀、失水收缩的特性，给工程建设带来极大危害，使大量的轻型房屋发生开裂、倾斜，公路路基发生破坏，堤岸、路堑产生滑坡。美国土木工程协会在 1973 年曾进行过统计报道，在美国由于膨胀土的问题造成的损失，至少达到 23 亿美元；而根据 1993 年第七届国际膨胀土会议的报道，目前这种损失每年已经超过 100 亿美元，比洪水、飓风和地震缩造成的损失总和的两倍还多。在我国，据不完全统计，在膨胀土地区修建的各类工业与民用建筑物，因地基土膨胀变形而导致损坏或破坏的有 1×10^7 m²，其中广西占 10%。全国通过膨胀土地区的铁路线占铁路总长度的 15% ～ 25%，因膨胀土而带来的各种灾害十分严重，每年的直接修整费用就超过亿万元。由于上述情况，膨胀土的工程问题已经引起包括我国在内的各国学术界和工程界的高度重视。

在我国，房屋建筑工程是涉及膨胀土较早的工程，故有关膨胀土对房屋建筑造成危害的研究开展较早。研究结果表明，建造在膨胀土地基上的房屋破坏具有如下一些规律：

（1）建筑物的开裂破坏一般具有地区性、成群出现的特点，且以低层、轻层、砖混结构损坏最为严重，因为这类房屋重量轻，结构刚度小，基础埋深浅，地基土易受到外界环境变化的影响而产生胀缩变形。

（2）房屋在垂直和水平方向上都受弯和受扭，故在房屋转角处首先开裂，墙上出现正、倒八字形裂缝和"X"形交叉裂隙，外纵墙基础由于受到地基在膨胀过程中产生的竖向切力和侧向水平推力的作用，造成基础外移，从而产生水平裂缝，并伴有水平位移。

（3）坡地上的建筑物，地基变形不仅有垂直向，还伴随有水平向，因而损坏要比平地上

普遍且严重。

2. 膨胀土地基的主要工程措施

由于膨胀土的变形受外界条件影响因素较多，且具有周期变形特征，因此在地基设计时主要控制最大变形值，使其不超过允许值；当不满足要求时，应针对膨胀土的胀缩性从地基、基础、上部结构以及施工等方面采取措施。

1）建筑措施

（1）建筑物应尽量布置在地形条件比较简单、土质比较均匀、胀缩性较弱的场地。

（2）建筑物体型应力求简单。在地基土显著不均匀处，建筑物平面转折部位或高度（荷重）有显著变化部位以及建筑物结构类型不同部位，应设置沉降缝。

（3）加强隔水、排水措施，尽量减少地基土的含水量变化。室外排水应畅通，避免积水，屋内排水采用外排水。散水宽度宜稍大，一般均应大于 1.2 m，并加隔热保温层。

（4）室内地面设计应根据要求区别对待。对 Ⅲ 级膨胀土地基和使用要求特别严格的地面，可采用地面配筋或地面架空措施。对一般工业与民用建筑地面，可按一般方法进行设计，也可采用预制混凝土块铺砌，单块体间应嵌填柔性材料。大面积地面硬座分隔变形缝。

（5）建筑物周围宜种植草皮。在植树绿化时应注意种树的选择，例如不宜种植吸水量和蒸发量大的桉树等速生树种，而尽可能地选用蒸发量小的针叶树种。

2）结构措施

（1）膨胀土地基宜采用建造 3 层以上的高层房屋以加大地基压力，防止膨胀变形。

（2）较均匀的弱膨胀土地基可采用条形基础，若基础埋深较大或条形基基底压力较小时，宜采用墩基础。

（3）承重砌体结构可采用实心砖墙，不得采用空斗墙、砌块墙或无砂混凝土砌体，不宜采用砖拱结构、无砂大孔混凝土和无筋中型砌块等对变形敏感的结构。

（4）为增加房屋的整体刚度，基础顶部和房屋顶层宜设置圈梁，多层房屋的其他各层可隔层设置，必要时也可层层设置。

（5）钢和钢筋混凝土排架结构、山墙和内隔墙应采用与柱基相同的基础形式；围护墙应砌置在基础梁上，基础梁底与地面之间宜留有 100 mm 左右的空隙。

3）地基处理

膨胀土地基处理的目的在于减少或消除地基胀缩对建筑物产生的危害。常用的方法有以下几种。

（1）换土垫层。在较强或膨胀性土层出露较浅的建筑场地，或建筑物在使用上对不均匀变形有严格要求时，可采用非膨胀性的黏性土、砂石、灰土等置换膨胀土，以较少可膨胀的土层，达到减少地基膨胀变形量的目的。换土厚度通过变形计算确定。平坦场地上 Ⅰ、Ⅱ 级膨胀土的地基处理，宜采用砂、碎石垫层，垫层的厚度不应小于 300 mm，基础两侧宜采用与垫层厚度相同的材料回填，并做好防水处理。

（2）增大基础埋深。膨胀土地基上的建筑物的基础埋置深度不应小于 1 m。平坦场地上的砖混结构房屋，当以基础埋深为主要防治措施时，基础埋深应取为大气影响急剧深度（为大气影响深度的 0.45 倍）。

（3）石灰灌浆加固。在膨胀土中掺入一定量的石灰能有效提高土的强度，增加土中湿度的稳定性，较少膨胀势。工程商可采用压力灌浆的办法将石灰浆液注入膨胀土的裂隙中、以起加固作用。

（4）桩基。当大气影响深度较深，膨胀土层厚，选用地基加固或墩式基础施工有困难或不经济时，可选用桩基。在这种情况下，桩尖应锚固在非膨胀土层或伸入大气影响急剧层以下的土层中。具体桩基设计应满足《膨胀土规范》的要求。

在膨胀土地基上进行基础施工时，宜采用分段快速作业法。施工过程不得使基坑暴晒或泡水，雨季施工应采取防水措施。基础施工出地面后，基坑应及时分层回填完毕。

对于坡地，由于膨胀土边坡具有多向失水性及不稳定性，且坡地建筑一般都需要挖填方，致使土质不均匀性更为显著，因此坡地上的建筑破坏一般比平坦场地严重，应尽量避免将房屋建造在这类坎坡上。当必须在坎坡上修建房屋时，则应首先治坡，整治环境，待治坡完成后，再开始兴建建筑物。因为如果坡体一旦处于不稳定状态，单纯的局部地基处理时难以奏效的。治坡包括排水措施、设置支挡以及设置护坡三个方面。护坡对膨胀土边坡的作用不仅是防止冲刷，更重要的是保持坡体内含水量的稳定。

6.3　冻土地基

6.3.1　概述

土温低于 0℃ 时，土中水部分或大部分冻结成冰的土称为冻土。冻土是一种温度敏感性土体，在冻土区工程建设中不可避免地会遇到土层处于冻结、未冻结、正在融化及已经融化等不同状态，即使大的物质成分和含水量等都保持不变，在冻土区的地基也将比在融化区具有显著的可变性及复杂性。因此在工程建设中必须加以足够的重视并采取相应的防治措施，以消除由于冻土变形强度弱化或冻胀、融沉所引起的各种危害。想要在工程建设中对冻土所引起的危害加以防止，首先要了解其工程特性。冻土有季节性冻土和多年冻土两种。

6.3.2　冻土地基的工程特性

冻土的工程特性主要包括其物理性质、力学性质、冻胀性及融沉性。

1. 冻土的物理性质

总含水率：指冻土中所有冰的质量与骨架质量之比和未冻水的质量与骨架质量比之和。

冻土的含冰量：冻土中含有未冻结水，因此冻土中的含冰量不等于冻土融化时的含水量，衡量冻土中含冰量的指标有相对含冰量、质量含水量和体积含水量。相对含冰量是冻土中冰的质量与全部水的质量之比；质量含水量是冻土中冰的质量与冻土中土骨架质量之比；体积含水量是冻土中冰的体积与冻土的总体积之比。

2. 冻土的力学性质

冻土的强度与变形特性与其他类型土的最大差别在于冰的存在，其力学性质主要取决于其中胶结冰的性质，冰的强度随着温度的降低而增加，并随冰晶的结构构造变化而变化。此外，冰的强度还随应变速率的增大而增大，在破坏类型上表现为塑性向脆性的转变，冰的这些性质直接导致了冻土也具有类似的特征。冻土的强度随温度、压力、应变速率的改变而发生很大变化：当温度降低时，冻土的强度随之增加；当荷载作用历时延长时，颗粒间胶结冰产生塑流而具有流变性，这一特点使得冻土瞬时强度大而长期强度小；随应变速率的加大，冻土强度增大，破坏类型表现出由塑性破坏向脆性破坏转化。

冻土的强度有别于其他类型土强度的另一个突出表现是围压的影响。在较低围压的条件下，冻土的强度随着围压的增大而增大；在较高围压的条件下，随着围压的增大，冻土的强度具有降低的趋势。

3. 冻土的冻胀性

在季节性冻土区或多年冻土区，当温度降低到土的冻结温度以下时，湿土中的水分就向正冻带迁移，并以冰的形式充填土颗粒的间隙，而当土中的水冻结成冰时，体积一般会增大9%，当土中水的体积膨胀到足以引起颗粒间的相对位移时就会引起土的冻胀。冻胀的严重性在于已冻土中未冻水分的不断迁移聚集，特别是当负温度持续条件及有充分水源和水的迁移通道时，冻胀性会更加显著。

影响冻胀的主要因素有：土颗粒粒径的大小、矿物成分、土中水分以及补给来源、冻结条件和外部荷载作用等。一般来说，粗颗粒的土由于水分易于排出，而不易产生冻胀，随着土颗粒粒径的减小冻胀性逐渐增强，但是当颗粒粒径达到黏性土粒径范围（即 $\leqslant 0.0075$ mm）时，由于水分迁移量减少，冻胀性也相应减小；亲水性矿物成分含量高的土冻胀性显著；对于冻胀敏感性土，初始含水量大，水分补给充足的土冻胀性特别强；温度越低，未冻水含量较少，冰的含量相对增加，冻胀性就越显著；增加土体外部附加荷载会对土体冻胀产生显著的抑制作用。

4. 冻土的融沉性

冻土在熔化过程中在无外部荷载作用下所产生的沉降，称为融化下沉或者融陷，在有外部荷载作用下产生的压缩变形称作融化压缩。

冻结深度或融化层厚度，一般通过勘探和实测地温的方法进行直接判定。我国多年冻土地区融化深度为 3 m 左右，所以对多年冻土融陷性等级评价也按 3 m 考虑，根据计算融陷量及融陷系数对冻土的融陷性进行划分。

6.3.3　季节性冻土

季节性冻土指在一定厚度的地表土层中冬季冻结夏季融化，是冻融交替的土，中国东北、华北和西北地区的季节性冻土，深度均在 50 cm 以上，黑龙江北部及青海地区的冻深较大，最深可达 3 m。

1. 季节性冻土的冻胀性分类

土的冻胀由于侧向和下面有土体的约束，主要反映在体积向上的增量（隆涨），季节性冻土地区建筑物的破坏很多是由地基土冻胀性造成的。按照冻胀变形量大小，并结合对建筑物的危害程度，可以根据冻胀系数 K_d 将季节性冻土分为以下五类。

Ⅰ级不冻胀土：$K_d < 1\%$，冻结时基本无水分迁移，冻胀变形很小，对各种浅埋深基础无任何危害。

Ⅱ级弱冻胀土：$1\% < K_d \leqslant 3.5\%$，冻结时水分迁移很少，无明显的冻胀隆起，对一般浅埋深基础无危害。

Ⅲ级冻胀土：$3.5\% < K_d \leqslant 6\%$，冻结时水分迁移较多，形成冰夹层，如建筑物的自重很小、基础埋深过浅，会产生较大的冻胀变形，冻胀大时会在切向冻胀力的作用下将基础向上拔起。

Ⅳ级强冻胀土：$6\% < K_d \leqslant 13\%$，冻结时水分大量迁移，形成较厚冰夹层，冻胀严重，即使基础埋深超过冻结线，也可能由于切向冻胀力将基础上拔；

Ⅴ级特强冻胀土：$K_d > 13\%$，冻胀性很大，是造成基础冻胀上拔的主要原因。

冻胀系数 K_d 的计算公式如下

$$K_d = \frac{\Delta h}{Z_o} \times 100\% \qquad (6-13)$$

式中：Δh——地面最大冻胀量（m）；

Z_o——最大冻结深度（m）。

2. 季节性冻土的抗冻胀性验算

季节性冻土地基的最小埋置深度用 h 表示，其计算公式如下

$$h = z_d - h_{max} \qquad (6-14)$$

式中：z_d——设计冻结深度（m）；

h_{max}——基础底面下允许残留冻土层的最大厚度（m）。

上部结构为超静定结构时，除去不冻胀土之外，基底埋深应在冻结线以下大于 0.25 m 的位置。当建筑物基底埋深不在冻胀土层中时，基底可以不考虑冻结问题的影响。按照式（6-14）方式确定基础的埋置深度之后，基底的法向冻胀力由于允许冻胀变形而基本消失，考虑基础侧面切向冻胀力的抗冻拔稳定性按照下列公式进行计算

$$N + W + Q_T \geqslant kT \qquad (6-15)$$

在冻结深度较大的地区，桩基础为冻胀及强冻胀性（Ⅲ ~ Ⅳ 级）土层时，由于上覆重量较小，当基础埋深较浅时会引起周围土体冻胀上拔，使上覆建筑遭到破坏。基桩的入土深度往往由在冻结线以下抗冻拔需要的锚固长度所决定。为了保证安全，以上计算中的基础重力在冻土和暖土部分均不在考虑范围内。当切向冻胀力较大时，应验算基桩在未配筋（少配筋）处的抗拉能力，其计算公式如下

$$P = kT - (N + W_1 + F_1) \qquad (6-16)$$

式中：P——验算界面的拉力（kN）；

W_1——验算截面以上桩基础的重力（kN）；

F_1——验算截面以上桩基础在暖土部分阻力（kN）。其余符号意义相同。

6.3.4　多年冻土

多年冻土是指全年保持冻结而不融化，并且延续时间在 3 年或 3 年以上的土，多年冻土的表层往往覆盖着季节性冻土层（或称融冻层），但其融化深度置于多年冻土层的层顶。多年冻土在中国有两个主要分布区：一是在纬度较高的内蒙古和黑龙江的大、小兴安岭一带；二是在地势较高的青藏高原和甘肃、新疆高山区。

1. 多年冻土的融沉性等级划分

多年冻土的融沉性是评价其工程性质的重要指标，可以根据融化下沉系数 A 将多年性冻土分为以下五类。

Ⅰ级不融沉土：$A < 1\%$，是仅次于岩石的地基土，在其上修建建筑物时可不考虑冻融问题。

Ⅱ级弱融沉土：$1\% \leqslant A < 5\%$，是多年冻土中较好的地基，可直接作为建筑物的地基，

当控制基底最大融化深度在 3 m 以内时，建筑物不会受到明显融沉作用的破坏。

Ⅲ 级融沉土：5% ≤ A < 10%，具有较大的融化下沉量并且冬季回冻时具有明显的冻胀量。作为地基的一般基底融深不得大于 1 m，并应采取如深基础、保温防止基底融化等相应的处理措施。

Ⅳ 级强融沉土：10% ≤ A < 25%，融化下沉量很大，施工、运营过程中不允许地基发生融化，在设计过程中应保持冻土不融或者采用桩基础。

Ⅴ 级特强融沉土：A ≥ 25%，为含土冰层，融化后呈流动、饱和状态，在进行处理前不能直接作为地基。

融化下沉系数 A 的计算公式如下

$$A = \frac{h_m - h_T}{h_m} \times 100\% \tag{6-17}$$

式中：h_m—— 季节融化层冻土试样冻结时的高度（m）；

h_T—— 季节融化层冻土试样融化后（侧限条件下）的高度（m）。

2. 多年冻土的承载力确定

多年冻土地区的地基，应该根据冻土的稳定状态和修筑建筑物后地基的地温、冻深等可能发生的变化，分别采取保持冻结原则以及容许融化原则进行设计。多年冻土地基总融沉量 S 主要由以下两部分组成：第一，冻土解冻后冰融化体积缩小和部分水在融化过程中被挤出，土颗粒重排列所产生的下沉量；第二，融化完成后，在土自重力以及上覆恒定荷载作用下所产生的下沉量。S 的计算公式如下

$$S = \sum_{i=1}^{n} A_i h_i + \sum_{i=1}^{n} \alpha_i \sigma_{ci} h_i + \sum_{i=1}^{n} \alpha_i \sigma_{pi} h_i \tag{6-18}$$

式中：A_i—— 第 i 层冻土的融化系数；

h_i—— 第 i 层冻土的厚度（m）；

α_i—— 试验测定的第 i 层冻土的压缩系数（1/kPa）；

σ_{ci}—— 第 i 层冻土中点处的自重应力（kPa）；

σ_{pi}—— 第 i 层冻土中点处的建筑物恒载附加应力值（kPa）。

6.3.5 冻土地基工程的施工方法

冻土地基工程的施工方法主要包括冻土地基的工程防护及改造两个方面。

1. 冻土地基的防护

在我国，由于目前工程实践水平有限，冻土区工程建设主要集中于冻土工程防护及改造方面，而对其利用尚未开始。在冻土工程建设中，冻土危害主要表现在冻胀及融化下沉，从而导致建筑物地基产生不均匀沉降，造成建筑物的损坏。

对冻土进行防治及改造的目的在于，预防冻土天然状态的改变或消除其危害产生的根源，避免冻土对工程产生危害。防护的方法主要有：采用架空通风基础、粗颗粒土垫高地基、铺设隔垫层及各种热桩、强制循环制冷桩等。

1）架空通风基础

架空通风基础是将建筑物通过桩、柱抬升隔离地表，通过埋置通风管道或预设隔热垫层，使建筑物不能和地表直接接触，以使冻土地基不变其原始温度条件而得以维持其稳定

性，净架空距离一般不少于 1.0 m，该方法目前使用较为广泛。它的优点在于，夏季地基土层由于上部建筑物的遮阳作用而不易融化；冬季通过寒冷空气在架空空间内的流动，可进一步冷冻地基土层。

2）粗颗粒土垫高地基

在年均气温低于 0℃ 的冻土地区，大多数建筑地基可采用粗粒土（碎石、砾石）垫高地基，垫高地基超出建筑物外围至少 0.3 m，其作用有：提供施工操作平台，平整场地；阻止热量导出原始地基土层，保证其冻结状态。该方法具有一定的局限性，一般不适合于采暖建筑物。

3）桩基础

由于桩基可以隔离上层建筑与冻土的直接接触，且易于设置架空空间及铺设绝热材料，因此桩基础是冻土区建筑采用相对较为广泛的基础形式。桩基的类型主要包括：木桩、Ⅱ型钢桩、钢管桩、钻孔注浆桩以及混凝套管预制桩等（图 6 - 3），承载力可由桩端或桩周冻结黏附力提供。

图 6 - 3　冻土地区混凝套管预制桩示意图

4）热桩

热桩（图 6 - 4）是一种特殊类型的桩，通过自身相转换或强制循环制冷消散土体中的热量，故其能够将土体内部的温度降低，因此在改善冻土地基、防止冻土融化下沉和冻胀以及提高地基稳定性方面，都是极好的处理手段。我国曾将热桩有效地应用于青藏铁路的建设当中，在稳定性方面效果良好。

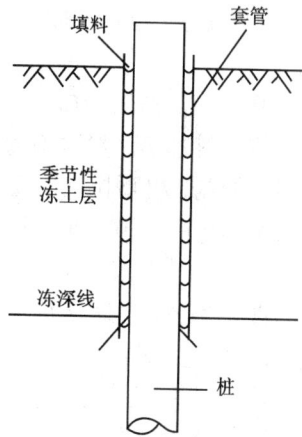

图 6 - 4　热桩在工程中的应用

5）铺设隔垫层

作为隔热层的材料必须是具有一定刚度的土工织物或泡沫材料，且使用期间不吸湿（防潮湿）。如果材料在建筑使用期间出现明显的裂缝或防潮性较差，则其隔热性能将很快丧失。隔热层常使用于地板，以阻止建筑物热量散进冻土地基。

2. 冻土地基的改造

冻土地基改造的宗旨主要是消除其冻胀和融沉性，以保证工程建设的正常完成和有效运营。

1）冻土地基的防冻胀措施

冻土地基防冻胀措施的目的是消除冻胀因素或降低其影响力。目前采用的方法主要有以下几种：

（1）换填法。换填法是在冻土改良中最为广泛采用的措施，换填法即用粗砂、砾石等非冻胀性的土体材料置换天然地基的冻胀土，以消除或减弱天然地基的冻胀性。对于换填材料土颗粒粒径的控制，粗颗粒土中粉、黏粒含量应控制在 12% 左右，一般以通过 0.074 mm 含量来控制换填料中的细粒含量。同时为增强换填防冻胀效果，采取有效的排水措施也是十分必要的。

（2）物理化学法。物理化学法是利用交换阳离子及盐分影响冻胀规律而改良冻土地基的一种方法，其中主要包括加入一定量的可溶性无机盐的人工盐渍化，用憎水物质及聚合剂使土颗粒聚集或分散等办法。物理化学法因最简单易行，材料来源广泛，且实用经济，是目前防止土体冻胀最有效和最有前途的一种方法。

对于季节性冻土基础工程，目前多从减少冻胀力和改善周围冻土的冻胀性来防治冻胀。一般采用的办法有：基础四侧换土，采用较纯净的砂、砾石等粗颗粒土换填基础四周冻土，填土夯实；改善基础侧表面平滑度，基础必须浇筑密实，具有平滑表面。基础侧面在冻土范围内还可以用工业凡士林、油渣等涂刷以减少切向冻胀力；选用抗冻胀基础改变基础断面形状，利用冻胀反力的自锚作用增加基础抗冻胀的能力。

2）冻土地基的防融沉措施

对于冻土地基融沉的防治，主要是从改良土体的角度出发，包括以下两个方面：第一、通过剥离土层或其他工业融化方法对冻土进行融、预固结；第二、采用类似于防冻胀的工程措施，即用纯净的粗颗粒土换填富冰土或含土冰层，以直接消除或减弱弱土层的融沉。此外，工程中也采用多填方、少挖方的方针，以尽量避免对冻土的扰动破坏。

针对多年冻土地基工程，一般采取的办法有换填基底土，对采用融化原则的基底上可换填碎、卵、砾石或粗砂等，换填深度可到季节融化深度或受压层深度；选择好基础形式的融沉、强融沉土轻型墩台，适当增大基底面积，减少压应力，或结合具体情况，加深基础埋置深度；注意隔热措施，采取饱水冻结原则是施工中注意保护地表上覆盖植被，或保温性能较好的材料铺盖地表，减少热渗入量。施工和保养中，应保证结构周围排水通畅，防止地表水灌入基坑内。

6.4 地震区的基础工程

6.4.1 概述

地震就是内力地质作用和外力地质作用下引起的地壳颤动或振动的现象，它是地壳运动在某些阶段发生急剧变化的一种自然现象。据统计，地球每年发生人们感觉到的地震 5 万余次，而能为地震仪器所记录的就更多。强烈的地壳震动常造成规模巨大的建筑物破坏、火灾、路面塌陷以及海啸等灾害的发生(图 6 - 5)，甚至带来毁灭性的灾害。

图 6 - 5　地震诱发灾害

　　我国地处世界上两个最活跃的地震带，东濒环太平洋地震带，西部和西南部是欧亚带所经过的地区，是世界上多震国家之一。20 世纪以来，共有 22 个省份遭到地震灾害的侵扰，发生各级地震灾害 400 余次，死亡人数达 59 万人，造成直接经济损失数百亿元。我国地震带主要分布在青海、新疆、华北和台湾等主要地区。

6.4.2　地基震害类型

1. 地基土体液化

　　场地或地基内的松饱或较松饱、无黏性土或少黏性土受到动力作用时，体积有缩小的趋势，若土中水不及时排出，即表现为孔隙水压力的升高。当孔隙水压力积累至相当于土层的上覆压力时，粒间没有有效压力，土丧失抗剪强度，这时若稍微受到剪切作用，即发生黏滞性流动，称为液化。场地液化可发生于地震过程中或地震发生后相当长的一段时间内，它常导致建筑物地基失稳、下陷或过量不均匀沉降，是地震带来的一种严重的震害。

　　土体在振动荷载作用下孔隙水压力的发展规律是一个复杂的问题，目前尚难以做出准确的计算。因此，地基土液化可能性的判别也还没有十分可靠的理论分析方法，得依靠现场或室内试验的结果，结合一定的理论分析和实践经验，做出综合判断。

　　我国科研和生产部门对建国以来发生的几次大地震进行了宏观的调查、勘察及分析，在此基础上提出一种较为完整的通过标准贯入试验，以判别地基土液化的可能性办法。这种方法已为《抗震设计规范》所采用，故称为规范法。按照这种方法，液化土判别为：

（1）土层的地质年代为第四纪晚更新世（Q_3）或其以前时，应判断为非液化土。

（2）粉土中黏粒含量（粒径小于0.005 mm）不少于表6-5所示的百分率时，应判断为非液化土。

表6-5　黏粒含量界限值

烈度	7度	8度	9度
黏粒含量	10%	13%	16%

（3）上覆非液化土层的厚度和地下水位的深度符合下列条件时，可判断为非液化土。

$$d_u > d_0 + d_b - 2 \tag{6-19}$$
$$d_w > d_0 + d_b - 3 \tag{6-20}$$
$$(d_u + d_w) > 1.5d_0 + 2d_b - 4.5 \tag{6-21}$$

式中：d_u——上覆非液化土层厚度（m），扣除淤泥和淤泥质土层厚度；

d_w——地下水位深度（m），采用设计基准期内年平均最高水位；

d_b——基础埋置深度（m），不超过2 m时采用2 m；

d_0——液化特征深度，依据表6-6进行选取：

表6-6　液化土特征深度 d_0（m）

抗震烈度 饱和土类别	7度	8度	9度
粉土	6	7	8
砂类土	7	8	9

2. 地基与基础的震沉

软弱黏性土和松散砂土地基，在地震作用下，结构被扰动，强度降低，产生附加的沉陷。土层的液化也会引起地基的沉陷，而且往往是不均匀的沉陷，使建筑物遭到破坏。

如果地基土级配差、含水率高、孔隙比大、震沉也大，那么一般情况下，震沉随基础埋置深度的增大而减少；地震烈度越高，震沉也越大。

《建筑抗震设计规范》（GB 50011—2010）中规定：地基中软弱黏性土的震陷判别可采用下列方法，饱和粉质黏土震陷的危害性和抗震陷措施应根据沉降和横向变形大小等因素综合研究确定，8度（0.30 g）和9度时，当塑性指数小于15且符合规定的饱和粉质黏土可判别为震陷性软土。

3. 基础自身因地震破坏

基础因自身的强度、稳定性不足，以致在较大的地震作用下，发生断裂、折损和倾斜等震害。

一些刚度很大的基础在埋置深度很浅时,会在地震水平力的作用下发生移动或倾斜;对于高承台的桩基础,在地震水平力的反复作用下,在桩和承台的连接处,往往因剪应力过大而发生断裂。

6.4.3　地震区的场地与地基

场地是指一个工程群体所处的和直接使用的土地,同一场地内具有相似的反应谱特征;地区范围相当于厂区、居民小区和自然村或不小于 $1\ km^2$ 的面积。地基则指场地范围内直接承托建筑物基础的那一部分岩土体。地震影响的范围很大,是牵连整个建筑群体的宏观问题,所以要保证建筑物的抗震安全,首要就要研究场地。

1.场地对地震作用的影响

地震中某地区地震作用的强弱决定于震级、震中距、传播介质(岩土体)的特征以及传播途径的地形地貌等因素。人们常常看到在基本烈度相同的地区内,由于场地的地形和地质条件不同,建筑物的破坏程度很不一样。国内研究机构对 20 世纪 60 年代发生的十余次强烈地震进行震害调查,研究场地的地形地质条件对建筑物震害的影响,取得了大量的宝贵资料。但是由于震害是地震特性、场地特征和建筑物特征的综合表现,问题十分复杂,还难以定量地计算分析各个因素所起的作用。定性而言,场地的影响主要表现为以下两个方面。

1) 地形的影响

地形的影响突出表现在孤突的山梁、孤立的山丘、高差大的黄土台地边缘和山嘴等处。1974 年云南昭通地震时,芦家湾六队局部山梁为地震异常区。该村距震中约 18 km,坐落在南北向的孤突山梁上。山梁长约 150 m,顶部宽约 15 m,坡角 40° ～ 60°,深 50 ～ 60 m,地表覆盖层很薄,一般不超过 0.5 m。山梁上的房子受到震害影响的差别很大,孤立突出最明显的端部,烈度为 9 度,最低的鞍部烈度为 7 度,靠近大山一端为 8 度。这种因地形所造成的烈度差异在其他的地震中也可遇到,往往在很小的范围内,因地形造成的烈度差异可达到 2 ～ 3 度。

2) 覆盖层厚度和土性的影响

覆盖层的厚度和土性是影响震害的两个难以截然分开的因素。一般而言,土深厚而松软的覆盖层上建筑物的震害较重,基岩埋深浅,土质坚硬的地基相对震害较轻。进一步分析表明,震害的程度还与建筑物的特性密切相关。自震动周期较长的建筑,即层数高、柔性大结构,在深软的地基上震害较严重;而周期短,即低层刚度大的建筑在坚硬的地基上震害较严重。这样的例子很多,例如 1957 年和 1985 年两次墨西哥地震时,远离震中 400 km 的墨西哥城中,很多软土层上的高层建筑物都遭到较大的破坏,而附近短周期的老旧建筑物则完好无损。再如 1976 年唐山地震时,位于 10 度区的唐山陶瓷厂,由于地处大成山山脚,基岩埋藏浅,震害较轻,而附近 100 ～ 200 m 范围内的房屋,地基覆盖层较厚,普遍都倒塌。

地震时由基岩传播的地震波,频率特征很复杂,有相当宽的频带,当其进入覆盖层时,犹如进入滤波器,某些频率的波得以通过并放大,而另外一些波则被缩小并滤除。震中距越大,传波的距离越长,自然滤波的作用也就越显著。其结果,通常是大震级、远距离的地震,在厚土层上地面运动的长周期成分比较显著,对自震动周期较长的建筑物,容易产生共振,造成较大震害。相反,震中距近,在薄土层上,地面运动的短周期成分比较丰富,对低层砖石结构等刚性较大的建筑容易因共振引起较大的破坏。另还要注意到,在薄层坚硬的地基上,建筑物的震害通常是地震作用的直接结果,而深厚、软弱地基上的震害则既有可能是地震作用的直接结果，也可能是地基液化、软土震陷等原因引起建筑物地基失稳、过量沉陷而造成建筑物破坏。因此，在选择场地时还应该注意饱和土液化和软土的震陷问题。

2. 场地的分类

由于场地对建筑物的抗震安全有很大的影响，而评价场地的因素又比较复杂，因此如何科学地划分场地就是一项很重要的工作。《抗震设计规范》归纳了我国地震灾害和抗震工程经验，并参考国外许多场地分类方法，提出如下分类标准。

1）按地形、地貌、地震划分为对抗震有利、不利和危险地段

在选择场地时，首先应该了解该场地所属地段的地震活动情况，掌握工程地质和地震地质的有关资料，按表 6 - 7 判断地段的性质。不要将建筑物建造在危险的地段上；尽量避开不利地段，确实无法避开时，应针对问题，采取有效的工程措施；力争把建筑物建造在有利的地段上。

表 6 - 7　有利、不利和危险地段的划分

地段类别	地质、地形、地貌
有利地段	稳定基岩，坚硬土，开阔、平坦、密实、均匀的中硬土等
不利地段	软弱土，液化土，条状突出的山嘴，高耸孤立的山丘，非岩质的陡坡，河岸和边坡的边缘，平面分布上成因、岩性、状态明显不均匀的土层（如故河道、疏松的断层破碎带、暗埋的塘滨沟谷和半填半挖地基）等
危险地段	在地震时可能发生滑坡、崩塌、地陷、地裂、泥石流等发震断裂带上可能发生地表错位的部位

表 6 - 7 中，危险地段包括发震断裂带上可能发生地表错位的部位。通常发震断裂带的位置可以从地震地质资料中查取。国外震害调查资料分析表明，下列两种情况不会发生错位。

第一、地震烈度低于 8 度。

第二、1 万年内（全新世）没有发生过断裂活动的断层。

另外，虽然基岩发生错位，但若是其上有足够厚的覆盖层，经覆盖层调节后，错位对地面建筑物实际上已经没有影响，这种情况，也可以当成发生错位。实践表明，当地震烈度为 8 ~ 9 度时，覆盖层厚度分别大于或者等于 60 m 和 90 m 时，就可以不考虑错位。

条状突出的山嘴、高耸孤立的山丘和非岩质陡坡等局部不利地形对震动参数可能起到放大的作用，若难以避开而必须在这些抗震不利的地段上建造建筑物时，应对地震影响系数适当增大，但是增大系数不宜大于 1.6。

2）按剪切波速评价地基土的性质

坚硬土中波的传播速度快，软弱土中波的传播速度慢。地基土根据剪切波的传播速度可以分成坚硬土或岩石、中硬土、中软土和软弱土四种，其相应的剪切波速和相对应的实际土的种类见表 6 - 8。地基通常都是由性质不一样的土层所组成，用以划分土类时，应按等效波速计算，等效波速指剪切波穿越整个计算土层的时间等于分别穿越各个土层所用的时间之和所对应的波速。用下列公式表示

$$v_{se} = d_0/t \tag{6-22}$$

$$t = \sum_{i=1}^{n} (d_i/v_{si}) \tag{6-23}$$

式中：v_{se}—— 等效剪切波速（m/s）；

　　d_0—— 地基计算土层厚度，一般取地面至剪切波速大于 500 m/s 的土层顶面距离；当这厚度大于 20 m 时，取 20 m；

　　t—— 剪切波速从地面至计算深度的传播时间（s）；

　　d_i—— 计算深度范围内第 i 层土的厚度（m）；

　　v_{si}—— 计算深度范围内第 i 层土的剪切波速（m/s），应实测求得；

　　n—— 计算深度范围内土层的分层数。

表 6 – 8　土的类型划分和剪切波速范围

土的类别	岩土名称和性状	土层剪切波速范围 /（m·s⁻¹）
岩石	坚硬或较坚硬的岩石	$s > 800$
坚硬土或软质岩石	破碎或较破碎的岩石或软和较软的岩石，密实的碎石土	$500 < s \leqslant 800$
中硬土	中密、稍密的碎石土，密实、中密的砾、粗、中砂，$N > 150$ 的黏性土和粉土，坚硬的黄土	$250 < s \leqslant 500$
中软土	稍密的砾、粗、中砂，除松散外的细、粉砂，$130 < N \leqslant 150$ 的黏性土和粉土，可塑黄土	$150 < s \leqslant 250$
软弱土	淤泥和淤泥质土，松散的砂，新近沉积的黏性土和粉土，$N \leqslant 130$ 的填土，流塑黄土	$s \leqslant 150$

注：N 为由现场载荷试验等方法得到的地基承载力特征，单位 kPa；为岩土剪切速。

3）按岩土的性质和覆盖层的厚度划分场地类别

反映地基岩土性质的等效波速确定以后，再结合覆盖层的厚度就可以按照表 6 – 9 进行场地类别的划分。

表 6 – 9　建筑场地的类别与覆盖层厚度

等效剪切波速 /（m·s⁻¹）	场地类别			
	I	II	III	IV
$v_{se} > 500$	0			
$250 < v_{se} \leqslant 500$	< 5	≥ 5		
$140 < v_{se} \leqslant 250$	< 3	3 ~ 5	> 50	
$v_{se} \leqslant 140$	< 3	3 ~ 15	> 15 ~ 80	> 80

6.4.4　地震区地基基础抗震措施

地基震害是指地震作用下，或是地基中的饱和松散砂土或粉土发生液化，或是软弱黏性土发生震陷，或是地基的抗震承载力不足等原因导致地基失稳或因过量沉陷造成建筑物破坏的现象。因此，前文有关章节讲述的提高地基承载力、减少地基变形和不均匀变形的工程措施，也都是提高地基基础抗震能力的有效工程措施。例如，在结构物的布置上要求建筑平面、立面尽量规整、对称；建筑物的整体性要好，刚度要大，长高比应控制在 2 至 3 的范围内；特别要注意侧向刚度的变化要均匀，避免突变；同一结构单元不要设置在土质截然不同的地基上。在基础的布置上要合理增加基础的埋置深度，增加地基对上部结构与的约束作用，以求减少建筑物的振幅，减轻震害，增加地基的整体稳定性。对于高层建筑的箱式基础，埋深不宜小于建筑物高度的1/15。此外在基础类型的选择上，要尽量采用刚度大、整体性好的基础，可以调整因地震作用所产生的附加不均匀沉降。当地基为软弱黏性土、液化土、新近填土，土层分布或土质严重不均匀时，应估算地震造成地基的不均匀沉降或其他不利影响，必要时得采取适当的地基加固措施，如换土、强夯、振冲等都是常用方法。

如果地基属于液化地基，则应根据地基的液化等级和建筑物的类别，按照表 6 - 10 采取相应的抗液化措施。表中所谓全部消除地基液化措施，包括采用桩基或深基穿越液化土层，支撑于稳定土层上；或者采用加密法（如振冲、振动加密、挤密碎石桩、强夯等），处理地基的深度达到液化土层的下界，且处理后土的目的应达到标准贯入击数临界值 N_{cr}。当然条件适合时也可用非液化土全部替换液化土。

表 6 - 10　抗震液化措施

建筑抗震设防类别	地基的液化等级		
	轻微	中等	严重
甲类	部分消除液化沉陷，或对基础和上部结构处理	全部消除液化沉陷，或部分消除液化沉陷且对基础和上部结构处理	全部消除液化沉陷
乙类	基础和上部结构处理，亦可不采取措施	基础和上部结构处理，或更高要求的措施	全部消除液化沉陷，或部分消除液化沉陷且对基础和上部结构处理
丙类	可不采取措施	可不采取措施	基础和上部结构处理，或其他经济的措施

所谓部分消除地基液化沉陷措施就是指不必对全部液化土层均进行处理，而仅处理其中一部分。经处理后，地基的液化指数应有显著减小。对于液化判别深度为 15 m 时，液化指数不宜大于 4，对判别深度为 20 m 时，液化指数不宜大于 5。

所谓减轻液化影响的基础和上部结构处理，就是根据本工程的特点，综合采用上述为提高抗震能力的建筑物的布置、结构体系的设计以及基础选型和布置上可以采用的一些工程措施。

━━━━ 重点与难点 ━━━━

　重点：（1）确定湿陷性黄土的特征指标；（2）膨胀土的变性特点；（3）冻土地基的冻胀机理；（4）基础工程的震害类型。

　难点：（1）湿陷性黄土地基的工程措施；（2）膨胀土地基建筑施工注意事项。

━━━━ 思考与练习 ━━━━

1. 黄土湿陷性的特征指标有哪些？如何判定湿陷性黄土地基湿陷等级？
2. 膨胀土对建筑物会造成哪些危害？应该采取哪些措施防治？
3. 多年冻土和季节性冻土有什么区别？冻土地基对建筑物会造成哪些危害？
4. 什么是地基土体的液化？土体的液化机理是什么？

第 7 章

地基处理

7.1 地基处理方法分类

相对密度小于 0.33 的松砂土和天然含水量大于液限(即大于 1.0),孔隙比大于 1 的黏性土,都具有抗剪强度低、压缩性高的特点。这些土作为地基往往容许的承载力很低,因此统称为软弱地基。

在软弱地基上修建桥(涵)或填筑路基时,其天然地基的承载力往往不能满足要求。当基础位于无显著冲刷处时,对软弱地基可用人工加固方法增强其强度及降低其压缩性,从而提高地基的容许承载力,使之符合建筑物的要求。这种经过人工加固的地基,统称为人工地基。

人工地基按不同的加固原理,可分为以下几类。

(1)置换法:在一定范围内将软土挖除,换填强度高的砂、砾、石等材料作为垫层,以增强地基强度,减小地基沉降。

(2)密实法:通过对地基进行重锤夯实、振动密实、强力夯实或在土中设置砂桩、碎石桩等,减小土的孔隙比,提高地基土的密实度。

(3)排水固结法:在地基土中设置砂井、袋装砂井、排水塑料板、结合堆载预压袋装砂井、真空预压等,加速地基土中孔隙水的排出而使土体固结。

(4)深层搅拌桩:用特制深层搅拌机械,在地基深部就地把软土与固结材料强制拌和,使其形成复合地基;

(5)灌浆法:在地基土中灌注水泥浆或水玻璃等化学溶液,利用它们的化学胶结和凝固作用加固地基。

(6)加筋法:在土中铺设土工合成材料,依靠土工织物与填土之间的相互作用,改善土体的受力性能。

上述方法均应按因地制宜、就地取材、技术上可行和经济上合理的原则选用,尤其必须结合具体情况与其他设计方案(如桩基础等)经过比较后确定。对处于河道中的桥梁基础来说,由于存在深浅不一的地面水,采用人工地基多感不便;对有显著冲刷的河道,更不能采用人工地基。本章将对工程上应用得较多的换土垫层法、挤密法、强夯法以及排水固结法等进行扼要的叙述。

7.2　换土垫层法

7.2.1　换土垫层法的概念

换土垫层法是常用且较为简单的方法之一。其做法是将基础下一定深度内的软弱或不良土层挖去,回填砂、碎石或灰土等强度较高的材料,并夯至密实的一种地基处理方法。当建筑物荷载不大、基础软弱或不良土层较薄时,采用换土垫层法能取得较好的效果。

常用换土垫层的材料有:砂、砂卵石、碎石、灰土或素土、煤渣以及其他性能稳定、无侵蚀性的材料。对不同的地基和填料,垫层所起的作用是有差别的。其作用主要表现在以下几个方面:

(1)浅基础的地基如果发生剪切破坏,一般是从基础底面开始,并逐渐向深处和四周发展,破坏区主要在地基上部浅层范围内;由于地基中附加应力随深度增大而减小,所以在总沉降量中,浅层地基的沉降量也占较大比例。因此,用抗剪强度较高、压缩性较低的密实材料置换地基上部的软弱土,从而提高地基承载力、防止地基破坏并减少沉降量。

(2)在渗透性低的软弱地基用砂、碎石等渗透性高的材料作换土垫层,则垫层作为透水面可以起到加速软弱下卧土层固结的作用。但其效果常体现于上部,对深处起到加速软弱下卧土层固结的作用一般不大。

(3)粗颗粒的垫层材料孔隙大,不易产生毛细管现象,因此可以防止寒冷地区土中冻结所造成的冻胀,并具有消除膨胀土胀缩的作用。

7.2.2　垫层的设计

为使换土垫层达到预期效果,应保证垫层本身的强度和变形满足设计要求,同时垫层以下地基所受压力和地基变形应在容许范围内,且符合经济合理的原则。其设计主要是确定断面的合理厚度和宽度。

1. 垫层厚度的确定

垫层厚度一般根据垫层底面处土的自重应力(σ_{cH})与附加应力(σ_z)之和不大于软弱土层的承载力设计值(f_a)确定,即

$$\sigma_{cH} + \sigma_z \leqslant f_a \qquad\qquad (7-1)$$

式中: σ_{cH}——垫层地面处的自重应力(kPa);

　　　f_a——垫层底面处软弱土层的承载力设计值(kPa);

　　　σ_z——垫层底处土的附加应力值,单位为 kPa,按照下式进行计算

$$\sigma_{cH} + \sigma_z \leqslant f_a(条形基础时) \qquad\qquad (7-2)$$

$$\sigma_{cH} + \sigma_z \leqslant f_a(矩形基础时) \qquad\qquad (7-3)$$

式中: p——基础底面平均压力设计值(kPa);

　　　σ_{cd}——基础底面标高处的自重应力值(kPa);

　　　l、b——基础底面的长度和宽度(m);

　　　θ——按照表 7 - 1 进行选取的垫层应力扩散角。

表 7 - 1　　垫层应力扩散角 θ

z/b	有效加固深度 /m		
	中砂、粗砂、砾砂、碎石土以及石屑	粉土及黏性土（8 < Ip < 14）	灰土
0.25	20°	6°	30°
≥ 0.5	30°	23°	30°

注：当 z/b ≤ 0.25 时，除灰土取 θ = 30° 外，其余均取 θ = 0°；当 0.25 < z/b < 0.5 时，θ 值内插确定。

计算时，一般先初步拟定一个垫层厚度，再用式(7-1)进行验算。不符合要求时，则改变厚度，重新验算，直至满足要求为止。垫层的厚度一般不宜太薄，但也不宜太厚。当垫层厚度小于 0.5 m 时，则其作用效果不明显；当垫层厚度大于 3 m 时，施工较困难，且在经济上、技术上不合理。故一般选择垫层厚度在 1 ~ 3 m 间较为合适。

2. 垫层宽度的确定

垫层的宽度除要满足应力扩散的要求外，还应防止垫层向两边挤动。若垫层宽度不足，四周侧面土质又较软弱时，垫层就有可能部分挤入侧面软弱土中，使基础沉降增大。宽度计算通常可按扩散角法确定。例如底宽为 b 的条形基础，其下的垫层底面宽度 b' 应为

$$b' \geqslant b + 2h\tan\theta \tag{7-4}$$

3. 沉降量计算

垫层断面确定后，对于比较重要的建筑物，还要按分层总和法计算基础的沉降量，以使建筑物的最终沉降量小于相应的允许值。砂砾垫层上的基础沉降量为砂砾垫层的压缩量 S_1 和软弱下卧层压缩量 S_2 两部分之和。其中 S_1 一般较小，且在施工阶段已基本完成，可以忽略不计，必要时可按垫层内的平均压应力计算变形，砂砾垫层的变形模量 E_s 可取 12000 ~ 24000 kPa。

3. 施工要点

垫层施工应以级配良好，质地较硬的中、粗砂或砾砂为好，也可采用砂和砾石的混合料，含泥量不超过 5%，以利于夯实。

垫层必须保证达到设计要求的密实度。常用的密实方法有振动法、水撼法、碾压法和夯实法等。这些方法都要求控制一定的含水量，分层铺砂(厚 200 ~ 300 mm)，逐渐振密或压实，在下层的密实度检查合格后，方可进行上层施工。

开挖基坑铺设垫层时，不要扰动垫层下的软弱土层，并防止践踏、受冻或浸泡。

7.3　挤密法及深层密实法

7.3.1　机械碾压法

机械碾压法是利用压路机、羊足碾、平碾、振动碾等碾压机械将地基土压实的方法。通过处理，可使填土或地基表层疏松土孔隙体积减小，密实度提高，从而降低土的压缩性，提高其抗剪强度和承载力。这种方法常用于大面积填土和杂填土地基的压实。

在工程实践中，除了进行室内压实试验外，还应进行现场碾压试验。通过试验，确定在一

定压实条件下土的合适含水量,恰当的分层碾压厚度和遍数,以便确定满足设计要求的工艺参数。黏性土压实前,被碾压的土料应先进行含水量测定,只有含水量在合适范围内的土料允许进场,且每层铺厚度为 300 mm。

7.3.2　振动压实法

振动压实法是通过在地基表面施加振动把浅层松散土振实的方法。可用于处理砂土以及炉灰、炉渣、碎砖等组成的杂填土地基。

竖向振动力由机内设置的两个偏心块产生。振动压实的效果与振动力的大小、填土的成分和振动时间有关。当杂填土的颗粒或碎块较大时,应采用振动力较大的机械。一般来说,振动时间越长,效果越好。但振动超过一定时间后振实效果将趋于稳定。因此,在施工前应进行试振,找出振实稳定所需要的时间。振实范围应从基础边缘放出 0.6 m 左右,先振基槽两边,后振中间。经过振实的杂填土地基,承载力可以达到 100 ~ 120 kPa。

7.3.3　重锤夯实法

重锤夯实法是利用起重机械将夯锤提到一定高度(2.5 ~ 4.5 m)后,让其自由下落,通过不断重复夯击,使地基浅层得到加固的方法。这种方法可用于处理地下水位距地表 0.8 m 以上的非饱和黏性土或杂填土,提高其强度,降低其压缩性和不均匀性;也可用于处理湿陷性黄土,消除其湿陷性。

重锤夯实法的效果与锤重、锤底直径、落距、夯击遍数、夯实土的种类和含水量有一定的关系。施工中宜由现场夯击试验决定有关参数。当土质和含水量变化时,这些参数相应加以调整。夯锤一般为截头圆锥体,锤重大于 15 kN,锤底直径为 0.7 ~ 1.5 m,落距 3 ~ 4 m,其有效夯实深度为 1.1 ~ 1.2 m(与锤径相当)。其地基承载力基本值一般可达 100 ~ 150 kPa。

施工时也必须注意拟加固土层必须高出地下水位 0.8 m 以上,且该范围内不宜存在饱和软土层,否则可能将表层土夯成橡皮土,反而破坏土的结构和增大压缩性。因此,当地下水位埋藏深度在夯击的影响深度范围内时,需采取降水措施。

停夯标准:随着夯击遍数增加,每遍夯的夯沉量逐渐减少,一般要求最后两遍平均夯沉量对于黏性土及湿陷性黄土不大于 1.0 ~ 2.0 cm,对于砂性土不大于 0.5 ~ 1.0 cm。

7.3.4　振冲法

振冲法又称动水法,其主要的施工机具是器、卷扬和水泵。振冲机是一个类似插入式混凝土振捣器的机具,其外壳直径为 0.2 ~ 0.37 m,长为 2 ~ 5 m,重为 20 ~ 50 kN,筒内主要由一组偏心块、潜水电机和水管等三部分组成。如图 7 - 1 所示。

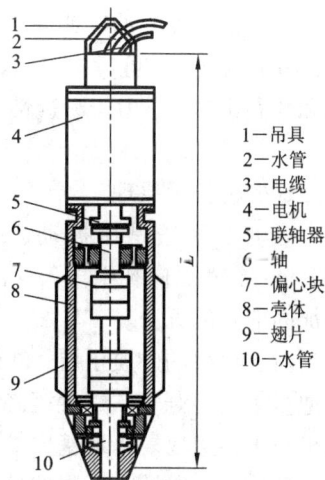

1—吊具
2—水管
3—电缆
4—电机
5—联轴器
6—轴
7—偏心块
8—壳体
9—翅片
10—水管

图 7 - 1　振冲器示意图

振冲器有两个功能:一是产生水平向振动力(40 ~ 90 kN)作用于周围土体;二是从端部和侧部进行射水补给。振动力是加固地基的主要因素,射水协助振动力在土中使振冲器钻进成孔,并在后清及实现护壁作用。

施工时，振冲器由卷扬机安装就位后，启动潜水电带动偏心块，使振冲器产生高频振动，同时启动水泵，通过下喷水口喷射高压水流，在边振边冲的共同作用下，将振冲器沉到土中的预定深度，经清孔后，从地面向孔内逐段填入碎石，或不加填料，使砂在振动作用下被挤密实。达到要求的密实度后即可提升振冲器，如此重复填料和振密，直至地面，使在地基中形成一个大直径的密实桩体，与原地基土构成复合地基，从而提高地基的承载力，减少沉降量。

振冲法按照加固机理和效果不同，又分振冲置换法和振冲密实法两种密实法两类。前者是在地基中借振冲器成孔，振密填料置换，制造一群以碎石、砂砾等散粒材料组成的状桩体，与原地基土构成复合地基，使其排水性能得到很大改善，有利于加速土层固结，使承载力增加，沉降量减少，它又名振冲置换碎石桩法；后者主要是利用振动和压力水使砂层液化，颗粒相互挤密，重新排列，孔隙减少，从而提高砂层的承载力和抗液化能力，它又名振冲挤密砂桩法，这种桩根据砂土质的不同，又有加填料和不加填料两种。

振冲法加固地基的特点是：技术可靠，机具设备简单，操作技术易于掌握，且施工简便；可节省三材，因地制宜，就地取材，可采用碎石、卵石、砂、矿渣等作填料；加固速度快，节约投资；碎石桩具有良好的透水性，加速地基固结，地基承载力可提高 1.2 ~ 1.35 倍；此外，振冲过程中的预震效应，可使砂土地基增加抗液化能力。

振冲置换法适于处理不排水、剪强度小于 20 kPa 的黏性土、粉土、饱和黄土和人工填土等地基，若桩周土的强度过低，则难以形成桩体。振冲密实法适用于处理砂土和粉土等地基，不加填料的振冲密实法仅适用于处理黏粒含量小于 10% 的粗砂、中砂地基。

振冲法不适于在地下水位较高、土质松散易塌方和含有大块石等障碍物的土层中使用。国内应用振冲法加固地基的深度一般为 14 m 以内，最大达 18 m，桩径为 0.8 ~ 1.2 m，置换率一般在 10% ~ 30%，每米桩的填料量为 0.3 ~ 0.7 m³。

7.3.5　砂桩法

对于没有发生冲刷或深度不大的松散土地基，若其厚度较大，用砂垫层处理将使垫层过厚，施工困难时，可考虑采用砂桩进行深挤密，以提高地基强度、减少沉降。对于厚度较大的饱和软黏土地基，由于渗透性小，可考虑采用其他加固方法，如砂井预压、深层喷射、搅拌法等。

1. 砂桩作用原理

砂桩挤密法是用振动、冲击或打入套管等方法在地基中成孔（孔径一般为 300 ~ 600 mm），然后向孔中填入含泥量少于 5% 的中、粗砂，再加以夯挤密实，形成土中桩体，从而加固地基的方法。

对于松散的砂质土层，砂桩的主要作用是挤密地基土，减小孔隙比，增加容重，从而提高地基土抗剪强度，减少沉降；对于松软黏性土，砂桩挤密效果不如在砂土中明显，但由于砂桩与土体组成复合地基，共同承担荷载，从而能提高整体地基的承载力和稳定性，因此其对于砂质土与黏性土互层的地基及冲填土、砂桩也能起到一定的挤密加固作用。

2. 砂桩的设计、计算

砂桩的设计、计算主要应解决砂桩的加固范围、加固范围内需要砂桩的总截面积、砂桩数量及布置、以及砂桩的长度及灌砂量的估算等问题。

1）砂桩加固范围的确定

　　砂桩加固的范围根据建筑物的重要性和场地条件及基础形式而定,通常应比基底面积大,每边加大不少于 50 cm(图 7 - 2)。一般基础应每边向外扩大 1 ~ 2 排;可液化地基扩大 2 ~ 4 排桩,加固范围平面面积为

$$A = B \times L = (b + 2b')(l_1 + 2l') \quad (7 - 5)$$

式中:A——加固范围平面面积(m^2);

　　　B——加固宽度(m);

　　　L——加固长度(m);

　　　b_1——基础宽度(m);

　　　l_1——基础长度(m);

　　　b'——宽度方向加固范围每边超过基础的宽度(m);

　　　l'——长度方向加固范围每边超过基础的长度(m)。

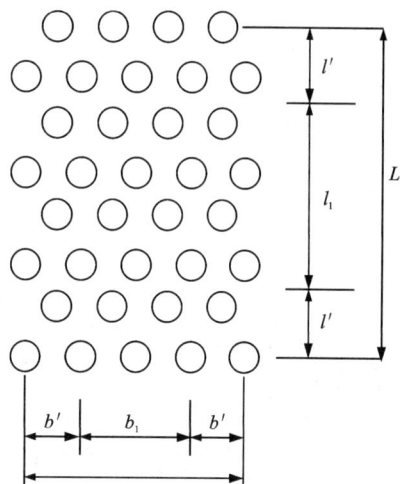

图 7 - 2　砂桩平面布置图

2) 加固范围内所需砂桩的总截面积

在加固范围内砂桩占有的面积称为挤密砂桩的总截面积 A_1,其大小除与加固范围 A 有关外,主要与土层加固后所需达到的地基容许承载力相对应的孔隙比有关。

如图 7 -3(a) 所示,设砂桩加固前地基上的孔隙比为 e_0,地基土的面积为 A,加固深度为 l_0,加固后土的孔隙比为 e,地基土面积为 A_2,则 $A = A_1 + A_2$。从加固前后的地基中取相同大小的土样[图 7 - 3(b)] 可见。

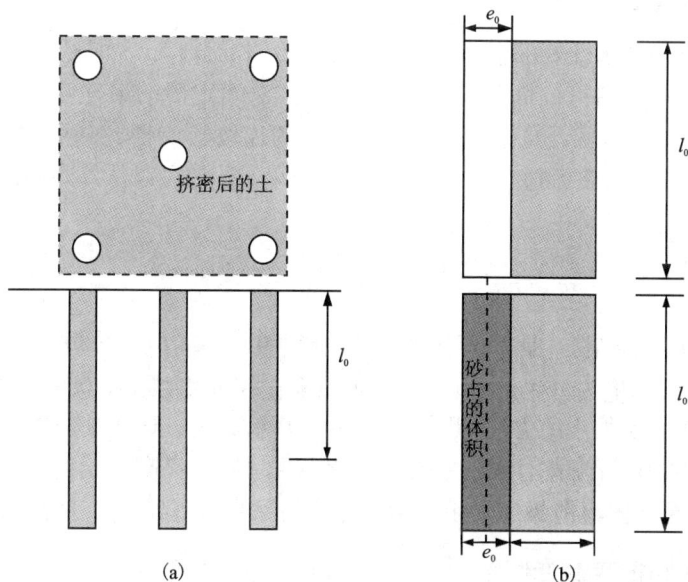

图 7 - 3　砂桩加固地基

加固前后原地基土颗粒所占体积是不变的,由此得

$$Al_0 \frac{1}{1+e_0} = A_2 l_0 \frac{1}{1+e} \qquad (7-6)$$

所以

$$A_2 = \frac{1+e}{1+e_0} A \qquad (7-7)$$

挤密砂桩的总截面积为

$$A_1 = A - A_2 = \frac{e_0 - e}{1+e_0} A \qquad (7-8)$$

式中：e——加固后达到的孔隙比，可根据工程对地基承载力的要求按照 $e = e_{max} - D_r(e_{max} - e_{min})$ 进行计算；

e_{min}、e_{max}——砂土的最小及最大孔隙比；

D_r——地基挤密后要求达到的相对密实度，可取 0.7 ~ 0.85。

3）砂桩的桩数及其排列

砂桩桩径不宜过小，桩径过小，则桩数增多，施工时机具移动频繁；但桩径也不宜过大，过大则需大型施工机具，故一般采用的砂桩直径为 300 ~ 600 mm。设砂桩直径为 d，一根砂桩截面积 a 和所需砂桩数 n 分别按式（7-9）及式（7-10）进行计算

$$a = \frac{\pi d^4}{4} \qquad (7-9)$$

$$n = \frac{A_1}{a} = \frac{4A_1}{\pi d^4} \qquad (7-10)$$

由此可最后确定桩的间距和平面布置，布置形式常用三角形、正方形两种。

3. 砂桩的施工要点

砂桩的施工宜用透水性好的中、粗砂或砂与砾石的混合料，含泥量不超过 5%。成孔机具宜采用振动打桩机或柴油打桩机等机具。根据成桩方法确定砂的最佳含水量，所填入孔内的砂料应分层填筑，分层夯实，并保证桩体在施工中的连续密实性。实际灌砂量未达到设计用量时，应在原处复打，或在旁边补桩。为增加挤密效果，砂桩可以从外圈向内圈施打。

7.4 强夯法

强夯法又称动力固结法，是 1969 年由法国梅纳（Menard）技术公司首先创立并应用的。这种方法是将重型锤（一般为 100 ~ 600 kN）提升到 6 ~ 40 m 高度后，自由下落，以强大的冲击能对地层进行强力夯实加固的方法。此法可提高地基承载力，降低其压缩性，减轻甚至消除砂土振动液化危险和消除湿陷性黄土的湿陷性等。同时还能提高土层的均匀程度，减少地基的不均匀沉降。它是我国目前最为常用的和最经济的深层地基处理方法之一。

7.4.1 强夯法的加固机理

土的类型不同，其强夯加固机理也不相同。一般认为：强夯是地基在极短的时间内受到夯锤的高能量冲击，激发压缩波、剪切波和瑞利波等应力波传向地基深处和夯点周围。其中压缩波可以使土受压或受拉，能引起瞬间的孔隙水应力，导致土的抗剪强度大为降低，紧随其后的剪切波进而使土的结构受到破坏，瑞利波的传播则在夯点附近引发土的隆起。在此过

程中，土颗粒重新排列而趋于更加稳定、密实的状态。

7.4.2　有效加固深度

强夯法的有效加固深度 $H(\mathrm{m})$ 主要取决于单击夯击能量 Wh ，也与地基的性质及其在夯实过程中的变化有关。可用经验公式估算，即

$$H = \alpha\frac{Wh}{10} \tag{7 - 11}$$

式中：W—— 夯锤的重量(kN)；

$\quad h$—— 夯锤的落距(m)；

$\quad \alpha$—— 折减系数，黏性土取 0.5；砂性土取 0.7；黄土取 0.35 ~ 0.5。

按式(7 - 11)计算 H ，能否得到符合实际情况的计算结果，决定于采用的 α 值。故最好通过现场试夯或根据当地经验确定该系数。我国有的行业规定，当缺少试验资料或经验时，可按表 7 - 2 预估有效加固深度。

表 7 - 2　强夯的有效加固深度

单击夯击能量 /kN · m	有效加固深度 /m	
	碎石土、砂土等	粉土、黏性土、湿陷性黄土等
1000	5.0 ~ 6.0	4.0 ~ 5.0
2000	6.0 ~ 7.0	5.0 ~ 6.0
3000	7.0 ~ 8.0	6.0 ~ 7.0
4000	8.0 ~ 9.0	7.0 ~ 8.0
5000	9.0 ~ 9.5	8.0 ~ 8.5
6000	9.5 ~ 10.0	8.5 ~ 9.0

7.4.3　强夯法的特点及适用范围

强夯法的特点是施工工艺、设备简单；适用土质范围广；加固效果显著，可取得较高的承载力，一般地基土强度可提高 2 ~ 5 倍，压缩性可降低 2 ~ 10 倍，加固深度可达 6 ~ 10 m；土粒结合紧密，有较高的强度；工效施速快(一套设备每月可加固 5000 ~ 100000 m^2 地基)；节省加固材料；施工费用低，节省投资，同时耗劳力少等。

适用范围：强夯法用于处理碎石土、砂土、低饱和度的黏性土、湿陷黄土、杂填土及素填图等地基。对于饱和软黏土，若采取一定技术措施也可采用，还可用于水下夯实。但是，对于工程周围建筑物和设备有振动影响限制要求的地基，不得使用强夯法，必要时，应采取防震、隔震措施。

7.5　排水固结法

排水固结法是利用软弱地基土排水固结的特性，通过在地基土中采用各种排水技术措施(设置竖向排水体和水平排水体)，以加速饱和软黏土固结发展的一种地基处理方法。根据排水体系的构造方法不同，有不同的处理方法，如竖向排水体的设置可分为普通砂井、袋装砂井和塑料排水板等。该法常用于解决软黏土的沉降和稳定问题，可以使地基沉降在预压期内

基本完成或大部分完成,同时提高土体强度和稳定性。

7.5.1　砂井堆载预压法

砂井堆载预压法是在软弱地基中通过采用钢管打孔、灌砂,设置砂井作为竖向排水通道,并在砂井顶部设置砂垫层作为水平排水通道,形成排水系统的方法。在砂垫层上部堆载,以增加软弱土的附加应力,使土体中孔隙水在较短的时间内通过竖向砂井和水平砂垫层排出,达到加速土体固结、提高软弱地基土承载力的目的。砂井堆载预压可以提高软弱土地基的抗剪强度和地基承载力,加速饱和软黏土的排水固结速率,施工机具方法简单,施工速度快、造价低。

该法适用于厚度较大和渗透系数很低的饱和软黏土。主要用于道路路堤、土坝、机场跑道、工业建筑油罐、码头、岸坡等工程的地基处理,对于泥炭等有机沉积地基则不适用。

1. 排水系统设计

1)竖向排水体的直径和间距

普通砂井直径 d_w 为 300 ~ 500 mm,井径比为 6 ~ 8。袋装砂井直径一般为 70 ~ 100 mm,井径比 $n = d_e/d_w$,一般为 15 ~ 22。塑料排水带尺寸一般为 100 mm × 4 mm,常用当量直径 d_p 表示,$d_p = \alpha \dfrac{2(b + \delta)}{\pi}$,其中:$\alpha$ 为换算系数,取值为 $\alpha = 0.75$ ~ 1.0;b 为塑料排水带宽度;δ 为塑料排水带厚度;塑料排水带常用井径比为 15 ~ 22。

竖向排水体直径和间距主要取决于土的固结性质和施工期限要求,一般"细而密"比"粗而稀"的排水体效果佳,但过细会导致施工困难,且不易保证质量。

2)砂井深度

砂井的深度主要取决于软土层的厚度及工程对地基的要求。当软土层不厚,底部有透水层时,砂井应尽可能穿透软土层;当软土层较厚,但间有砂层或透镜体时,砂井应尽可能打至砂层或透镜体;当软土层很厚,其中又无透水层时,可按地基的稳定性及建筑物变形要求处理的深度来决定。对于以地基的稳定性为控制标准的工程,如路堤、土坝、岸坡等,砂井应伸至最危险滑动面以下一定长度。我国《建筑地基处理技术规范》(JGJ 79—2002)规定排水竖井长度应至少超过最危险滑动面 2.0 m。对于以地基沉降为控制条件的工程,砂井的长度应穿过地基压缩层。

3)砂井的平面布置

在平面上砂井常按等边三角形(梅花形)和正方形布置(图 7 - 4),设每个砂井的有效影响面积为圆面积,若砂井间距为 l,则砂井的有效排水直径 d_e 与间距 l 的关系为

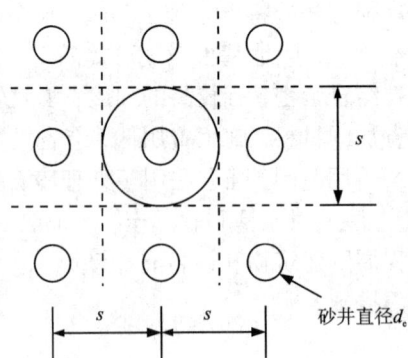

图 7 - 4　砂井的平面布置

$$d_e = \sqrt{\frac{2\sqrt{3}}{\pi}} l = 1.05l \text{(等边三角形布置时)} \tag{7 - 12}$$

$$d_e = \sqrt{\frac{4}{\pi}} l = 1.13l \text{(方形布置时)} \tag{7 - 13}$$

由于等边三角形排列较正方形紧凑和有效，应用较多。砂井的布置范围应稍大于建筑物基础范围，扩大的范围可由基础轮廓线向外增 2～4 m。

4）砂垫层的设置

为保证砂井排水畅通，在砂井顶部还应设置砂垫层，宽度应超出堆载宽度，并伸出砂井区外边线 2 倍砂井直径，厚度不应小于 0.5 m，水下施工时为 1 m 左右，以免地基沉降时切断排水通道。

2. 预压加载

加载方法应根据建筑物类型、加载材料来源及施工条件等因素确定。对于路堤、土坝等填土工程，可采用分期填筑的方式以其自重作为预压荷载；对于房屋、码头等的地基，一般用土石堆载预压；在缺少加载材料、预压后弃土场地难以解决或运输能力不足的情况下，利用结构本身（如建成后的空油罐）的蓄水能力充水预压，更显示其优越性。

预压荷载应不小于建筑物基础底面的设计压力，一般情况下可取二者相等；对于要求严格限制地基沉降的建筑物，应采用超载预压的方法，其超载的大小应通过预定时间内要求消除的地基变形量来计算确定。

3. 砂井地基固结度计算

《建筑地基处理技术规范》（JGJ 79—2002）规定一级或多级等速加荷条件下，当固结时间为 t 时，对应总荷载的地基平均固结度可按下式计算

$$\overline{U}_t = \sum_{i=1}^{n} \frac{\dot{q}_i}{\sum \Delta p} \left[(T_i - T_{i-1}) - \frac{\alpha}{\beta} e^{-\beta t} - (e^{\beta T_i} - e^{\beta T_{i-1}}) \right] \tag{7-14}$$

式中：$\overline{U}_t$——t 时间地基的平均固结度；

$\dot{q}_i$——第 i 级荷载的加荷速率（kPa/d）；

$\sum \Delta p$——各级荷载的累加值（kPa）；

T_i、T_{i-1}——第 i 级荷载的起始和终止时间，（从零点起算）（d），当计算第 i 级荷载加载过程中某时间 t 的固结度时，T_i 改为 t；

α、β——参数，根据地基排水固结条件按表 7-3 进行选用。对竖井地基，表中所列 β 为不考虑涂抹和井阻影响的参数值。

表 7-3　参数 α、β 值表

参数	排水固结条件		
	竖向排水固结 $\overline{U}_t > 30\%$	向内径向排水固结	竖向和内径向排水固结（竖井穿透受压土层）
α	$\dfrac{8}{\pi^2}$	1	$\dfrac{8}{\pi^2}$
β	$\dfrac{\pi^2 C_v}{4H^2}$	$\dfrac{4C_h}{F_n d_e^2}$	$\dfrac{4C_h}{F_n d_e^2} + \dfrac{\pi^2 C_v}{4H^2}$

注：C_v 为土的竖向排水固结系数（cm²/s）；C_h 为土的水平向排水固结系数（cm²/s）；H 为土层竖向排水距离，双面排水时为土层厚度的一半，但面排水时为土层厚度；$\overline{U}_z$ 为双面排水土层或固结应力均匀分布的单面排水土层平均固结度；$F = \dfrac{n^2}{n^2-1}\ln(n) - \dfrac{n^2-1}{4n^2}$，井径比 $n = d_e/d_w$，其余符号同前。

当排水井采用挤土方式施工时，应考虑涂抹对土体固结的影响。当竖井的纵向通水量 q_w 与天然土层水平渗透系数 k_h 的比值较小，且长度又较长时，应考虑井阻影响。瞬时加载条件下，考虑涂抹和井阻影响时，竖井地基径向排水平均固结度可按下式计算

$$\overline{U_r} = 1 - e^{-\frac{8c_h t}{Fd_e^2}} \tag{7-14}$$

$$F = F_n + F_s + F_r \tag{7-15}$$

$$F_n = \ln(n) - \frac{3n}{4} \tag{7-16}$$

$$F_s = \left(\frac{k_n}{k_s} - 1\right) - \ln s \tag{7-17}$$

$$F_r = \frac{\pi^2 - L^2}{4}\frac{k_n}{q_w} \tag{7-18}$$

式中：$\overline{U_r}$——固结时间 t 时竖井地基径向排水平均固结度；

k_h——天然土层水平向渗透系数（cm/s）；

k_s——涂抹区土的水平向渗透系数，可取 $k_s = (1/5 \sim 1/3)k_h$（cm/s）；

s——涂抹区直径 d_e 竖井直径 d_w 的比值，可取 $s = 2.0 \sim 3.0$，对于中等灵敏度黏性土取低值，对高灵敏度黏性土取高值；

L——竖井深度（m）；

q_w——单位水利梯度下单位时间的排水量 $q_w = k_w\frac{\pi d_w^2}{4}$，即竖井纵向通水量（cm/s）；

【例1】某建筑地基采用预压排水固结法加固地基，软土厚度为 10 m，软土层上下均为砂土层，未设置竖井排水。为了简化计算，假定预压是一次瞬时施加的。已知该土层的孔隙比为 1.60，压缩系数为 0.8 MPa^{-1}，竖向渗透系数为 5.8×10^{-7} cm/s。试计算预压时间为多少天，软土地基固结度达到 0.8。

解： $\overline{U_t} = 1 - \alpha e^{-\beta t}$，$\alpha = \frac{8}{\pi^2}$，$\beta = \frac{\pi^2 C_v}{4H^2}$

$$C_v = \frac{K_v(1+e)}{a\gamma_w} = \frac{0.5 \times 10^{-3} \times (1+1.6)}{0.810^{-3} \times 10} = 0.1625 \text{ cm}^2/\text{d}$$

$$\beta = \frac{\pi^2 \times 0.1625}{4 \times 5^2} = 0.01604/\text{d}（双面排水 H = 10/2 = 5 \text{ m}）$$

$$t = \frac{\ln\left[\frac{\pi^2}{8}(1-\overline{U_t})\right]}{\beta} = \frac{\ln\left[\frac{\pi^2}{8}(1-0.8)\right]}{0.01604} = 87 \text{ d}$$

【例2】某地基下分布有 15 m 软黏土层，其下为粉细砂层，采用砂井加固，井径 $d_w = 0.4$ m，井距 $s = 2.5$ m，等边三角形布桩，土的固结系数 $C_v = C_h = 1.5 \times 10^{-3}$ cm^2/s。在大面积荷载作用下，按径向固结考虑，当固结度达到 80% 时需要时间为多少天？

解： 由平均固结度公式可知：$t = \frac{\ln[1-\overline{U_t}]}{-8C_h} \cdot F_{(n)} d_e^2$

$$d_e = 1.05 s = 2.625 \text{ m}，d_e^2 = 6.89 \text{ m}^2，n = d_e/d_w = 2.635/0.4 = 6.56$$

$$F_{(n)} = \frac{n^2}{n^2-1}\ln(n) - \frac{3n^2-1}{4n^2} = \frac{6.56^2}{6.56^2-1}\ln(6.56) - \frac{3 \times 6.56^2 - 1}{4 \times 6.56^2} = 1.181$$

$$t = \frac{\ln(1 - 0.8)}{8 \times 0.013} \times 1.181 \times 6.89 = 125.4 \text{ d}$$

7.5.2 其他预压法简介

1. 天然地基堆载预压法

天然地基堆载预压法是在建筑物建造之前，在地基表面分级堆土或其他荷重，使地基土压密、沉降、固结，以达到提高地基强度和减少建筑物建成后的沉降量的目的。

天然地基堆载预压法使用的材料、机具和方法简单直接，施工操作方便。但堆载预压需要一定时间，对厚度大的饱和软黏土，排水固结所需的时间较长；同时需要大量堆载材料，因此在使用上受到一定限制。本法适用于各类软弱地基，包括天然沉积土层或人工冲填土层，如沼泽土、淤泥、淤泥质土以及水力冲填土；较广泛用于冷藏库、油罐、机场跑道、集装箱码头、桥台等沉降要求比较高的地基。堆载材料一般以散料为主，如采用施工场地附近的土、砂、石子、砖、石块等。对于堤坝、路基等工程的预压，常以堤坝、路基填土本身作为堆载；对于大型油罐、水池地基，常以抽水方式对地基进行预压。

2. 真空预压法

真空预压法的加压方式不同于加载预压，其是以大气压力作为预压荷载。它先在须加固的软土地基表面铺设一层透水砂垫层或砂砾层，再在其上覆盖一层不透气的塑料薄膜或橡胶布，将其周边埋入土中密封，使之与大气隔绝，并在砂垫层内埋设渗水管道，然后用真空泵通过埋设于砂垫层内的管道将薄膜下的空气抽出，达到一定的真空度，使排水系统中的气压维持在大气压以下的一定数值；此时土中的气压仍为大气压，于是在土与排水系统之间的压力差作用下，孔隙水向排水系统渗流，地基土发生固结，直至压力差消失。

在真空预压过程中，周围土体内孔隙水的渗流和土体的位移均朝向预压区，故不需要像加载预压那样为防止地基失稳破坏而控制加载速率，其可以在短时间内使薄膜下的真空度达到预定数值。这是真空压的突出特点，有利于缩短工期、降低造价。但由薄膜下能达到的真空度有限，其当量荷载一般不超过 80 kPa。如需更大荷载，可以与加载预压联合使用。

3. 降水预压法

降水预压法是借助井点抽低地下水位，以增加土的自重应力，达到预压的目的。此法运用降低地下水位的原理、方法，需要设备基本与用井点法基坑排水相同。地下水位降低使地基中的软弱土层承受了相当于水位下降高度水柱的重量而固结，增加了土中的有效应力。

本方法适用于渗透性较好的砂或质土。或在软黏土层中存在砂土层的情况，施工前，应探明土层分布及地下水情况等。

7.6 其他加固方法

7.6.1 深层搅拌法

深层搅拌法是利用水泥（石灰）等材料作为胶结剂，通过特制的深层搅拌机械，将加固深度内的软土和胶结剂（浆体或粉体）强制拌和，利用胶结剂和软土发生一系列物理、化学反应，使其凝结成具有较高强度、较好整体性和水稳定性的水泥加固土，与周围天然土体共同形成复合地基。

加固机理主要是水泥表面的矿物与软土中的水发生水解和水化反应,形成水泥石骨架,利用水泥的水解和水化反应,部分水化物与周围具有一定活性的黏土颗粒发生反应,形成较大的土团粒,起到加固土体的作用。

7.6.2　灌浆法

灌浆法是利用压力(液压或气压)或电化学原理,通过浆管把浆液均匀注入底层中,浆液以填充、渗透和挤密等方式,赶走土粒间或岩石裂隙中的水分和气体后占据其位置,经人工控制一定时间后,浆液将原来松散的土粒裂隙胶结成一个整体,形成一个结构新、强度大、防水性能强和化学稳定性良好的"结石体"。灌浆法在水利、煤炭、建筑、交通和铁道等部门各类岩土工程治理中有着广泛的应用。

灌浆材料有粒状浆材(如水泥浆、黏土浆等)及化学浆材(如水玻璃、氢氧化钠、环氧树脂、丙烯酰胺等)两大类。按照工艺性质分为单浆液和双浆液;按浆液状态分为真溶液、悬浮液和乳化液。灌浆方法可分为压力灌浆和电动灌浆两类。压力灌浆是常用的方法,是在各种大小压力下使水泥浆液或化学浆液挤压充填土的孔隙或岩层缝隙。电动化学灌浆是在施工中以注浆管为阳极,滤水管为阴极,通过直流电电渗作用下使孔隙水由阳极流向阴极,在土中形成渗浆通道,化学浆液随之渗入孔隙而使土体结硬。土木工程施工中,用于地基加固的灌浆法主要有硅化加固法、水泥硅化法和碱液加固法:

(1)硅化加固法是利用带有孔眼的注浆管将水玻璃($Na_2O \cdot nSiO_2$)溶液与氯化钙($CaCl_2$)溶液分别轮换注入土中,使土体固化。

(2)水泥硅化法将水玻璃与水泥配成两种浆液,按照一定比例用两台或一台双缸独立分开的泵将两种浆液同时注入土中,这种浆液不仅具备水泥浆的优点,而且还兼有某些化学浆液的优点。具有凝结时间快、可灌性较高等特点,可以从几秒钟到几十分钟准确控制凝结时间。

(3)碱液加固法其加固原理是促使土颗粒表面活化,并在颗粒之间的接触处彼此胶结成整体,从而提高土的强度的一种加固方法。

7.6.3　土工合成材料

土工合成材料是岩土工程应用的各种聚合材料的总称。它包括各种土工织物(包括有纺型土工织物、编制型土工织物和无纺型土工织物等)、土工膜、土工格栅、土工垫、土工网以及各种组合的复合聚合材料等。这些聚合材料具有优良的力学性能、水理特性及抗腐蚀等性能(力学性能包括压缩性、抗拉强度、撕裂强度、顶破强度、刺破强度、穿透强度、摩擦系数等;水理特性包括孔隙率、开孔面纪律、等效孔径、垂直渗透系数、水平渗透系数等;耐久性包括抗老化和徐变等)。

土工聚合物具有质地柔软、抗拉强度高、无显著方向性,各向强度基本一致,整体连续性好;重量轻、施工方便,弹性高、耐磨、耐腐蚀、耐久和抗微生物性能好等优点。适用于加速软弱土地基的固结,提高土体强度;公路、铁路路基作加强层,防止路基翻浆、下沉;用于堤岸边坡工程,可使结构坡度加大,并充分压实;此外还可用于河道和海岸坡的防冲,水库渠道的防渗以及土石坝、尾矿坝与闸基的反滤层和排水层,可取代砂石级配良好的反滤层,达到节约投资,缩短工期,保证安全使用的目的。因而在软土地基处理中得到广泛的应用。

土工合成材料主要有排水作用、隔离作用、反滤作用和加筋作用等。

7.6.4 CFG 桩复合地基

CFG 桩复合地基是指在碎石桩桩体中掺加适量石屑、粉煤灰和水泥加水拌和,制成一种黏结强度较高的桩体,其全称为泥粉煤灰碎石桩,简称 CFG 桩。CFG 桩、桩间土和褥垫层一起构成 CFG 桩复合地基,如图 7 - 5 所示,对软土的加固作用有桩体作用、挤密作用和褥垫作用。

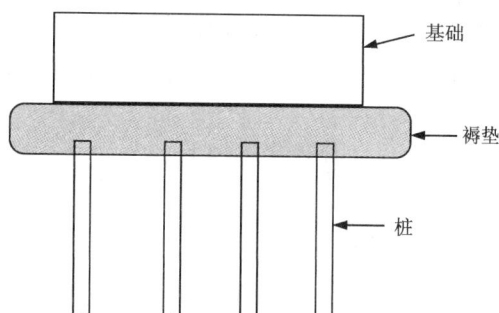

图 7 - 5　CFG 桩复合地基示意图

CFG 桩属高黏结强度桩,它与素混凝土桩的区别仅在于桩体材料构成不同,而在其受力和变形特性方面没有什么区别。CFG 桩的桩体,以碎石作为粗骨料,石屑为中等料径骨料,粉煤灰作为细骨料,低标号水泥作为黏结剂,这使桩体具有较高的后期强度。

褥垫层是由粒状材料组成的散体垫层。褥垫层技术是 CFG 桩复合地基的一个核心技术,复合地基的许多技术特性都与褥垫层有关。褥垫层的作用主要有:保证桩、土共同承担荷载;调整桩、土荷载分担比;减少基础底面的应力集中;调整桩、土水平荷载的分担。

褥垫层的厚度应视具体情况确定。若褥垫层厚度过小,桩对基础将产生很显著的应力集中,需要考虑桩对基础的冲切,势必导致基础加厚。在基础承受水平荷载作用下,可能造成复合地基中桩发生断裂。同时,由于褥垫层厚度过小,桩间土承载能力不能充分发挥,要达到设计要求的承载力,必然要增加桩的数量或长度,造成经济上的不合理。褥垫层厚度过小唯一带来的是建筑物的沉降量减小。

若褥垫层厚度大,桩对基础产生的应力集中很少,可不考虑桩对基础的冲切作用,基础受水平荷载的作用,桩不会发生折断。且褥垫层厚度大,能够充分发挥桩间土的承载能力。但若是褥垫层厚度过大,会导致桩、土应力比等于或接近 1。此时桩承担的荷载太少,实际上复合地基中桩的设置已失去了意义。这样设计的复合地基承载力,不会比天然地基有较大的提高,且建筑物的变形也大。综上分析,结合大量的工程实践的总结,即考虑到技术上可靠,经济上合理,褥垫层厚度取 10 ~ 30 cm 为宜。

CFG 桩复合地基,既可适用于条形基础、独立基础,又可适用于筏基或箱形基础。就土的性质而言,CFG 桩可用于填土、饱和及非饱和黏性土;既可用于挤密效果好的土,又可用于挤密效果差的土。当 CFG 桩用于挤密效果好的土时,承载力的提高值既有挤密分量,又有置换分量；当 CFG 桩用于不可挤密土时，承载力的提高只与置换作用有关。

　　CFG 桩复合地基设计主要是确定装径、桩距、桩长、桩体标号和褥垫层等参数。桩径一般为 350 ～ 400 mm；桩距可选用 3 ～ 7 倍桩径；壮体最低标号按 3 倍桩顶应力确定；褥垫层厚度一般 10 ～ 30 cm，当桩距过大时褥垫层还可以适当加厚。

重点与难点

　　重点：(1) 软弱地基的概念；(2) 换土垫层法参数的确定；(3) 挤密法及深层密实法的分类；(4) 砂桩的设计及计算。

　　难点：(1) 强夯法有效加固深度的确定；(2) 砂井地基固结度计算。

思考与练习

　　1. 简述地基的处理方法有哪些？

　　2. 换土垫层法的施工要点有哪些？

　　3. 强夯法的特点有哪些？分别有什么样的适用范围？

　　4. 预压法有哪些分类？分别有什么样的适用条件？

附表 1

桩置于土中($\alpha h > 2.5$)或基岩($\alpha h \geqslant 3.5$)中的位移系数 A_x

$\overline{h} = \alpha h$ / $\overline{l}_0 = \alpha l_0$	4.0	3.5	3.0	2.8	2.6	2.4
0.0	2.44066	2.50174	2.72658	2.90524	3.16260	3.52562
0.1	2.27873	2.33783	2.55100	2.71847	2.95795	3.29311
0.2	2.11779	2.17492	2.37640	2.53269	2.75429	3.06159
0.3	1.95881	2.01396	2.20376	2.34886	2.55258	2.83201
0.4	1.80273	1.85590	2.03400	2.16791	2.35373	2.60528
0.5	1.65042	1.70161	1.86800	1.99069	2.15859	2.38223
0.6	1.50268	1.55187	1.70651	1.81796	1.96790	2.16355
0.7	1.36024	1.40741	1.55022	1.65037	1.78228	1.94985
0.8	1.22370	1.26882	1.39970	1.48847	1.60223	1.74157
0.9	1.09361	1.13661	1.25543	1.32271	1.42816	1.53906
1.0	0.97041	1.01127	1.11777	1.18341	1.26033	1.34249
1.1	0.85441	0.89303	0.98696	1.04074	1.09886	1.15190
1.2	0.74588	0.78215	0.86316	0.90481	0.94377	0.96724
1.3	0.64498	0.67875	0.74637	0.77560	0.79497	0.78831
1.4	0.55175	0.58285	0.63655	0.65296	0.65223	0.61477
1.5	0.46614	0.49435	0.53349	0.53692	0.51518	0.44616
1.6	0.38810	0.41315	0.43696	0.42629	0.38346	0.28202
1.7	0.31741	0.33901	0.34660	0.32152	0.25654	0.12174
1.8	0.25386	0.27166	0.26201	0.22186	0.13387	− 0.03529
1.9	0.19717	0.21074	0.18273	0.12676	0.01487	− 0.18971
2.0	0.14696	0.15583	0.10819	0.03562	− 0.10114	− 0.34221
2.2	0.06461	0.06243	− 0.02870	− 0.13706	− 0.32649	− 0.64355
2.4	0.00348	− 0.01238	− 0.15330	− 0.30098	− 0.54685	− 0.94316
2.6	− 0.03986	− 0.07251	− 0.26999	− 0.46033	− 0.76553	
2.8	− 0.06902	− 0.12202	− 0.38275	− 0.61832		
3.0	− 0.08741	− 0.16458	− 0.49434			
3.5	− 0.10495	− 0.25866				
4.0	− 0.10788					

附表 2

桩置于土中($\alpha h > 2.5$)或基岩($\alpha h \geqslant 3.5$)中的转角系数 A_φ

$\bar{h} = \alpha h$ / $\bar{l}_0 = \alpha l_0$	4.0	3.5	3.0	2.8	2.6	2.4
0.0	− 1.62100	− 1.64076	− 1.75755	− 1.86940	− 2.04819	− 2.32686
0.1	− 1.61600	− 1.63576	− 1.75255	− 1.86440	− 2.04319	− 2.32180
0.2	− 1.60117	− 1.62024	− 1.73744	− 1.84960	− 2.02841	− 2.30705
0.3	− 1.57676	− 1.59654	− 1.71341	− 1.82531	− 2.00418	− 2.28299
0.4	− 1.54334	− 1.56316	− 1.68087	− 1.79219	− 1.97122	− 2.25018
0.5	− 1.50151	− 1.52142	− 1.63874	− 1.75099	− 1.93036	− 2.20977
0.6	− 1.46009	− 1.47216	− 1.59001	− 1.70268	− 1.88263	− 2.16283
0.7	− 1.39593	− 1.41624	− 1.53495	− 1.64828	− 1.82914	− 2.11060
0.8	− 1.33398	− 1.35468	− 1.47467	− 1.58896	− 1.77116	− 2.05445
0.9	− 1.26713	− 1.28837	− 1.41015	− 1.52579	− 1.70985	− 1.99564
1.0	− 1.19647	− 1.21845	− 1.34266	− 1.46009	− 1.64662	− 1.93571
1.1	− 1.12283	− 1.14578	− 1.24315	− 1.39289	− 1.58257	− 1.87583
1.2	− 1.04733	− 1.07154	− 1.20290	− 1.32553	− 1.51913	− 1.81753
1.3	− 0.97078	− 0.99657	− 1.13286	− 1.25902	− 1.45734	− 1.76186
1.4	− 0.89409	− 0.92183	− 1.06403	− 1.19446	− 1.39835	− 1.71000
1.5	− 0.81801	− 0.84811	− 0.99743	− 1.13272	− 1.34305	− 1.66280
1.6	− 0.74337	− 0.77630	− 0.93387	− 1.07480	− 1.29241	− 1.62116
1.7	− 0.67075	− 0.70699	− 0.87403	− 0.02132	− 1.24700	− 1.58551
1.8	− 0.60077	− 0.64684	− 0.81863	− 0.97297	− 1.20743	− 1.55627
1.9	− 0.53393	− 0.57842	− 0.67818	− 0.93020	− 1.17400	− 1.53348
2.0	− 0.47063	− 0.52013	− 0.72309	− 0.89333	− 1.14686	− 1.51693
2.2	− 0.35588	− 0.41127	− 0.64992	− 0.83767	− 1.11079	− 1.50004
2.4	− 0.25831	− 0.33411	− 0.59979	− 0.80513	− 1.09559	− 1.49719
2.6	− 0.17849	− 0.27104	− 0.57092	− 0.79158	− 1.09307	
2.8	− 0.11611	− 0.22727	− 0.55914	− 0.78943		
3.0	− 0.06987	− 0.20056	− 0.55721			
3.5	− 0.01206	− 0.18372				
4.0	− 0.00341					

附表 3

桩置于土中($\alpha h > 2.5$)或基岩($\alpha h \geqslant 3.5$)的弯矩系数 A_M

$\bar{h} = \alpha h$ $\bar{l}_0 = \alpha l_0$	4.0	3.5	3.0	2.8	2.6	2.4
0.0	0	0	0	0	0	0
0.1	0.09960	0.09959	0.09959	0.09953	0.09948	0.09942
0.2	0.19696	0.19689	0.36518	0.19638	0.19606	0.19561
0.3	0.29010	0.28984	0.26560	0.28818	0.28714	0.28569
0.4	0.37739	0.37678	0.17362	0.37296	0.37060	0.36732
0.5	0.45752	0.45635	0.36518	0.44913	0.44471	0.43859
0.6	0.52938	0.52740	0.26560	0.51534	0.50801	0.49795
0.7	0.52928	0.58918	0.17362	0.57069	0.55956	0.54439
0.8	0.64561	0.64107	0.36518	0.61445	0.59859	0.57713
0.9	0.68926	0.68292	0.26560	0.64642	0.62494	0.59608
1.0	0.72305	0.71452	0.17362	0.66637	0.63841	0.60116
1.1	0.74714	0.73602	0.36518	0.67451	0.63930	0.59285
1.2	0.76183	0.74769	0.26560	0.67120	0.62810	0.57187
1.3	0.76761	0.75001	0.17362	0.65707	0.60563	0.53934
1.4	0.76498	0.74349	0.36518	0.63285	0.57280	0.49654
1.5	0.75466	0.72884	0.26560	0.59952	0.50389	0.44520
1.6	0.73734	0.70677	0.17362	0.55814	0.48127	0.38718
1.7	0.71381	0.67809	0.36518	0.50996	0.42540	0.32466
1.8	0.68488	0.64364	0.26560	0.45631	0.36540	0.26008
1.9	0.65139	0.60432	0.17362	0.39868	0.30291	0.19617
2.0	0.61413	0.56097	0.36518	0.33864	0.24013	0.13588
2.2	0.53160	0.46583	0.26560	0.21828	0.12320	0.03942
2.4	0.44334	0.36518	0.17362	0.11015	0.03527	0.00000
2.6	0.35458	0.26560	0.36518	0.03100	0.00001	
2.8	0.26996	0.17362	0.26560	0.00001		
3.0	0.19305	0.09535	0.00000			
3.5	0.05081	0.00001				
4.0	0.00005					

附表4

桩置于土中($\alpha h > 2.5$)或基岩($\alpha h \geqslant 3.5$)的弯矩系数 A_Q

$\bar{h} = \alpha h$ ＼ $\bar{l}_0 = \alpha l_0$	4.0	3.5	3.0	2.8	2.6	2.4
0.0	1.00000	1.00000	1.00000	1.00000	1.00000	1.00000
0.1	0.98833	0.98803	0.98695	0.98609	0.98487	0.98314
0.2	0.95551	0.95434	0.95033	0.94688	0.94569	0.93569
0.3	0.90468	0.90211	0.89304	0.88601	0.87604	0.86221
0.4	0.83898	0.83452	0.81902	0.80712	0.79034	0.76724
0.5	0.76145	0.75454	0.73140	0.71373	0.68902	0.65525
0.6	0.67486	0.66529	0.63323	0.60913	0.57569	0.53041
0.7	0.58201	0.56931	0.52760	0.49664	0.45405	0.39700
0.8	0.48522	0.46906	0.41710	0.37905	0.3272b	0.25872
0.9	0.38689	0.36698	0.30441	0.25932	0.19865	0.11949
1.0	0.28901	0.26512	0.19185	0.13998	0.07114	0.01717
1.1	0.19388	0.16532	0.08154	0.02340	− 0.05251	− 0.14789
1.2	0.10153	0.06917	− 0.02466	− 0.08828	− 0.16974	− 0.26953
1.3	0.01477	− 0.02197	− 0.12508	− 0.19312	− 0.27824	− 0.37903
1.4	− 0.06586	− 0.10698	− 0.21828	− 0.28939	− 0.37576	− 0.47356
1.5	− 0.13952	− 0.18494	− 0.30297	− 0.37549	− 0.46025	− 0.55031
1.6	− 0.20555	− 0.25510	− 0.37800	− 0.44994	− 0.52970	− 0.60654
1.7	− 0.26359	− 0.31699	− 0.44249	− 0.51147	− 0.58233	− 0.63967
1.8	− 0.31345	− 0.37030	− 0.49562	− 0.55889	− 0.61637	− 0.64710
1.9	− 0.35501	0.41476	− 0.53660	− 0.59098	− 0.62996	− 0.62610
2.0	− 0.38839	− 0.45034	− 0.56480	− 0.60665	− 0.62138	− 0.57406
2.2	− 0.43174	− 0.49154	− 0.58052	− 0.58438	− 0.53057	− 0.36592
2.4	− 0.44647	− 0.50579	− 0.53789	− 0.48287	− 0.32889	0.00000
2.6	− 0.43651	− 0.48379	− 0.43139	− 0.29184	0.00001	
2.8	− 0.40641	− 0.43066	0.25462	0.00001		
3.0	− 0.35065	− 0.34726	0.00000			
3.5	− 0.19975	0.00001				
4.0	− 0.00002					

附表 5

桩置于土中 $(\alpha h > 2.5)$ 或基岩 $(\alpha h \geqslant 3.5)$ 中的位移系数 B_x

$\bar{l}_0 = \alpha l_0$ \ $\bar{h} = \alpha h$	4.0	3.5	3.0	2.8	2.6	2.4
0.0	1.62100	1.64076	1.75755	1.86940	2.04819	2.32680
0.1	1.45094	1.47003	1.58070	1.68555	1.85190	2.10911
0.2	1.29088	1.30930	1.41385	1.51169	1.66565	1.90142
0.3	1.14079	1.15854	1.25697	1.34780	1.43928	1.70368
0.4	1.00064	1.01772	1.11001	1.19383	1.32287	1.51585
0.5	0.87036	0.88676	0.97292	1.04971	1.16629	1.33783
0.6	0.74981	0.76553	0.84553	0.91528	1.01937	1.16941
0.7	0.63885	0.65390	0.72770	0.79037	0.88191	1.01039
0.8	0.53727	0.55162	0.61917	0.67472	0.75364	0.86043
0.9	0.44481	0.45846	0.51967	0.56802	0.63421	0.71915
1.0	0.36119	0.37411	0.42889	0.46994	0.52324	0.58011
1.1	0.28606	0.29822	0.34641	0.38004	0.42027	0.46077
1.2	0.21908	0.23045	0.27187	0.29791	0.32482	0.34261
1.3	0.15985	0.17038	0.20481	0.22306	0.23635	0.23098
1.4	0.10793	0.11757	0.14472	0.15494	0.15425	0.12523
1.5	0.06288	0.07155	0.09108	0.09299	0.07790	0.02464
1.6	0.02422	0.03185	0.04337	0.03663	0.00667	− 0.07148
1.7	− 0.00847	− 0.00199	0.00107	− 0.01470	− 0.06006	− 0.16383
1.8	− 0.03572	− 0.03049	− 0.03643	− 0.06163	− 0.12298	− 0.25114
1.9	− 0.05798	− 0.05413	− 0.06965	− 0.10475	− 0.18272	− 0.34007
2.0	− 0.07572	− 0.07341	− 0.09914	− 0.14465	− 0.23990	− 0.42526
2.2	− 0.09940	− 0.10069	− 0.14905	− 0.21696	− 0.34881	− 0.59253
2.4	− 0.11030	− 0.11601	− 0.19023	− 0.28275	− 0.45381	− 0.75833
2.6	− 0.11136	− 0.12246	− 0.22600	− 0.34523	− 0.55748	
2.8	− 0.10544	− 0.12305	− 0.25929	− 0.40682		
3.0	− 0.09471	− 0.11999	− 0.29185			
3.5	− 0.05698	− 0.10632				
4.0	− 0.01487					

附表6

桩置于土中 $(\alpha h > 2.5)$ 或基岩 $(\alpha h \geqslant 3.5)$ 中的位移系数 B_{φ}

$\bar{h} = \alpha h$ / $\bar{l}_0 = \alpha l_0$	4.0	3.5	3.0	2.8	2.6	2.4
0.0	-1.75058	-1.75728	-1.81849	-1.88855	-2.01289	-2.22691
0.1	-1.65068	-1.65728	-1.71485	-1.78855	-1.91289	-2.12691
0.2	-1.55069	-1.55739	-1.61861	-1.68868	-1.81303	-2.07707
0.3	-1.45106	-1.45777	-1.51901	-1.58911	-1.71351	-1.92761
0.4	-1.35204	-1.35876	-1.42008	-1.49025	-1.61476	-1.82904
0.5	-1.25397	-1.26069	-1.32217	-1.39249	-1.51723	-1.73186
0.6	-1.15725	-1.16405	-1.22581	-1.29638	-1.42152	-1.63677
0.7	-1.06238	-1.06926	-1.31460	-1.20245	-1.32822	-1.54443
0.8	-0.96978	-0.97678	-1.03965	-1.11124	-1.23795	-1.45556
0.9	-0.87987	-0.88704	-0.95084	-1.02327	-1.15127	-1.37080
1.0	-0.79611	-0.80053	-0.86558	-0.93913	-1.06885	-1.90910
1.1	-0.70981	-0.71753	-0.78422	-0.85922	-0.99112	-1.21638
1.2	-0.63038	-0.63881	-0.70726	-0.78408	-0.91869	-1.14789
1.3	-0.55506	-0.56370	-0.63500	-0.71402	-0.85192	-1.08581
1.4	-0.48412	-0.49338	-0.56776	-0.64942	-0.79118	-1.03054
1.5	-0.41770	-0.42771	-0.50575	-0.59048	-0.73671	-0.98228
1.6	-0.35598	-0.36889	-0.44918	-0.53745	-0.68873	-0.9412
1.7	-0.29897	-0.31093	-0.39811	-0.49035	-0.64723	-0.90718
1.8	-0.24672	-0.25990	-0.35262	-0.44927	-0.61224	-0.88010
1.9	-0.19916	-0.21374	-0.31263	-0.41408	-0.58353	-0.85954
2.0	-0.15624	-0.17240	-0.27808	-0.38468	-0.56088	-0.84498
2.2	-0.09365	-0.10355	-0.22448	-0.34203	-0.53179	-0.83056
2.4	-0.02753	-0.05196	-0.18980	-0.31834	-0.52008	-0.82832
2.6	-0.01415	-0.01551	-0.17078	-0.30888	-0.52821	
2.8	-0.04351	-0.00809	-0.16335	-0.30745		
3.0	-0.06296	-0.02155	-0.12217			
3.5	-0.08294	-0.02947				
4.0	-0.08507					

附表7

桩置于土中($\alpha h > 2.5$)或基岩($\alpha h \geqslant 3.5$)的弯矩系数 B_{M}

$\bar{l}_0 = \alpha l_0$ ＼ $\bar{h} = \alpha h$	4.0	3.5	3.0	2.8	2.6	2.4
0.0	1.00000	1.00000	1.00000	1.00000	1.00000	1.00000
0.1	0.99974	0.99974	0.99972	0.99970	0.99967	0.99963
0.2	0.98806	0.99804	0.99789	0.99775	0.99753	0.99719
0.3	0.99382	0.99373	0.99325	0.99279	0.99207	0.99076
0.4	0.98617	0.98598	0.98486	0.98382	0.98217	0.97966
0.5	0.97458	0.97420	0.97209	0.97012	0.96704	0.97266
0.6	0.95861	0.95797	0.95443	0.95056	0.94607	0.93835
0.7	0.93817	0.93718	0.93173	0.92674	0.91900	0.90736
0.8	0.91324	0.91178	0.90390	0.89675	0.88574	0.86937
0.9	0.88407	0.88204	0.87120	0.86145	0.84653	0.82440
1.0	0.85089	0.84815	0.83381	0.82102	0.80160	0.77303
1.1	0.81410	0.81054	0.79213	0.77589	0.75145	0.71582
1.2	0.77415	0.76963	0.74663	0.72658	0.69667	0.65354
1.3	0.73161	0.72599	0.69791	0.67373	0.63803	0.58720
1.4	0.68694	0.68009	0.64648	0.61794	0.57627	0.51781
1.5	0.64081	0.63259	0.59307	0.56003	0.51242	0.44673
1.6	0.59373	0.58401	0.53829	0.50072	0.44739	0.37528
1.7	0.54625	0.53490	0.48280	0.44082	0.38224	0.30497
1.8	0.49889	0.48582	0.42729	0.38115	0.31812	0.23745
1.9	0.45219	0.43729	0.37244	0.32261	0.25621	0.17450
2.0	0.40658	0.38978	0.31890	0.26605	0.19779	0.11803
2.2	0.32025	0.29956	0.21844	0.16255	0.09675	0.03282
2.4	0.24262	0.21815	0.13116	0.07820	0.02654	− 0.00002
2.6	0.17546	0.14778	0.06199	0.02101	− 0.00004	
2.8	0.11979	0.9007	0.06138	− 0.00023		
3.0	0.07595	0.4619	− 0.00007			
3.5	0.01354	0.00004				
4.0	0.00009					

附表 8

桩置于土中($\alpha h > 2.5$) 或基岩($\alpha h \geqslant 3.5$) 的弯矩系数 B_Q

$\bar{h} = \alpha h$ $\bar{l}_0 = \alpha l_0$	4.0	3.5	3.0	2.8	2.6	2.4
0.0	0	0	0	0	0	0
0.1	− 0.00753	− 0.00763	− 0.00319	− 0.00873	− 0.00958	− 0.01096
0.2	− 0.02795	− 0.02832	− 0.0805	− 0.03255	− 0.03579	− 0.0407
0.3	− 0.0582	− 0.05903	− 0.16373	− 0.06814	− 0.07506	− 0.08567
0.4	− 0.09554	− 0.09698	− 0.10502	− 0.11247	− 0.12412	− 0.14185
0.5	− 0.13747	− 0.13966	− 0.15171	− 0.16277	− 0.17994	− 0.26584
0.6	− 0.18191	− 0.18498	− 0.20159	− 0.21668	− 0.23991	− 0.27464
0.7	− 0.22685	− 0.23092	− 0.25253	− 0.27191	− 0.30418	− 0.34524
0.8	− 0.27087	− 0.27604	− 0.30294	− 0.32675	− 0.36271	− 0.41528
0.9	− 0.31245	− 0.31882	− 0.35118	− 0.37941	− 0.42152	− 0.48223
1.0	− 0.35059	− 0.35822	− 0.39606	− 0.42856	− 0.47634	− 0.51405
1.1	− 0.38443	− 0.39337	− 0.43665	− 0.47302	− 0.5257	− 0.59882
1.2	− 0.41335	− 0.42364	− 0.47207	− 0.51187	− 0.56841	− 0.64486
1.3	− 0.4369	− 0.44856	− 0.50172	− 0.54429	− 0.60333	− 0.68054
1.4	− 0.45485	− 0.46788	− 0.5252	− 0.56969	− 0.62957	− 0.70445
1.5	− 0.46715	− 0.4815	− 0.5422	− 0.58757	− 0.6463	− 0.71521
1.6	− 0.47378	− 0.48939	− 0.5525	− 0.59747	− 0.65272	− 0.71143
1.7	− 0.47496	− 0.49174	− 0.55604	− 0.59917	− 0.64819	− 0.69188
1.8	− 0.47103	− 0.48883	− 0.55289	− 0.59243	− 0.63211	− 0.65562
1.9	− 0.46223	− 0.48092	− 0.54299	− 0.57695	− 0.60374	− 0.60035
2.0	− 0.44914	− 0.46839	− 0.52644	− 0.55254	− 0.56243	− 0.52562
2.2	− 0.41179	− 0.43127	− 0.47379	− 0.47608	− 0.43825	− 0.31124
2.4	− 0.36312	− 0.38101	− 0.39538	− 0.36078	− 0.25325	− 0.00002
2.6	− 0.30732	− 0.32104	− 0.29102	− 0.20346	− 0.00003	
2.8	− 0.24853	− 0.25452	− 0.1598	− 0.00018		
3.0	− 0.19052	− 0.18411	− 0.00004			
3.5	− 0.01672	− 0.00001				
4.0	− 0.00045					

附表9

桩嵌固于基岩内($\alpha h > 2.5$)侧向位移系数 A_x^0

$\bar{h} = \alpha h$ $\qquad$ $\bar{l}_0 = \alpha l_0$	4.0	3.5	3.0	2.8	2.6
0.0	2.401	2.389	2.385	2.371	2.330
0.1	2.248	2.230	2.230	2.210	2.170
0.2	2.080	2.075	2.070	2.055	2.010
0.3	1.926	1.916	1.913	1.896	1.853
0.4	1.773	1.765	1.863	1.745	1.703
0.5	1.622	1.618	1.612	1.596	1.552
0.6	1.475	1.473	1.468	1.450	1.407
0.7	1.336	1.334	1.330	1.314	1.267
0.8	1.202	1.202	1.196	1.178	1.133
0.9	1.070	1.071	1.070	1.050	1.005
1.0	0.952	0.956	0.951	0.930	0.885
1.1	0.831	0.844	0.831	0.818	0.772
1.2	0.732	0.740	0.713	0.712	0.667
1.3	0.634	0.642	0.636	0.614	0.570
1.4	0.543	0.553	0.547	0.524	0.480
1.5	0.460	0.471	0.466	0.443	0.399
1.6	0.38	0.397	0.391	0.369	0.326
1.7	0.317	0.332	0.325	0.303	0.260
1.8	0.257	0.273	0.267	0.244	0.203
1.9	0.203	0.221	0.215	0.192	0.153
2.0	0.157	0.176	0.170	0.148	0.111
2.2	0.082	0.104	0.099	0.078	0.048
2.4	0.03	0.057	0.050	0.032	0.012
2.6	-0.004	0.023	0.020	0.008	0.000
2.8	-0.022	0.006	0.004	0.000	
3.0	-0.028	-0.001	0.000		
3.5	-0.015	0.000			
4.0	0.000				

附表 10

桩嵌固于基岩内（$\alpha h > 2.5$）侧向位移系数 B_x^0

$\bar{h} = \alpha h$ $\bar{l}_0 = \alpha l_0$	4.0	3.5	3.0	2.8	2.6
0.0	1.600	1.584	1.586	1.593	1.596
0.1	1.430	1.420	1.426	1.430	1.430
0.2	1.275	1.260	1.270	1.275	1.280
0.3	1.127	1.117	1.123	1.130	1.137
0.4	0.988	0.980	0.990	0.998	1.025
0.5	0.858	0.854	0.866	0.874	0.878
0.6	0.740	0.737	0.752	0.760	0.763
0.7	0.630	0.630	0.643	0.654	0.659
0.8	0.531	0.533	0.550	0.561	0.564
0.9	0.440	0.444	0.464	0.473	0.478
1.0	0.359	0.364	0.386	0.396	0.400
1.1	0.285	0.294	0.318	0.327	0.332
1.2	0.220	0.230	0.257	0.267	0.271
1.3	0.163	0.176	0.203	0.214	0.218
1.4	0.113	0.128	0.157	0.169	0.172
1.5	0.070	0.087	0.119	0.129	0.134
1.6	0.034	0.053	0.086	0.097	0.101
1.7	0.003	0.027	0.059	0.070	0.074
1.8	0.002	0.001	0.037	0.048	0.052
1.9	− 0.042	− 0.017	0.021	0.032	0.035
2.0	− 0.058	− 0.031	0.008	0.010	0.023
2.2	− 0.077	− 0.046	− 0.006	0.004	0.007
2.4	− 0.083	− 0.048	− 0.010	− 0.001	0.001
2.6	− 0.080	− 0.043	− 0.007	− 0.001	0.000
2.8	− 0.070	− 0.032	− 0.003	0.000	
3.0	− 0.056	− 0.002	0.000		
3.5	− 0.018	0.000			
4.0	0.000				

附表 11

桩嵌固于基岩内计算 $\varphi_{z=0}$ 系数 A_φ^0、B_φ^0

$\bar{h} = \alpha h$ $\bar{l}_0 = \alpha l_0$	4.0	3.5	3.0	2.8	2.6
$A_\varphi^0 = -B_x^0$	-1.600	-1.584	-1.586	-1.593	-1.596
B_φ^0	-1.732	-1.711	-1.691	-1.687	-1.686
A_x^0	2.401	2.389	2.385	2.371	2.330

附表12

桩嵌固于基岩内（$\alpha h > 2.5$）弯矩系数 A_M^0、B_M^0

$\bar{h} = \alpha h$ $\bar{l}_0 = \alpha l_0$	4.0		3.5		3.0		2.8		2.6	
	A_M^0	B_M^0	A_M^0	B_M^0	A_M^0	B_M^0	A_M^0	B_M^0	A_M^0	B_M^0
0.0	0	1	0	1	0	1	0	1	0	1
0.1	0.1	1	0.1	1	0.1	1	0.1	1	0.1	1
0.2	0.197	0.998	0.197	0.998	0.197	0.998	0.197	0.998	0.197	0.998
0.3	0.29	0.994	0.29	0.994	0.29	0.994	0.29	0.994	0.291	0.994
0.4	0.378	0.986	0.378	0.986	0.378	0.986	0.378	0.986	0.379	0.986
0.5	0.458	0.975	0.458	0.975	0.458	0.975	0.458	0.975	0.46	0.975
0.6	0.531	0.959	0.531	0.96	0.531	0.959	0.532	0.959	0.533	0.959
0.7	0.594	0.939	0.595	0.939	0.595	0.939	0.596	0.939	0.598	0.939
0.8	0.648	0.914	0.649	0.915	0.649	0.914	0.651	0.914	0.654	0.913
0.9	0.693	0.886	0.694	0.886	0.694	0.885	0.696	0.884	0.701	0.884
1.0	0.728	0.853	0.729	0.854	0.729	0.852	0.732	0.85	0.739	0.85
1.1	0.753	0.817	0.754	0.817	0.755	0.815	0.759	0.813	0.769	0.81
1.2	0.77	0.777	0.77	0.778	0.772	0.774	0.777	0.771	0.789	0.77
1.3	0.777	0.735	0.778	0.736	0.779	0.73	0.786	0.727	0.802	0.725
1.4	0.776	0.691	0.777	0.691	0.779	0.684	0.788	0.68	0.808	0.678
1.5	0.768	0.645	0.768	0.645	0.771	0.635	0.782	0.63	0.806	0.628
1.6	0.753	0.598	0.752	0.597	0.756	0.585	0.769	0.578	0.799	0.576
1.7	0.731	0.551	0.73	0.549	0.734	0.533	0.75	0.525	0.786	0.522
1.8	0.705	0.503	0.703	0.5	0.707	0.48	0.727	0.471	0.769	0.467
1.9	0.673	0.456	0.67	0.451	0.676	0.427	0.699	0.416	0.749	0.411
2.0	0.638	0.41	0.33	0.402	0.64	0.373	0.667	0.36	0.725	0.355
2.2	0.559	0.321	0.549	0.307	0.558	0.265	0.595	0.247	0.672	0.246
2.4	0.472	0.239	0.457	0.216	0.468	0.157	0.517	0.135	0.615	0.126
2.6	0.383	0.165	0.358	0.129	0.373	0.051	0.435	0.022	0.556	0.01
2.8	0.294	0.099	0.258	0.047	0.276	−0.055	0.352	−0.091		
3.0	0.207	0.041	0.156	0.032	0.179	−0.161				
3.5	0.005	−0.079	−0.096	0.221						
4.0	−0.184	−0.181								

附表 13

确定桩身最大弯矩位置的系数表

$\bar{h} = \alpha h$	4.0		3.5		3.0		2.8		2.6		2.4	
$\bar{l}_0 = \alpha l_0$	C_Q	K_M	C_Q	K_M	C_Q	K_M	C_Q	K_M	C_Q	K_M	C_Q	K_M
0.0	∞	1.000	∞	1.000	∞	1.000	∞	1.000	∞	1.000	∞	1.000
0.1	131.252	1.001	129.489	1.001	120.507	1.001	112.594	1.001	102.805	1.001	90.196	1.000
0.2	34.186	1.004	33.699	1.004	31.158	1.004	19.09	1.005	26.326	1.005	22.939	1.006
0.3	15.544	1.012	15.282	1.013	14.013	1.015	13.003	1.014	11.671	1.017	10.064	1.019
0.4	8.871	1.029	8.605	1.030	7.799	1.033	7.176	1.036	6.368	1.040	5.409	1.047
0.5	5.539	1.057	5.403	1.059	4.821	1.066	4.385	1.073	3.829	1.083	3.183	1.100
0.6	3.710	1.010	3.597	1.105	3.141	1.120	2.811	1.134	2.400	1.158	1.931	1.196
0.7	2.566	0.169	2.465	1.176	2.089	1.209	1.826	1.239	1.506	1.291	1.150	1.380
0.8	1.791	1.274	1.699	1.289	1.377	1.358	1.160	1.426	0.902	1.549	0.623	1.795
0.9	1.238	1.441	1.151	1.475	0.867	1.635	0.683	1.807	0.471	2.173	0.248	3.230
1.0	0.824	1.728	0.740	1.814	0.484	2.252	0.327	2.681	0.149	5.076	− 0.032	− 18.277
1.1	0.503	2.299	0.420	2.562	0.187	4.543	0.049	14.411	− 0.100	− 5.649	− 0.247	− 1.684
1.2	0.246	3.876	0.163	5.349	− 0.052	− 12.716	− 0.172	− 3.165	− 0.299	− 1.406	− 0.416	− 0.174
1.3	0.034	23.438	− 0.049	− 14.587	− 0.249	− 2.093	− 0.335	− 1.178	− 0.465	− 0.675	− 0.557	− 0.381
1.4	− 0.145	− 4.596	− 0.299	− 2.572	− 0.416	− 0.983	− 0.508	− 0.628	− 0.597	− 0.383	− 0.672	− 0.220
1.5	− 0.299	− 1.876	− 0.384	− 1.265	− 0.559	− 0.574	− 0.639	− 0.378	− 0.712	− 0.233	− 0.769	− 0.131
1.6	− 0.434	− 1.128	− 0.521	− 0.772	− 0.684	− 0.365	− 0.753	− 0.240	− 0.812	− 0.146	− 0.853	− 0.078
1.7	− 0.555	− 0.740	− 0.645	− 0.517	− 0.796	− 0.242	− 0.854	− 0.157	− 0.898	− 0.091	− 0.925	− 0.046
1.8	− 0.655	− 0.530	− 0.756	− 0.366	− 0.896	− 0.164	− 0.943	− 0.103	− 0.975	− 0.057	− 0.987	− 0.026
1.9	− 0.768	− 0.396	− 0.862	− 0.263	− 0.988	− 0.112	− 1.024	− 0.067	− 1.034	− 0.034	− 1.043	− 0.014
2.0	− 0.865	− 0.304	− 0.961	− 0.194	− 1.073	− 0.076	− 1.098	− 0.042	− 1.105	− 0.02	− 1.092	− 0.006
2.2	− 1.048	− 0.187	− 1.148	− 0.106	− 1.225	− 0.033	− 1.227	− 0.015	− 1.210	0.005	− 1.173	− 0.001
2.4	− 1.230	− 0.118	− 1.328	− 0.057	− 1.360	− 0.012	− 1.338	− 0.004	− 1.299	− 0.001	0	0
2.6	− 1.420	− 0.074	− 1.507	− 0.028	− 1.482	− 0.003	− 1.434	− 0.001	− 0.333	0		
2.8	− 1.635	− 0.045	− 1.692	− 0.013	− 4.593	− 0.001	− 0.056	0				
3.0	− 1.893	− 0.026	− 1.886	− 0.004	0	0						
3.5	− 2.994	− 0.003	1.000	0								
4.0	− 0.045	− 0.011										

附表 14

桩置于土中($\alpha h > 2.5$) 或基岩($\alpha h \geqslant 3.5$) 中的位移系数 A_{x1}

$\overline{h} = \alpha h$ ＼ αh	4.0	3.5	3.0	2.8	2.6	2.4
0.0	2.44066	2.50174	2.72658	2.90524	3.16260	3.52562
0.2	3.16175	3.23100	3.50501	3.73121	4.06506	4.54808
0.4	4.03889	4.11685	4.44491	4.72426	5.14455	5.76476
0.6	5.08807	5.17527	5.56230	5.90040	6.41707	7.19147
0.8	6.32530	6.42228	6.87316	7.27562	7.89862	8.84439
1.0	7.76657	7.87387	8.39350	8.86592	9.60520	10.73946
1.2	9.42790	9.54605	10.13933	10.68731	11.5528	12.89269
1.4	11.31526	11.45480	12.12663	12.75578	13.75746	15.32007
1.6	13.47468	13.61614	14.37141	15.08734	16.23514	18.03760
1.8	15.89214	16.04606	16.88967	17.69798	19.00185	21.06129
2.0	18.59365	18.76057	19.69741	20.60371	22.07359	24.40713
2.2	21.59520	21.77565	22.81062	23.82052	25.46636	28.09112
2.4	24.91280	25.10732	26.24532	27.36441	29.19616	32.12926
2.6	28.56245	28.77157	30.01750	31.25138	33.27899	36.53756
2.8	32.56014	32.78440	34.14315	35.49745	37.73085	41.33201
3.0	36.92188	37.16182	38.63829	40.11859	42.56775	46.52861
3.2	41.66367	41.91982	43.51890	45.13082	47.80568	52.14336
3.4	46.80150	47.07440	48.80100	50.55013	53.46063	58.19227
3.6	52.35138	52.64156	54.50057	56.39253	59.54862	64.69133
3.8	58.32930	58.63731	60.63362	62.67401	66.08564	71.65655
4.0	64.75127	65.07763	67.21615	69.41057	73.08769	79.10391
4.2	71.63329	71.97854	74.26416	76.61822	80.57378	87.04943
4.4	78.99135	79.35603	81.89365	84.31295	88.55089	95.50910
4.6	86.84147	87.22611	89.82062	92.51077	97.04403	104.49893
4.8	95.19962	95.60477	98.36107	101.22767	106.06621	114.03491
5.0	104.08183	104.50801	107.43100	110.47965	115.63342	124.13304
5.2	113.50408	113.95183	117.04640	120.28273	125.76165	134.80932
5.4	123.48267	123.95223	127.22329	130.65288	136.46692	149.07976
5.6	134.03271	134.52522	137.97765	141.60611	147.76522	157.96034
5.8	145.17110	145.68679	149.32550	153.15844	159.67256	170.46709
6.0	156.91354	157.45294	161.28282	165.32584	172.20492	183.61598
6.4	182.27455	182.86299	187.08990	191.56900	199.20874	211.90423
6.8	210.24375	210.88337	215.52690	220.46630	228.90468	242.95308
7.2	240.94913	241.64208	246.72182	252.14303	261.42075	276.89055
7.6	274.51869	275.26712	280.80366	286.72810	296.88495	313.84463
8.0	311.08045	311.88649	317.89741	324.34951	335.42527	353.94333
8.5	361.18540	362.06647	368.69917	375.84111	388.12147	408.68380
9.0	416.41564	417.37510	424.66017	432.56299	446.07411	468.78773
9.5	477.02117	478.06237	486.03042	494.65714	509.53320	534.50511
10.0	543.25199	544.37827	553.05991	562.48157	578.79873	606.08595

附表 15

桩置于土中($\alpha h > 2.5$)或基岩($\alpha h \geqslant 3.5$)中的桩顶转角(位移)$A_{\varphi 1} = B_{x 1}$

$\bar{h} = \alpha h$ ╲ αh	4.0	3.5	3.0	2.8	2.6	2.4
0.0	1.62100	1.64076	1.75755	1.86949	2.04819	2.32680
0.2	1.99112	2.01222	2.14125	2.26711	2.47077	2.72922
0.4	2.40123	2.42367	2.56495	2.70482	2.93335	3.29756
0.6	2.85135	2.87513	3.02864	3.18253	3.43592	3.84295
0.8	3.34146	3.36658	3.53234	3.70024	3.97850	4.42833
1.0	3.87158	3.89804	4.07604	4.25795	4.50108	5.05371
1.2	4.44170	4.46950	4.65974	4.85566	5.18366	5.71909
1.4	5.05181	5.08095	5.28344	5.49337	5.84624	6.42447
1.6	5.70193	5.73241	5.94713	6.17108	6.52881	7.16986
1.8	6.39204	6.42385	6.65083	6.88879	7.29139	7.95524
2.0	7.12216	7.15532	7.39453	7.64650	8.07397	8.18062
2.2	7.89228	7.92678	8.17823	8.44421	8.89655	9.64600
2.4	8.70239	8.73823	9.00193	9.28192	9.75913	10.56138
2.6	9.55251	9.58969	9.86562	10.15963	10.66170	11.49677
2.8	10.44262	10.48114	10.76932	11.07734	11.60428	12.48215
3.0	11.33727	11.41260	11.71302	12.03505	12.58686	13.50753
3.2	12.34286	12.38406	12.69672	13.03276	13.60944	14.57291
3.4	13.35297	13.39551	13.70242	14.07047	14.67202	15.67829
3.6	14.40309	14.44697	14.78411	15.14818	15.77459	16.82368
3.8	15.49320	15.53842	15.88781	16.26589	16.91717	18.00906
4.0	16.62320	16.66988	17.03151	17.42360	18.09975	19.23444
4.2	17.79344	17.84134	18.21521	18.62131	19.32233	20.49982
4.4	19.00355	19.05279	19.43891	19.86902	20.58491	21.30520
4.6	20.25367	20.30425	20.70260	21.13673	21.88748	23.19059
4.8	21.54378	21.59570	22.00630	22.45444	23.23006	24.53597
5.0	22.87390	22.92716	23.35000	23.81215	24.61264	25.96135
5.2	24.24402	24.29862	24.73370	25.20986	26.03533	27.42673
5.4	25.65413	25.71007	26.15740	26.64757	27.49780	28.93211
5.6	27.10436	27.16153	27.62109	28.12528	29.00037	30.47750
5.8	28.59436	28.65298	29.12479	29.64299	30.54295	32.05288
6.0	30.12448	30.18444	30.66849	31.20070	32.12553	38.68826
6.4	33.30471	33.36735	33.87589	34.48612	35.41069	37.05902
6.8	36.64494	37.71062	37.24328	37.83154	38.85584	40.58979
7.2	40.14518	40.21318	40.77068	41.38696	42.46100	44.28055
7.6	43.80541	44.87606	44.45807	45.10238	46.22615	48.13132
8.0	47.62564	48.69900	48.30547	48.97780	50.15131	52.14208
8.5	52.62593	52.70264	53.33971	54.04708	54.28276	57.38054
9.0	57.87622	57.95628	58.62396	59.36635	60.66420	62.86899
9.5	63.37651	63.45992	64.15821	64.93563	66.29565	68.60745
10.0	69.12680	69.21356	69.94245	70.75490	72.17709	74.59590

附表 16

桩置于土中($\alpha h > 2.5$)或基岩($\alpha h \geqslant 3.5$)中的转角系数 $B_{\varphi 1}$

$\bar{h} = \alpha h$	4.0	3.5	3.0	2.8	2.6	2.4
0.0	1.75058	1.75728	1.81849	1.88855	2.01289	2.22691
0.2	1.95058	1.95728	2.01849	2.08855	2.21289	2.42691
0.4	2.15058	2.15728	2.21849	2.28855	2.41289	2.62691
0.6	2.35058	2.35728	2.41849	2.48855	2.61289	2.82691
0.8	2.55058	2.55728	2.61849	2.68855	2.81289	3.02691
1.0	2.75058	2.75728	2.81849	2.88855	3.01289	3.22691
1.2	2.95058	2.95728	3.01849	3.08855	3.21289	3.42691
1.4	3.15058	3.15728	3.21849	3.28855	3.41289	3.62691
1.6	3.35058	3.35728	3.41849	3.48855	3.61289	3.82691
1.8	3.55058	3.55728	3.61849	3.68855	3.81289	4.02691
2.0	3.75058	3.75728	3.81849	3.88855	4.01289	4.22691
2.2	3.95058	3.95728	4.01849	4.08855	4.21289	4.42691
2.4	4.15058	4.15728	4.21849	4.28855	4.41289	4.62691
2.6	4.35058	4.35728	4.41849	4.48855	4.61289	4.82691
2.8	4.55058	4.55728	4.61849	4.68855	4.81289	5.02691
3.0	4.75058	4.75728	4.81849	4.88855	5.01289	5.22691
3.2	4.95058	4.95728	5.01849	5.08855	5.21289	5.42691
3.4	5.15058	5.15728	5.21849	5.28855	5.41289	5.62691
3.6	5.35058	5.35728	5.41849	5.48855	5.61289	5.82691
3.8	5.55058	5.55728	5.61849	5.68855	5.81289	6.02691
4.0	5.75058	5.75728	5.81849	5.88855	6.01289	6.22691
4.2	5.95058	5.95728	6.01849	6.08855	6.21289	6.42691
4.4	6.15058	6.15728	6.21849	6.28855	6.41289	6.62691
4.6	6.35058	6.35728	6.41849	6.48855	6.61289	6.82691
4.8	6.55058	6.55728	6.61849	6.68855	6.81289	7.02691
5.0	6.75058	6.75728	6.81849	6.88855	7.01289	7.22691
5.2	6.95058	6.95728	7.01849	7.08855	7.21289	7.42691
5.4	7.15058	7.15728	7.21849	7.28855	7.41289	7.62691
5.6	7.35058	7.35728	7.41849	7.48855	7.61289	7.82691
5.8	7.55058	7.55728	7.61849	7.68855	7.81289	8.02691
6.0	7.75058	7.75728	7.81849	7.88855	8.01289	8.22691
6.4	8.15058	8.15728	8.21849	8.28855	8.41289	8.62691
6.8	8.55058	8.55728	8.61849	8.68855	8.81289	9.02691
7.2	8.95058	8.95728	9.01849	9.08855	9.21289	9.42691
7.6	9.35058	9.35728	9.41849	9.48855	9.61289	9.82691
8.0	9.75058	9.75728	9.81849	9.88855	10.01289	10.22691
8.5	10.25058	10.25728	10.31849	10.38855	10.51289	10.72691
9.0	10.75058	10.75728	10.81849	10.88855	11.01289	11.22691
9.5	11.25058	11.25728	11.31849	11.38855	11.51289	11.72691
10.0	11.75058	11.75728	11.81849	11.88855	12.01289	12.22691

附表 17

多排桩计算 αh 系数

$\overline{h} = \alpha h$ / αh	4.0	3.5	3.0	2.8	2.6	2.4
0.0	1.06423	1.03117	0.097283	0.94805	0.92722	0.91370
0.2	0.88555	0.860.36	0.81068	0.78723	0.76549	0.74870
0.4	0.73649	0.71741	0.67595	0.65468	0.63352	0.61528
0.6	0.61377	0.59933	0.56511	0.54634	0.52663	0.50831
0.8	0.51342	0.50244	0.47437	0.45809	0.44024	0.42269
1.0	0.43157	0.42317	0.40019	0.38619	0.37032	0.35401
1.2	0.36476	0.35829	0.33945	0.32749	0.31353	0.29866
1.4	0.31105	0.30505	0.28957	0.27938	0.26717	0.25380
1.6	0.26516	0.26121	0.24843	0.32975	0.22912	0.21717
1.8	0.22807	0.22494	0.21435	0.20694	0.19769	0.18707
2.0	0.19728	0.19478	0.18595	0.17961	0.17157	0.16215
2.2	0.17157	0.16956	0.16216	0.15673	0.14972	0.14138
2.4	0.15000	0.14836	0.14213	0.13746	0.13134	0.12895
2.6	0.13178	0.13044	0.12516	0.12113	0.11578	0.10924
2.8	0.11633	0.11522	0.11072	0.10723	0.10254	0.09673
3.0	0.10314	0.10222	0.09837	0.9533	0.09121	0.08604
3.2	0.09183	0.09105	0.08757	0.08510	0.08147	0.07686
3.4	0.08208	0.08143	0.07857	0.07625	0.07304	0.06893
3.6	0.07364	0.07309	0.07061	0.06857	0.06572	0.06204
3.8	0.06630	0.06583	0.06367	0.06187	0.05934	0.05604
4.0	0.05989	0.05949	0.05760	0.05600	0.05375	0.05079
4.2	0.05427	0.05392	0.05226	0.05085	0.04883	0.04616
4.4	0.04932	0.04902	0.04756	0.04630	0.04449	0.04209
4.6	0.04495	0.04469	0.04339	0.04227	0.04065	0.03847
4.8	0.04108	0.04085	0.03970	0.03869	0.03723	0.03526
5.0	0.03763	0.03743	0.03641	0.03550	0.03419	0.03239
5.2	0.03455	0.03438	0.03364	0.03265	0.03146	0.02983
5.4	0.03180	0.03165	0.03083	0.03010	0.02901	0.02753
5.6	0.02933	0.02920	0.02846	0.02780	0.02682	0.02546
5.8	0.02711	0.02699	0.02633	0.02573	0.02483	0.02359
6.0	0.02511	0.02500	0.02440	0.02385	0.02304	0.02190
6.4	0.02165	0.02156	0.02107	0.02062	0.01994	0.01897
6.8	0.08180	0.01873	0.01832	0.01784	0.01736	0.01655
7.2	0.01642	0.01686	0.01600	0.01550	0.01522	0.01452
7.6	0.01443	0.01438	0.01438	0.01382	0.01341	0.01280
8.0	0.01275	0.01271	0.01246	0.01223	0.01187	0.01135
8.5	0.01099	0.01096	0.01076	0.01056	0.01027	0.00983
9.0	0.00954	0.00951	0.00935	0.00919	0.00894	0.00857
9.5	0.00832	0.00831	0.00817	0.00804	0.00783	0.00751
10.0	0.00732	0.00730	0.00719	0.00707	0.00689	0.00662

附表 18

多排桩计算 αh 系数 αh

$\bar{h} = \alpha h$ / $\bar{l}_0 = \alpha l_0$	4.0	3.5	3.0	2.8	2.6	2.4
0.0	0.98545	0.96279	0.94023	0.93844	0.94348	0.95469
0.2	0.90395	0.88451	0.85998	0.85454	0.85469	0.86138
0.4	0.82232	0.80600	0.78152	0.77377	0.77017	0.72552
0.6	0.74453	0.73099	0.70767	0.69870	0.69251	0.69101
0.8	0.67262	0.66145	0.63993	0.63048	0.62266	0.61839
1.0	0.60746	0.59825	0.57875	0.56928	0.556061	0.55442
1.2	0.54910	0.54150	0.52402	0.51487	0.50584	0.49843
1.4	0.49875	0.49092	0.47536	0.46669	0.45766	0.44956
1.6	0.45125	0.44601	0.43220	0.42411	0.41530	0.40688
1.8	0.41058	0.40620	0.39397	0.38648	0.37804	0.36956
2.0	0.37462	0.37093	0.36009	0.35319	0.34519	0.33684
2.2	0.34276	0.33964	0.33002	0.32370	0.31617	0.30807
2.4	0.31450	0.31184	0.30329	0.29750	0.29046	0.28267
2.6	0.28936	0.28709	0.27947	0.27417	0.26761	0.26018
2.8	0.26694	0.26499	0.25819	0.25335	0.24724	0.24019
3.0	0.24691	0.24521	0.23912	0.23470	0.22903	0.22236
3.2	0.22894	0.22747	0.22200	0.21268	0.21268	0.20639
3.4	0.21279	0.21150	0.20658	0.19798	0.19798	0.19206
3.6	0.19822	0.19709	0.19265	0.18471	0.18471	0.17914
3.8	0.18505	0.18406	0.18004	0.17270	0.17270	0.16746
4.0	0.17312	0.17224	0.16859	0.16180	0.16180	0.15688
4.2	0.16227	0.16149	0.15817	0.15551	0.15188	0.14725
4.4	0.15238	0.15168	0.14866	0.14621	0.14282	0.13848
4.6	0.14336	0.14273	0.13996	0.13770	0.13454	0.13046
4.8	0.13509	0.13452	0.13199	0.12990	0.12695	0.12311
5.0	0.12750	0.12700	0.12467	0.12273	0.11998	0.11636
5.2	0.12053	0.12007	0.11793	0.11612	0.11356	0.11015
5.4	0.11410	0.11368	0.11171	0.11003	0.10763	0.10442
5.6	0.10817	0.10779	0.10597	0.10440	0.10215	0.09913
5.8	0.10268	0.10232	0.10064	0.09919	0.09708	0.09422
6.0	0.09759	0.09727	0.09571	0.09435	0.09237	0.08967
6.4	0.08847	0.08821	0.08686	0.08566	0.08391	0.08150
6.8	0.08256	0.08034	0.07916	0.07811	0.07656	0.07440
7.2	0.07366	0.07530	0.07244	0.07151	0.07647	0.06271
7.6	0.06760	0.06744	0.06653	0.06571	0.07013	0.06818
8.0	0.06225	0.06211	0.06131	0.06058	0.05946	0.05787
8.5	0.05641	0.05629	0.05560	0.05496	0.05398	0.05258
9.0	0.05135	0.05125	0.05065	0.05009	0.04922	0.04797
9.5	0.04694	0.04685	0.04633	0.04583	0.04507	0.04395
10.0	0.04307	0.04299	0.04253	0.04210	0.04141	0.04041

附表 19

多排桩计算 αh 系数 αh

$\overline{h} = \alpha h$ / $\overline{l}_0 = \alpha l_0$	4.0	3.5	3.0	2.8	2.6	2.4
0.0	1.48375	1.46802	1.45863	1.45683	1.45683	1.44656
0.2	1.43541	1.42026	1.40770	1.40640	1.40619	1.40307
0.4	1.38316	1.36908	1.25432	1.35147	1.35074	1.35022
0.6	1.32858	1.31580	1.21969	1.29538	1.29336	1.29311
0.8	1.27325	1.26482	1.24517	1.23965	1.23619	1.23507
1.0	1.21858	1.20844	1.19111	1.18536	1.18059	1.77818
1.2	1.16551	1.15655	1.14024	1.13323	1.12757	1.12363
1.4	1.11713	1.10675	1.09104	1.08367	1.07697	1.07203
1.6	1.06637	1.05940	1.04442	1.03688	1.02957	0.02362
1.8	1.02081	1.01465	1.00048	0.99290	0.98518	0.97841
2.0	0.97801	0.97255	0.95920	0.95169	0.94372	0.93631
2.2	0.93788	0.93304	0.92050	0.91313	0.90504	0.89715
2.4	0.90032	0.89600	0.88425	0.87708	0.86896	0.86074
2.6	0.86519	0.86133	0.85032	0.84337	0.83531	0.82687
2.8	0.83233	0.82886	0.81855	0.81185	0.80389	0.79533
3.0	0.80158	0.79846	0.78880	0.78235	0.77454	0.76593
3.2	0.77279	0.76997	0.76092	0.75473	0.74709	0.73849
3.4	0.74580	0.74325	0.73475	0.72882	0.72138	0.71284
3.6	0.72049	0.71816	0.71019	0.70450	0.69727	0.68883
3.8	0.69670	0.69458	0.68909	0.68165	0.67463	0.66632
4.0	0.67433	0.67239	0.66535	0.66014	0.66334	0.64517
4.2	0.65327	0.65149	0.64485	0.63987	0.63329	0.62528
4.4	0.63341	0.63177	0.62552	0.62074	0.61439	0.60655
4.6	0.61467	0.61315	0.60724	0.60268	0.59653	0.58888
4.8	0.58694	0.59555	0.58996	0.58559	0.57965	0.57218
5.0	0.58017	0.57888	0.57395	0.56941	0.56367	0.55638
5.2	0.56429	0.56308	0.55807	0.55406	0.548453	0.54142
5.4	0.54921	0.54809	0.54334	0.53949	0.53415	0.52723
5.6	0.53489	0.53385	0.52934	0.52565	0.52049	0.51375
5.8	0.52128	0.52031	0.51602	0.51248	0.50749	0.50094
6.0	0.50833	0.50741	0.50333	0.49993	0.49511	0.48874
6.4	0.48421	0.48840	0.47969	0.47655	0.47205	0.46602
6.8	0.46222	0.46151	0.45812	0.45522	0.45101	0.44531
7.2	0.44211	0.41147	0.43838	0.43568	0.43174	0.42634
7.6	0.42364	0.42307	0.42023	0.41772	0.41403	0.40892
8.0	0.40663	0.40612	0.40350	0.40116	0.39970	0.39286
8.5	0.38718	0.38672	0.38434	0.28220	0.37899	0.37446
9.0	0.36947	0.36901	0.36690	0.36493	0.36195	0.35771
9.5	0.35330	0.35294	0.35096	0.34914	0.34637	0.34239
10.0	0.33847	0.33915	0.33633	0.33464	0.33206	0.32832

附表 20

桩置于土中($\alpha h \geqslant 2.5$)或基岩($\alpha h > 3.5$)中的桩顶弹性嵌固时位移系数 A_{xa}

$\bar{h} = \alpha h$ / $\bar{l}_0 = \alpha l_0$	4.0	3.5	3.0	2.8	2.6	2.4
0.0	0.93965	0.96977	1.02793	1.05462	1.07849	1.09445
0.2	1.12925	1.16230	1.23353	1.27027	1.30636	1.33565
0.4	1.35780	1.39390	1.47939	1.52745	1.57848	1.62533
0.6	1.62927	1.66853	1.76958	1.83036	1.89888	1.96730
0.8	1.94773	1.99028	2.10804	2.18300	2.27150	2.36580
1.0	2.31713	2.36311	2.49882	2.58937	2.88085	2.82477
1.2	2.74152	2.79105	2.94594	3.05349	3.18953	3.34823
1.4	3.21492	3.27812	3.45339	3.57936	3.74292	3.94019
1.6	3.77128	3.82830	4.02522	4.17099	4.43071	4.60460
1.8	4.38467	4.44563	4.66536	4.83237	5.05852	5.34556
2.0	5.06882	5.13406	5.37786	5.56752	5.82869	6.49800
2.2	5.82838	5.89761	6.16633	6.38043	6.67911	7.07300
2.4	6.66677	6.74034	7.03590	7.27509	7.61379	8.02186
2.6	7.58813	7.66617	7.98951	8.25552	8.63677	9.15447
2.8	8.59653	8.67917	9.03142	9.32572	9.75196	10.33801
3.0	9.69590	9.78327	10.16571	10.48968	10.96593	10.62207
3.2	10.89027	10.98250	11.39635	11.75140	12.27513	13.01065
3.4	12.18369	12.28093	12.72736	13.11489	13.69109	14.50777
3.6	13.58007	13.68243	14.06268	14.58415	15.21537	16.11735
3.8	15.08350	15.19115	15.70651	16.16318	16.85184	17.84353
4.0	16.69790	16.81093	17.36261	17.85597	18.60458	19.69022
4.2	18.42730	18.54586	19.13507	19.66653	20.48058	21.66146
4.4	20.27567	20.40000	21.12790	21.53569	22.47483	24.00000
4.6	22.24719	22.37722	23.04516	23.65697	24.60040	25.72193
4.8	24.34567	24.48164	25.19072	25.84483	26.85817	28.36299
5.0	26.57511	26.71714	27.46865	28.16647	29.25219	30.87165
5.2	28.93955	29.08778	29.88293	30.62944	31.78646	33.52554
5.4	31.44307	31.59763	32.44050	33.22706	34.46500	36.32797
5.6	34.08871	34.25057	35.13669	35.97399	37.29198	39.28285
5.8	36.88307	37.05071	37.98409	38.87072	40.27093	42.47424
6.0	39.82755	40.07973	40.98385	41.92390	43.40624	45.90000
6.4	46.18562	46.37386	47.67556	48.08371	50.16163	52.70807
6.8	53.19573	53.39838	54.58665	55.74084	57.59013	60.43979
7.2	60.88980	61.10738	62.40623	63.67727	65.72358	68.89375
7.6	69.29998	69.53333	70.94737	72.34079	74.59416	78.10176
8.0	78.45823	78.70730	80.24188	81.76340	84.23367	88.09602
8.5	91.00669	91.27653	92.96835	94.65780	97.41325	101.74300
9.0	104.8365	105.1279	106.9847	108.8509	111.9070	116.7309
9.5	120.0101	120.3240	122.3533	124.4049	127.7773	133.1221
10.0	136.5900	136.9272	139.1328	141.3826	145.1369	150.9793

参考文献

[1] 王晓谋. 基础工程[M]. 北京：人民交通出版社，2010.

[2] 周景星，李广信，张建红. 基础工程[M]. 北京：清华大学出版社，2015.

[3] Gunaratne Manjriker, ed. The foundation engineering handbook. Boca Raton：CRC Press, 2013.

[4] 中华人民共和国交通部. 公路桥涵地基与基础设计规范（JTG D63—2007）. 北京：人民交通出版社，2007.

[5] 廖朝华，刘红明，胡志坚等. 墩台与基础[M]. 北京：人民交通出版社，2013.

[6] 盛鸿飞，马俊，孙航等. 桥梁墩台与基础工程[M]. 北京：人民交通出版社，2014.

[7] 王荣霞，彭大文，向中富. 墩台与基础[M]. 北京：人民交通出版社，2011.

[8] 中华人民共和国行业标准. 公路桥涵设计通用规范（JTG D60—2004）. 北京：人民交通出版社，2007.

[9] 中华人民共和国行业标准. 公路钢筋混凝土及预应力混凝土桥涵设计规范（JTG D62—2004）. 北京：人民交通出版社，2004.

[10] 中华人民共和国行业标准. 公路桥涵地基与基础设计规范（JTG D63—2007）. 北京：人民交通出版社，2007.

[11] 中华人民共和国行业标准. 公路圬工桥涵设计规范（JTG D61—2005）. 北京：人民交通出版社，2005.

[12] 中华人民共和国行业标准. 铁路桥涵设计基本规范（TB 10002.1—2005）. 北京：中国铁道出版社，2005.

[13] 中华人民共和国行业标准. 铁路桥涵钢筋混凝土和预应力混凝土结构设计规范（TB 10002.3—2005）. 北京：中国铁道出版社，2005.

[14] 中华人民共和国行业标准. 铁路桥涵混凝土和砌体结构设计规范（TB 10002.4—2005）. 北京：中国铁道出版社，2005.

[15] 中华人民共和国行业标准. 铁路桥涵地基和基础设计规范（TB 10002.5—2005）. 北京：中国铁道出版社，2005.

[16] 中华人民共和国国家标准. 建筑地基基础设计规范（GB 50007—2011）. 北京：中国建筑工业出版社，2011.

[17] 中华人民共和国行业标准. 建筑桩基技术规范（JGJ 94—2008）. 北京：中国建筑工业出版社，2008.

[18] 史佩栋. 桩基工程手册[M]. 北京：人民交通出版社，2008.

[19] 徐长节，尹振宇. 深基坑围护结构设计与实例解析[M]. 北京：机械工业出版社，2013.

[20] 杨小平. 基础工程[M]. 广州：华南理工大学出版社，2010.

[21] 华南理工大学，浙江大学，湖南大学编（莫海鸿、杨小平主编）. 基础工程（第二版）[M]. 北京：中国建筑工业出版社，2008.

[22] 赵明华主编. 基础工程[M]. 北京：高等教育出版社，2010.

[23] 《桩基工程手册》编写委员会. 桩基工程手册[M]. 北京：中国建筑工业出版社，1997.

[24] 行业标准. 建筑基坑支护技术规程（JGJ 120—2012）[S]. 北京：中国建筑工业出版社，2012.

[25] 《地基与基础工程施工及验收规范》（GB 50204—2002）.

[26] 《湿陷性黄土地区建筑规范》（GB 50025—2004）.

[27] 《冻土地区建筑地基基础设计规范》（JGJ 118—2011）.

[28] 《膨胀土地区建筑技术规范》（GB 50112—2013）.

［29］《建筑抗震设计规范》(GB 50011—2010).

［30］《建筑地基处理技术规范》(JGJ 79—2002).

［31］《建筑地基处理设计规范》(GB 50007—2002).

［32］《建筑基桩检测技术规范》(JGJ 106—2002).

［33］《建筑地基基础工程施工质量验收规范》(GBJ 50202—2002).

［34］《建筑工程施工质量验收统一标准》(GB 50202—2013).

［35］《建筑桩基技术规范》(JGJ 94—2008).

［36］《建筑基桩检测技术规范》(JGJ 106—2003).

图书在版编目(CIP)数据

基础工程/徐长节,谭勇,耿大新主编.
—长沙:中南大学出版社,2016.5
ISBN 978 - 7 - 5487 - 2164 - 2

Ⅰ.基... Ⅱ.①徐...②谭...③耿... Ⅲ.基础(工程)
Ⅳ.TU47

中国版本图书馆 CIP 数据核字(2016)第 008488 号

基础工程

主　编　徐长节　谭　勇　耿大新

□责任编辑	刘颖维	
□责任印制	易红卫	
□出版发行	中南大学出版社	
	社址:长沙市麓山南路	邮编:410083
	发行科电话:0731-88876770	传真:0731-88710482
□印　　装	长沙市宏发印刷有限公司	

□开　　本	787×1092　1/16	□印张 12.75	□字数 318 千字	
□版　　次	2016 年 5 月第 1 版	□印次	2016 年 5 月第 1 次印刷	
□书　　号	ISBN 978 - 7 - 5487 - 2164 - 2			
□定　　价	32.00 元			